养鸭手册

（第2版）

岳永生　主编

中国农业大学出版社

主　编　岳永生
副主编　陈红菊　柳桂霞
编写人员　（按姓氏笔画为序）
丁　雷　公维华　邹成林　陈红菊
岳永生　柳桂霞　耿立英

前　　言
（第2版）

为了促进我国养鸭业的发展，加快农民奔小康的步伐，适应加入WTO后经济发展的需要，我们对原《养鸭手册》进行了修改，增加了近几年国内外有关养鸭技术的最新研究成果和本地养鸭生产的最近实践经验，删去了传统的鸭孵化技术，注意了鸭的疾病防治中禁用和限用的药物，补充了大量无公害养殖新技术，因而本书是养鸭新技术、新经验的汇编。

我国养鸭业居世界养鸭业的前列，养殖历史悠久、品种资源丰富、饲养数量巨大。既有传统的养殖方式，又有现代生产技术，且还有不断出现的新的无公害养殖技术。由于我国地域辽阔，各地气候、降雨量、生产习惯等的不同，各地的养鸭方式多种多样，新的方式、方法不断出现，如稻鸭共作、蛋鸭的集约化笼养等。

本书对鸭的品种、遗传、繁育、饲料、营养、饲养管理、疾病防治等方面的新方式、方法做了详尽的介绍。对养鸭专业户和集约化养鸭场来说是一本比较全面、系统而又实用的参考书。但养鸭生产受许多因素的影响，在实际生产中需要因地制宜，灵活应用。

本书具有科学性、先进性、系统性和实用性的特点，不仅可供养鸭专业户和集约化养鸭场使用，亦可作为教学、科研人员的参考资料。

由于编著者水平有限，尚有不妥之处，敬请读者批评、指正。

编者

2005年4月

前　言
（第1版）

农民致富奔小康，有多种途径，养鸭是其中之一。近年来随着家禽业的发展，各地养鸭专业户及国内外学者对养鸭方面的系统研究比以往更重视，进展较快，并积累了丰富的经验，有必要进行总结和推广。

我国在养鸭业饲养数量、品种资源、传统和现代的养殖生产技术等方面，均可列为世界养鸭业历史悠久和发达的国家。由于我国地域辽阔，各地气候、降雨量、生活习惯等不同，各地的养殖方式多种多样。近年来随着养禽业和渔业的发展，尤其鱼鸭混养技术的推广，使鱼鸭生产均取得了较大成绩。为了保进养鸭业的大发展，加快农民奔小康的步伐，我们收集了国内外有关养鸭的先进技术，结合本地的生产实践经验编著了此书，以满足读者的需要。

本书在鸭的品种、选育、繁殖、孵化、饲料、营养、饲养管理和疾病防治等方面做了详尽的介绍，并简要介绍了养鸭场的布局建设和常见鸭产品的加工。

本书的显著特点是：科学性、先进性和实用性。可供各地养鸭专业户使用，也可作为技术推广人员的参考书和专业技术学校学生的工具书。

由于编著者水平有限，倘有错漏之处，敬请诸者批评、指正。

编者

1998年10月

目　录

第一章 鸭的体型外貌、生理及生活习性

一、鸭的体型外貌

鸭的体型外貌是其生理、生殖特征的反映，并与生产性能密切相关。要对不同品种、不同类型的鸭进行识别比较，首先要对其外貌进行观察比较。

鸭的身体和鸟类一样，呈流线型，体外被羽，全身分为头、颈、躯干、四肢和尾等(图 1-1)。

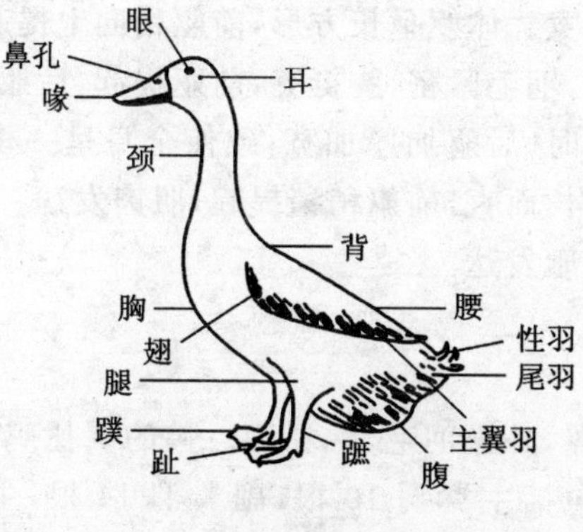

图 1-1 鸭体各部位的名称

(一)头部

鸭头部较大，呈圆形，除喙外，覆有短羽。耳孔外被耳羽覆盖，

防止水浸入耳中。喙扁长,角质,可以啄开泥而夹住食物,是采食和自卫的器官。喙分为上下两片颚,上大下小,合拢时相邻的边缘有锯齿状的空隙,可以借舌的运动啜呷或潜水觅食时排水过滤食物。上喙尖部长有一个坚硬的喙豆,色略暗,用以帮助采食。喙的颜色因品种而异。喙基部两侧为鼻孔。眼圆大,反应灵活。鸭的舌发达,边缘长有尖刺,利于捕食。

(二)颈部

鸭颈细长,活动自如,利于水中采食。一般公鸭、肉鸭的颈较粗短;母鸭、蛋鸭的颈较细长。颈的长短因品种而异。

(三)躯干

躯干分为胸、背、腰、肋、腹等部分。随着品种、性别、年龄及生产类型不同,体躯各部分的结构也不同。公鸭体型较大,肌肉发达,胸深背阔肩宽。体躯呈长方形,前躯稍向上提起。母鸭体躯较细长,体型较小,羽毛紧密,胸挺突,前躯提起,后躯发达,臀部近似方形,母鸭产卵时,后躯加厚加宽,致使全身呈一楔形。肉鸭体躯深宽而下垂,背长而直,前躯稍稍提起,肌肉发达。蛋鸭体型较小,体躯较细长,后躯发达。

(四)四肢

前肢变为翼,外覆羽毛,称翼羽。鸭的翼比鸡的短小,紧贴于体躯上。翼羽包括主翼羽 10 根,副翼羽 14 根,主翼羽尖窄而坚硬,副翼羽大。主、副翼羽之间尚有一根较短的轴羽。翅羽更换顺序是,先换靠近轴羽的第一根主翼羽,再依次更换其它翼羽。全部翅羽在短期内更换完毕的鸭叫做新翅型;一两根一两根地更换的叫做掺翅型;翅羽不见更换的称为旧翅型。

(五)尾

鸭的尾缩短为小的肉质突起，位于泄殖腔孔的后上方，被尾羽覆盖。尾羽又名舵羽，比鸡的舵羽短小，共18根。公鸭的尾羽中央有2～4根向上卷曲的羽毛称为雄性羽，又名卷羽，可作为公鸭的特征之一。在尾的背面有发达的尾脂腺，经常分泌油脂，鸭用喙将油脂舔抹在羽毛、喙和脚鳞上，以保持柔软不沾水。

二、鸭的生理特点和生活习性

(一)鸭的生理特点

1. 消化生理　鸭的消化器官包括：喙、口腔、舌、咽、食道、腺胃、肌胃、小肠、大肠、泄殖腔及肝脏、胆囊、胰腺等消化腺。

鸭的口腔内无齿且唾液腺不发达，因而采食时常常饮水，以湿润食物，利于吞咽。鸭吞食时要抬头伸颈，借重力和食道产生的负压将食物和水咽下。鸭舌厚长而软，舌神经对水温反应极为敏感，不喜高于体温的水，不怕饮冰冷水。

鸭的食道很长，从咽开始沿颈部进入胸腔，到达腹腔左侧，与胃相接。食道下端呈纺锤形的膨大部分可贮存食物并将其润滑和软化，正常情况下，食物在此停留3～4 h，然后有节律地被推送到胃中。

食物先在腺胃中被胃液中的蛋白酶和盐酸消化分解后，再经贲门进入肌胃，肌胃也能分泌具有消化作用的胃液。鸭的肌胃又称鸭肫，壁厚，表面覆有腱质，收缩力强，主要用于磨碎食物。鸭要经常采食一定量的沙砾以增加肌胃的磨碎作用。磨碎的食物随着肌胃的收缩经幽门被推入小肠，继续被消化。

小肠分为十二指肠、空肠和回肠。在盘曲的十二指肠中间夹着粉红色的胰腺。胰腺有 2 条导管,与胆管一起开口于十二指肠与空肠的交界处。空肠较长,回肠短而直,两者界限不明显。食物进入空肠和回肠后,混入胰液、胆汁和肠液,其中含有淀粉酶、蛋白酶和脂肪酶。在这些酶和胆汁酸的作用下,食糜被消化、营养物质被肠壁吸收,食物残渣依靠小肠的蠕动和分节运动被送入大肠。

大肠由一对发达的盲肠和一段短而直的直肠构成。盲肠可消化少量的纤维素,并吸收水和电解质,它由直肠与回肠的交界处发出,向前延伸。进入盲肠的部分食糜经进一步消化吸收后,其残渣被压迫进入直肠。

食物残渣在直肠内被吸收水分后形成粪便被送入泄殖腔排出体外。

泄殖腔是鸭的消化道、尿道和生殖系统的共同通道。泄殖腔的背壁有一个法氏囊(腔上囊),幼雏期发达,随着年龄的增长法氏囊逐渐退化。在鸭的肛门部还有淋巴结分布。

肝脏是鸭最大的消化腺,位于腹腔前下部,分左右两叶,在左叶的导管直接开口于十二指肠,右叶的导管连于胆囊,通过胆管开口于十二指肠。肝脏分泌的胆汁贮存于胆囊中。胆汁能激活胰酶,使脂肪乳化,利于鸭对脂肪及脂溶性维生素的吸收。肝脏还参与蛋白质、糖原的合成和分解代谢,能贮存一部分糖、蛋白质、多种维生素和一部分铁元素,并有解毒作用。

食物中的营养物质在肠道中被分解成小分子后,被小肠绒毛的毛细血管和淋巴管末端吸收,经肝脏的门静脉流入心脏,再经血液循环转送到全身各处。

2. **生殖生理** 鸭进行体内受精,胚胎在体外发育。由于家鸭(除番鸭外)均失去了就巢性,因而必须靠人工孵化。

(1)公鸭的生殖生理 公鸭的生殖器官包括睾丸、附睾、输精管及阴茎等。

睾丸有 2 个,似芸豆状,左右对称,以睾丸系膜悬挂于肾脏前叶的前下方，左侧比右侧的稍大。未成熟时呈黄色；成熟时，尤其在生殖季节，由于内含大量精子而呈白色。睾丸由许多精细管和其间成群分布的间质细胞构成，许多精细管汇合后形成输出管，从睾丸的附着缘伸出而连接于附睾。间质细胞能分泌雄性激素，雄激素可控制第二性征的发育和性行为的出现。

鸭的附睾小而不明显，被系膜遮盖。输精管是一对弯曲的细管，其末端变直，膨大的部分称为脉管体。输精管与输尿管平行，均开口于泄殖腔左侧。输精管进入泄殖腔后变直呈乳头突起称为射精管，位于输尿管外侧。

鸭的阴茎发达，呈螺旋状扭曲，勃起时可闭合成管，其海绵状组织内充满淋巴液。精子由精细管产生，通过精管网到输出管附睾和输精管，并在输精管内发育成熟，与脉管体分泌的精清混合成精液。交配时，公鸭一次射精量为 0.1～0.7 mL，含精子 0.28 亿～1.8 亿个。精子进入母鸭的泄殖腔后，很快沿输卵管上行，约1 h 后到达漏斗部，在此可存活 2 周，1 周内有受精力。当卵子成熟后落入输卵管漏斗部时与精子相遇而受精。

(2)母鸭的生殖生理 母鸭的生殖器官包括：卵巢、输卵管、子宫和阴道。

卵巢和输卵管仅左侧的发育成熟，右侧的退化。卵巢呈葡萄状，含成千上万个卵泡，每个卵泡内含有一个卵细胞。通常只有少数能达到成熟而排卵。快成熟的卵泡突出于卵巢表面，并以卵巢柄与卵巢相连。

输卵管的开口靠近卵巢，称为喇叭口（漏斗部），其后端开口于泄殖腔。输卵管壁较厚，呈弯曲状，依次由漏斗部、蛋白分泌部、峡部、子宫和阴道等部分组成。

卵细胞（即卵黄）在卵泡内发育成熟后，卵泡破裂，卵黄释出，落入喇叭口，停留 15 min，与精子结合完成受精。受精卵沿输卵管下行，在蛋白分泌部停留 3 h，裹上此处分泌的浓蛋白，再向下进入峡部，约停留 15 min，此处分泌的黏性纤维形成内、外壳膜，再加入水和矿物质后进入子宫，在子宫停留时间约 20 h。水及矿物质穿过蛋壳膜进入蛋白，使蛋逐渐膨胀，并产生稀蛋白的外层。然后壳腺再向蛋壳膜外表分泌钙质，形成硬的蛋壳。这个过程一直延续到产蛋前。蛋在临产前旋转 180°以尖端向后进入阴道，借助阴道和腹部肌肉的收缩，迫使蛋通过阴道产出体外。蛋产出后，由于冷却，其内容物收缩，在钝端形成气室。从排卵到蛋产出体外，约需 24 h 或略多点时间。

(二)鸭的生活习性

鸭是水禽，具有许多与其它家禽不同的生活习性。了解和掌握这些生活习性对搞好肉鸭的饲养管理具有重要作用。

1. 喜水性　鸭善于在水中觅食、嬉戏和求偶交配。鸭常用尾脂腺分泌的脂肪、卵磷脂、高级醇的油脂梳理羽毛，使羽毛不被水所浸湿，能有效地起到隔水防潮、御寒的作用。因此，鸭整天在水中活动，毛也不会被水打湿。

鸭水性好，在陆地上行走，步履迟缓，在水中却十分灵活自如；鸭的交配常在水中进行，如果水面太窄、水质差，在陆地上也能正常交配。

2. 合群性　鸭的野生祖先天性喜群居，经过训练的鸭可以招之即来，呼之即去，很少单独行动，不喜斗殴，适于大群放牧饲养和圈养，管理也较容易。鸭群放牧中可以远行数十里而不紊乱。当到一个陌生环境时头鸭常迟迟不举步，当后面的鸭拥挤上来才被迫前行。鸭性情温顺，胆小易惊。只要有比较合适的饲养条件，不论鸭日龄大小，混群饲养都能和睦共处，少有争斗现象。但在喂料时一定要让群内每只鸭都有充分的吃料位置，否则，将有一部分个体会由于吃料不足而消瘦。

3. 杂食性　鸭是杂食动物，食谱广，少择食，再加之颈长灵活，又有良好的潜水能力，故能广泛采食各种动、植物性食料。鸭的味觉不发达（味蕾数量少），对饲料的适口性要求不高，对凡无酸败和异味的饲料都会无选择地大口吞咽，对异物和食物无辨别能力，常把异物和饲料一并吞食。鸭的口叉深，食道大，能吞食较大的食团。鸭舌边缘分布有许多细小乳头，这些乳头与嘴板交错，具有过滤作用，使鸭能在水中捕捉到小鱼、小虾，并且有助于磨碎食料。鸭的肌胃发达，内压很高，消化力也强，肌胃内经常贮存有沙砾以帮助消化。舍饲条件下的配合饲料尽可能地多样化并加些沙砾。

4. 耐寒性　成鸭的大部分体表覆盖正羽，非常致密且多绒毛，保温性能很好，对寒冷有较强的抵抗力。严冬季节鸭还常在水中嬉戏、觅食。现代科学技术研究表明，鸭脚骨髓的凝固点很低。所以，鸭长期站在冰冷的水中仍然能保持脚内体液流畅而脚蹼不会冻伤，故鸭在严寒冬季，即使在0℃左右的低温下，仍能在水中活动。只要饲料好，圈舍干燥，有充足的饮水，仍然能维持正常体重和产蛋。

5. 畏热性　因鸭羽毛致密，保暖性能好，散热难，加之鸭无汗腺排汗散热，所以，在炎热的夏季，鸭经常泡在水中或呆在树阴下，觅食时间减少，采食量下降，产蛋量也有所下降。因此，在集约化养鸭场，多采用搭凉棚或遮荫网来防暑降温。当气温超过25℃时散热较困难，但鸭像鸡一样有许多气囊，可用来加强和改善呼吸过程进行散热，还可进入水中，通过传导散热，因而鸭的抗暑能力稍强于鸡。

6. 生活规律性　鸭有较好的条件反射能力，可以按照人们的需要和自然条件进行训练，形成鸭群各自的生活规律。如觅食、戏水、休息、交配和产蛋都具有相对固定的时间。放牧饲养，一般是上午以觅食为主，间以浮游和休息；中午以浮游、休息为主，间以觅食；下午则以休息居多，间以觅食。一般说来，产蛋鸭傍晚采食多，不产蛋鸭清晨采食多，这与晚间停食时间长和形成蛋壳需要钙、磷等有关,因此早晚应多投料。舍饲鸭群采食和休息随鸭住所给条件而定。鸭的配种一般在早晨和傍晚进行,交配行为以傍晚较多,熄灯前2～3 h交配频率最高。垫草地面是安全的交配场所,因此,种鸭要晚关灯,实行垫料地面平养有利于提高受精率。

7. 少就巢性　鸟类的就巢性(俗称"抱窝")是繁衍后代的生活习性。但家鸭经过人类长期驯养、驯化和选种、配种,已经丧失了这种本能,这样就增长了鸭产蛋的时间,而种蛋的孵化和雏鸭的养护就由人们采用高效率的办法来完成。但生产实践中仍有一少部分鸭在日龄过大或气候炎热时出现就巢现象。

8. 群序行为　鸭虽很少争斗,但强者优先采食、饮水、配种,弱者依次排后,并且这种现象会一直保持下去。这种结构促进鸭群质量和生产性能的提高。在已经建立了群序的鸭群中放入新公鸭,母鸭会拒绝交配而影响受精率,公鸭间为争配会引起新的竞争,败者甚至造成伤亡,或处于生理阉割状态而失去竞配能力。配种期应经常观察鸭群,并及时更换无配种能力的公鸭。合群、并舍、更换鸭舍或调入新成员,应在开产前几周完成,使其有足够时间重新建立群序。

鸭在生理行为发生变化时期群序行为往往被打破,啄斗加剧。4周龄脱换绒羽,肉种鸭在11周龄性器官开始发育,21周龄为第二性征形成旺期,25～26周龄开始产蛋,这些阶段攻击性最强,尤其要注意加强管理,创造适宜环境,缓解和减少啄斗。

9. 抗病力强　鸭的祖先生活在水中,由于水源受到污染机会较多,鸭受疾病威胁较大。为了获得较好的抗病能力,鸭在漫长的进化过程中,免疫器官如胸腺等退化较晚,这样就大大地增强了机体的抗病能力。所以鸭的抗病力较强,并且感染发病的疾病种类相对较少,注射疫苗后免疫效果较好。

10. 定巢性　鸭产蛋具有定巢性,第一枚蛋产在什么地方,以后仍到那个地方产蛋,如果这个地方被别的鸭占用,则该鸭宁可在巢门口静立等待而不进旁边空窝。由于排卵在产蛋后 0.5 h 左右，等待时间过长，延迟排卵，会减少产蛋量。在耐不住等待时，往往几只鸭挤在一个窝里产蛋，虽受到正在产蛋母鸭的竭力驱赶，也毫不在乎。被打败和被驱赶走的鸭在无处产蛋时便另找一个较为安静的去处，结果会导致窝外蛋和脏蛋增多。因此，在开产前应设置足够的产蛋窝。鸭产蛋具有喜暗性，昏暗安静的地方鸭会有安全感，产蛋也顺利。鸭产蛋多在后半夜至凌晨。

11. 其它特性　鸭喜食颗粒饲料，不爱吃过细的饲料和黏性饲料，有先天辨色能力，喜采食黄色饲料，在多色饲槽中吃料较多，喜在蓝色水槽中饮水，鸭愿饮凉水，不喜饮高于体温的水，也不愿饮黏度很大的糖水。

第二章 鸭的品种及选育

我国是世界上养鸭历史最悠久的国家之一。早在2000多年前的西周古籍中就有了关于鸭的记载。到了明代养鸭业已经很普遍。我国劳动人民精心培育的地方品种达到40多个。北京鸭作为世界著名的标准品种被美、英、日等国引进,我国的养鸭业对全世界的养鸭业做出了一定的贡献。

一、鸭的品种

按照经济用途鸭的品种分为肉用型、蛋用型和肉蛋兼用型3种。

(一)肉鸭

1. 我国地方优良肉鸭

(1)北京鸭　北京鸭原产我国北京近郊,以玉泉山和护城河一带为主产区。它具有丰富的遗传基础,可以向产肉多、脂肪低的肉用型方向培育,又可以用做母系向产蛋方向培育。美、英等国早将其列为标准品种引入本国,并作为主要育种素材,育成新的鸭种。北京鸭具有羽纯白、生长迅速、肉质优良、繁殖力强、适应性广、胴体美观等特点。使其被输出到世界各地,成为蜚声全球的标准肉用鸭品种。

①体型外貌　北京鸭体型硕大,体躯长宽,呈长方形,头大腿短,身体强健。全身羽毛丰满、紧凑、洁白、没有杂色。眼大而深凹,虹彩灰蓝色,颈粗而中等长。胸部丰满,前胸高平,背阔,腹部

深广下垂但不拖地。翅小，紧贴体躯。成年鸭喙、脚、蹼呈橙黄色或橘红色；雏鸭则呈乳黄羽毛。公鸭头大，体躯方正而长，尾部有4枚上卷的雄性羽，步态雄健有力；母鸭体躯方正而宽，腹部丰满，尾尖稍呈弧形，两脚位置偏后，站立时呈垂直姿态。

②生产性能　由于近年来采用家系繁殖、品系繁育，在配合力测定的基础上建成了几个配套系，使北京鸭的生产水平大有提高，成年公鸭体重4.0～4.5 kg，成年母鸭体重3.5～4.0 kg。母鸭开产日龄150～170天，500日龄产蛋量180～200枚，蛋重90～100 g，蛋壳乳白色。公、母配比1∶5，种蛋受精率90.4%，受精蛋孵化率80%～90%，一只母鸭可年产150只肉鸭，1～7周龄的成活率85%～94%。肉仔鸭出生体重50 g，7周龄体重可达3.45 kg。公、母鸭半净膛屠宰率分别为91.62%和91.32%，全净膛屠宰率分别为84.02%与84.43%。Z_1系北京鸭的胸腿占胴体重的29.5%，脂肪占胴体重的35.7%，料肉比2.70∶1。北京鸭有较好的肥肝性能，填肥2～3周后肥肝重达300～400 g。仔鸭经填饲育肥后，为著名佳肴——烤鸭的原料。

③杂交性能　北京鸭与任何鸭的杂交，一般都有很高的配合力与杂交优势。

(2)吉安红毛鸭　吉安红毛鸭是加工板鸭优质原料的鸭品种，其特点是生长快、抗病力强、瘦肉率高、产蛋多。

①体型外貌　公鸭羽灰红色，体绒和尾羽呈灰白色，被羽褐红色，脚蹼为橘红色，喙为褐红色；母鸭与公鸭羽色相似，体绒和腹部羽毛以白色为主，背被羽毛褐红色，喙、蹼为橘红色。

②生产性能　成年公鸭体重1 750～2 000 g，成母鸭1 650～1 900 g，母鸭约115天开始产蛋，年产蛋约220枚，受精率达90%，孵化率达92%。

2. 我国育成肉鸭新品系

(1)四川天府肉鸭　天府肉鸭是四川农业大学从1989年开

始，采用建昌鸭与四川麻鸭杂交配套，经过 9 个世代选择培育而成的二系配套大型肉鸭新品系。具有生长速度快、饲料报酬高、腿胸比率高、饲养周期短、适于集约化饲养、经济效益高等优点。天府肉鸭是制作烤鸭、板鸭的上等原料。

①体型外貌　天府肉鸭体型大，体质坚实紧凑，羽毛紧密，颈长头秀，胸部发达、突出。公鸭体型狭长，性指羽 2～4 根，向背弯曲。母鸭腹部丰满，羽色较杂，以褐麻雀色居多，在颈下 2/3 处有一白色颈圈，胫呈橘红色。

②生产性能　天府肉鸭生长整齐度好，35 日龄和 49 日龄体重分别达到 2.31 kg 和 2.84 kg，料肉比分别为 2.31∶1 与 2.84∶1，在 35～49 日龄体重与料肉比呈极显著（$p<0.01$）正相关。随着体重的增长，维持需要增加，因而料肉比降低。天府肉鸭上市体重是影响养鸭经济效益的重要原因之一。从屠体品质的角度推荐，以水盆鸭出售，可在 4 周龄左右上市；以烤鸭和板鸭为目的，大约在 6 周上市为宜；用于生产分割肉，则应以 7～8 周龄较为理想。四川省畜禽繁殖改良站，研究出了一个天府肉鸭最佳效益出栏体重的计算公式，若最佳效益体重为 W(kg)，肉鸭价格为 P_1，饲料价格为 P_2，则 $W=0.94\,P_1/P_2-1.31$。公式中考虑了肉鸭增重与耗料的关系。例如，饲料价格为每千克 2.2 元，商品鸭价格为每千克 8 元，则 $W=\frac{0.94\times 8}{2.2}-1.31=2.11$，即天府肉鸭在 2.11 kg 体重时出售，可获得最大收益。

（2）广东珠海优质麻鸭（KT101，102，103 三个品系）

①种鸭生产性能　开始产蛋周龄 22 周，入舍母鸭产蛋数 200～225 枚（40 周龄累计），种蛋受精率 93%～95%。

②商品代生产性能　8 周龄活重 3.3～3.5 kg，料肉比为（2.6～2.8）∶1。

(3)北京鸭瘦肉型新品系(肉用)

①南口Ⅲ系

种鸭生产性能:入舍母鸭产蛋数 210 枚(300 日龄累计)。

商品代生产性能:7 周龄活重 3.05 kg,料肉比为 2.8∶1。

②南口Ⅳ系

种鸭生产性能:入舍母鸭产蛋数 213 枚(300 日龄累计)。

商品代生产性能:7 周龄活重 3.27 kg,料肉比为 2.95∶1。

(4)广东仙湖 2 号鸭

仙湖 2 号鸭是原佛山兽医专科学校养鸭课题组多年来利用英国樱桃谷鸭商品代经自群繁殖和严格选育所培育出来的优良肉鸭。

①体型外貌　雏鸭的绒羽呈浅黄色,大鸭全身羽毛为雪白色,大部分鸭喙部为橙黄色,少部分呈肉白色,趾蹼为橘红色。该鸭体型大,胸部特别宽阔,部分鸭脚腹部可见垂皮,颈较粗短,腿较矮,体躯斜度较小,几乎与地面平行。

②生产性能　仙湖 2 号鸭适应性强,种鸭产蛋较多(300 日龄累计 220 枚),肉鸭在一般饲养管理条件下,生长快(10 周龄活重 2.5 kg),肉质好。商品代料肉比 3.00∶1。

(5)广东澄海白沙鸭

①种鸭生产性能　开产周龄为 21～25 周,入舍母鸭产蛋数 170～220 枚(300 日龄累计)。

②商品代生产性能　10 周龄活重 1.5～2.5 kg。

(6)江苏昆山麻鸭

①种鸭生产性能　开产周龄为 25 周,入舍母鸭产蛋数 160 枚(年计)。

②商品代生产性能　50 日龄活重 2.0 kg。

(7)昆山鸭

昆山鸭又称昆山大麻鸭,系江苏省苏州地区培育的品种。采用北京鸭与当地鸭杂交,经 14 年选育而成。

①体型外貌　昆山鸭体型似北京鸭，头大，颈粗，体躯呈长方形，宽而深。羽毛似娄门鸭。公鸭头、颈上部羽毛为墨绿色，有光泽，体背部和尾羽为墨褐色，体侧灰褐色有芦花纹，腹部白色，翼部镜羽墨绿。母鸭全身羽毛深褐色，缀黑色麻雀斑纹，眼上方有白眉，翼部有墨绿色镜羽。昆山鸭的喙呈青绿色，胫、蹼橘呈红色。

②生产性能　公鸭成年体重为 3.5 kg，母鸭 3 kg。开产日龄 180 天左右，年产蛋 140～160 枚，平均蛋重 80 g 左右，蛋壳乳白色，少数青色。60 日龄仔鸭体重 2.4 kg 左右。

3. 国外引进肉鸭

(1)樱桃谷鸭　由英国林肯郡樱桃谷公司引进北京鸭和埃里斯伯里鸭为亲本经杂交育成 9 个品系：白羽系 L_2，L_3，M_1，S_2 和 S_1；杂色羽系 CL_3，CM_1，CS_3 和 CS_1。经配套系选育而育成 X-11 杂交鸭。现已远销 60 多个国家和地区，是世界著名的肉用型品种。我国最早引进该品种父母代的是中外合资广东东莞鸭场；1980 年深圳引进美国培育的原种；1993 年四川绵阳市建立祖代鸭场，向全国销售父母代种鸭。

①体型外貌　由于含有北京鸭血液，故酷似北京鸭外貌。全身羽毛洁白，头大额宽，鼻脊较高，喙胫、蹼均为橙黄或橘红色。颈粗短，翅膀强健，紧贴躯干。背部宽而长，从肩到尾部稍倾斜，胸部较宽深，肌肉发达，脚粗短。

②生产性能　成年公鸭体重 4.0～4.5 kg，母鸭 3.5～4.0 kg。白羽 L_3 系商品鸭 47 日龄活重 3.09 kg，全净膛重 2.24 kg，料肉比 2.81∶1。父母代鸭年产蛋 210～220 枚，年均产雏 168 只。该公司近年来育成的“樱桃谷超级 M”良种肉种，开产周龄 26 周，开产体重 3.1 kg，在 40 周龄产蛋期内，平均每只母鸭产蛋 220 枚，可孵化雏鸭 178 只，蛋重 80～85 g，种蛋受精率 88.7%，孵化率 81.5%。SM 系超级肉鸭商品代饲养 7 周龄平均体重 3.3 kg，料肉比为(2.6～2.8)∶1，半净膛屠宰率 85.55%，全净膛屠宰率

72.55%，瘦肉率26.2%～29.5%，是制做烤鸭的上等原料。

国内广泛利用樱桃谷鸭与北京鸭、绍鸭、中型麻鸭杂交，获得了良好的配合力与杂交优势。

(2)狄高鸭　由澳大利亚公司采用配套系方法，利用中国北京鸭经选育而成的优良大型肉用鸭种。我国于1979年由深圳光明华侨畜牧场引进。狄高鸭生长快，早熟易肥，体型大，屠宰率高，适应性强，喜干燥，栖息于山坡树阴下，只要给足饮水就能在陆地自然交配，适于圈养，故又称为干地鸭。因此在广大农村，丘陵地带，缺少水面的地区，均可饲养。

①体型外貌　体羽白色，雏鸭绒羽呈黄色，脱换幼羽后全身羽毛洁白。体大，头大而扁长，颈粗且长。背长阔，胸宽挺，尾稍翘，体躯前昂，后躯靠近地面，胫粗而短，喙、胫、蹼呈橙黄色。

②生产性能　成年公母鸭体重一般3.5 kg。母鸭开产日龄160～180天，公母配比为1∶5，33周龄进入产蛋高峰期，产蛋率达90%，年产蛋180～230枚，蛋重85～100 g，平均连产蛋10枚，多者可达60枚才休产一天，蛋壳呈乳白色。狄高鸭初生重达54.61 g，1周龄时达102.81 g，2周龄时299.22 g，3周龄时614.69 g，4周龄时1 114.33 g，5周龄1 662.82 g，50天达2.5 kg。良好条件下，56天活重3.5 kg，料肉比3∶1。半净膛屠宰率92.80%～94.04%，全净膛屠宰率79.76%～82.34%；胸肌重273 g，腿肌重352.3 g，腹脂重44.65 g。商品肉鸭瘦肉率高，长羽快，雏鸭21天可长出大毛，45天齐羽，具有早熟易肥，肉嫩皮脆，质优味美等特点，是制做烤鸭、板鸭、卤鸭的上等原料。

(3)枫叶鸭　枫叶鸭又名美宝鸭，是美国美宝公司培育出的优良肉鸭品种。近年来广东一些种鸭场引进饲养。该父母代种鸭开产日龄为25～26周龄，产蛋高峰期的产蛋率可达91%，平均每只种母鸭40周产蛋210枚，平均蛋重88 g。该鸭商品代49日龄平均体重2.95 kg，料肉比为2.96∶1。枫叶鸭的最大特点是瘦肉多，长羽快，羽毛多。

(4)海格鸭　海格鸭是丹麦培育的优良肉鸭品种。该鸭商品代具有适应性强的特点，既能水养，又能旱养。特别是能较好地适应南方夏季炎热的气候条件。海格鸭 43～45 日龄上市体重可达 3.0 kg，料肉比为 2.8∶1。海格鸭肉质好，腹脂较少，适合于低脂肪食物消费者的需求。父母代产蛋性能好，年产蛋量(40 周)230 枚左右。

(5)奥白星　奥白星是由法国克里木公司育成的肉鸭品种，它生长快，饲料转化率高。

父母代开产周龄 25 周，40 周龄累计产蛋 220～240 枚。商品代 7 周龄活重 3.7 kg，1，2，3，4，5，6，7 周龄时每只体重分别为 402 g，1 059 g，1 690 g，2 209 g，2 714 g，3 214 g，3 391 g。7 周龄时的肉料比为 1∶2.86。6，7 周龄时瘦率分别为(28.6±1.9)％、(30.5±2.2)％。

(6)史迪高鸭　父母代开产周龄 26 周，40 周龄累计产蛋 191 枚，蛋重 88 g。商品代 7 周龄活重 3.15 kg，料肉比 2.9∶1。史迪高鸭耐高温，抗病力强。

(7)力加鸭　父母代开产周龄 25 周，40 周龄累计产蛋 206 枚，蛋重 85 g。商品代 7 周龄活重 2.91 kg，料肉比 2.95∶1。力加鸭长羽快，抗应激强耐粗饲。

(8)瘤头鸭(番鸭)　瘤头鸭又称疣鼻栖鸭、麝香鸭。在欧洲称为火鸡鸭，在法国又称蛮鸭或巴巴里鸭，我国俗称番鸭、洋鸭或火鸭。瘤头鸭与普通家鸭不同属，属鸭科、栖鸭属，是新大陆属的惟一代表，也是驯养鸭中惟一保留就巢性的鸭种。瘤头鸭原产于南美洲和中美洲的热带地区，属善飞的森林禽种。我国饲养的瘤头鸭由海外引入，在福建至少有 250 年以上的饲养历史。在台湾、广东、江西、广西、浙江、江苏、湖南和安徽等省、地区均有饲养。在北方饲养，冬季需舍饲保温。由于番鸭肉质细嫩，味道鲜美，蛋白质含量高达33%～34%，被视为强力滋补的佳品。

①体型外貌　番鸭外貌与家鸭明显不同，在嘴的基部和眼圈周围有红色或黑色的肉瘤，故名瘤头鸭。公鸭的肉瘤展延较宽。瘤头鸭的体型呈纺锤形，站立时呈水平状态。头大，颈粗稍短，喙短而狭，头部顶端有一排纵向长羽，受到刺激时竖起呈刷状。胸部宽而平，胸腿肌肉发达，翅长达尾部，有一定的飞翔能力，腹部不发达。脚短而粗壮，脚爪硬而尖，行走时步态平稳。公鸭叫声低哑，为"嗞嗞"声，母鸭抱孵时常发出"唧唧"声。公鸭在繁殖季节常散发出麝香气味，故又名麝鸭。瘤头鸭的羽毛颜色有白色和黑白花，还有少数呈银灰色。常见的背部黑色，颈下部、腹部、翅羽白色。喙红色带黑色，脚黄褐色。

②生产性能　成年公番鸭体重3～3.5 kg，母鸭1.8～2.1 kg。母鸭开产日龄180～210天，一般年产蛋量80～120枚，高产者可达150～160枚。蛋重70～80 g，蛋壳玉白色。蛋形指数1.38～1.42，公母配比1∶7，种公鸭利用年限1～1.5年，每季产蛋后即自行孵化，每羽可孵种蛋20枚左右，孵化期35～40天。种蛋受精率为85%～94%，受精卵孵化率80%～85%，初生雏重40～42 g。番鸭的早期生长速度较快，3～10周龄时增重最快，10周龄后增重开始减缓。公母增重差异较大，10周龄时公母鸭体重分别为2.78 kg和1.84 kg。全净膛屠宰率公鸭为76.3%，母鸭为77%，公母鸭胸腿肌占全净膛率比率分别为29.63%与29.74%。料肉比为3.3∶1。10～12周龄的番鸭经填饲2～3周，平均产肝300～350 g，公鸭肝重高于母鸭，肝料比为1∶(30～32)，较其它鸭耐填，肝大质好，等级高，在产肝的同时，体重比填前也增加50%～70%。

番鸭行动迟钝，可水养，也可旱养，能飞翔，胆大不怕人。一般作家庭零星饲养，并可用做杂交亲本。如用人工授精技术使公瘤头鸭与母家鸭进行属间杂交生产的半番鸭或骡鸭，具有生长快、饲料报酬高、肉质好和抗逆性强等优点。8 周龄平均体重 2 160 g。用雄番鸭与雌麻鸭杂交可生产泥鸭。番鸭还可与北京鸭、金定鸭进行三元杂交,生产“番北金”杂种鸭,10～12 周龄平均体重 2.24 kg,优势率为 23.78%,生长速度快于泥鸭。但因番鸭与其它家鸭不同属,因而杂交时受精率低,一般为 60%左右。

(9)克里莫瘤头鸭　又名克里莫番鸭,由法国克里莫公司育成,已在我国四川省等地落户。

①体型外貌　体型似瘤头鸭,公母体格差异较大。有 3 种羽毛,即白色 R_{51},灰色 R_{31},黑白 R_{11},都是杂交种,其体质强健,适应性强。

②生产性能　成年体重,公鸭 4.9～5.3 kg,母鸭 2.7～3.1 kg,仔母鸭 10 周龄体重 2.2～2.3 kg,仔公鸭 11 周龄体重4～4.2 kg,料肉比 2.7∶1。半净膛率 82%,全净膛率 64%。开产周龄 28 周,年均产蛋 160 枚,受精率 90%,受精蛋孵化率 72%,肉仔鸭成活率 95%,包括育成期在内,每枚种蛋耗料380 g。

(10)丽佳鸭　由丹麦育种中心培育而成,有 3 种配套系。其中 L_1,L_2 配套系种鸭各具特色,为新型优良肉用配套系。我国福建省泉州市已建成父母代鸭场。L_B 系为瘦肉型鸭配套系。

①体型外貌　体型大,体长而宽,羽色洁白,头大颈粗,背宽翅小,胸部丰满而突出,胸骨长而直,母鸭腹部丰满,腿粗短,蹼宽厚。雏鸭绒毛嫩黄色,长大后全身羽毛白色,带有奶油色光泽。喙、胫蹼呈橘黄色或橘红色。

②生产性能　丽佳鸭生长速度居肉鸭之冠,L_B 瘦肉型配套系,瘦肉系比北京鸭高 20%,肉鸭 7 周龄肉料比 1∶2.41,为诸肉鸭之冠。L_1,L_2,L_B 父母代母鸭开产体重分别为 2.9 kg,2.7 kg,2.15 kg,三系的年产蛋量分别为 200 枚、220 枚、220 枚,平均孵化率分别为 80%,85%,84%。L_1,L_2,L_B 商品代 56 日龄时的活重分别为 3.75 kg,3.4 kg,3.1 kg,全净膛率分别为 2.7 kg,2.32 kg,2.35 kg,料肉比分别为 2.85∶1,2.75∶1,2.85∶1。

(11)美国绿头野鸭

①生物学特性　美国绿头野鸭属候鸟类，性情温顺，食性杂而广，耐粗饲，植物种子、根茎、叶菜、谷实、杂草、软体动物等均能采食。喜欢在河流、湖泊、沼泽地及水生植物较多的地带活动，喜群居生活，有群居习性；迁移时多结群而行，此习性有利于集约化饲养管理。野鸭胆小，警惕性高，遇见陌生人或禽兽，即发出惊叫，成群逃离。适应能力强，有较强的抗逆性和抗病力。对一般高温、高湿和寒冷干燥的气候有较强的适应能力。

②生产性能　产蛋量大，饲料利用率高，生长速度快，70 日龄体重平均可达 1.27 kg。成熟也早，最早 165 日龄开始产蛋，年产蛋 150 枚以上，全净膛屠宰率可达 87.5%。肉质鲜嫩，味美可口，脂肪较少，肌肉率高，富含多种人体必需的氨基酸、脂肪、糖类、无机盐、维生素及微量元素等，特别是完全没有家鸭那种腥臊味，是传统的滋补食品和宴宾餐桌上的野味家肴，具有较高的经济和食用价值。

20 世纪 70 年代以来，国内成功开展了绿头野鸭的驯养，并建立了野鸭养殖公司。驯养后的野鸭生产性能明显提高。体重由 1 kg增至 2.5 kg，料肉比为(2.5～3.3)∶1，商品肉鸭育成期缩短至 90 天左右。同时它还保持了天然野鸭的营养和风味，备受消费者的青睐，近年来成为特禽养殖的后起之秀。

(二)蛋鸭

我国优良蛋鸭品种甚多，以麻鸭类为蛋鸭的主体，主要优良品种有以下几种。

1. 绍鸭　绍鸭又称山种鸭、浙江麻鸭，是我国优良的高产蛋用型麻鸭品种，产于浙江省绍兴、萧山、诸暨、上虞等市，其全称为绍兴麻鸭。

(1)体型外貌　绍鸭属小型麻鸭，体型似琵琶，蛇头暴眼，喙长颈细，臀部丰满，腹略下垂，站立时前躯高抬，躯干与地面呈 45°，体躯狭长，结构紧凑，具有理想的蛋用鸭体型。

绍鸭有 2 种品系：一种为 WH 系（又称带圈白翼梢）；另一种为 RE 系（又称红毛绿翼梢）。两者的主要区别为：WH 系母鸭的全身羽毛以浅棕黄色麻雀羽毛为主，杂有粗细不等的黑色斑点，颈中部有 4 cm 宽的白色颈圈，主翼羽呈白色，腹部为白色，称为"三白"。喙灰黄色，胫、蹼均呈橘黄色，虹彩灰蓝色，喙豆黑色，爪白色，皮肤淡橘黄色。性情烦躁，适宜于放牧，也可圈养。RE 系又称"红毛小种"，母鸭全身以棕红色麻雀羽毛为主，杂有黑斑，没有"三白"特征。主翼羽和副翼羽内侧均呈墨绿色，具有光泽，喙灰黄色，腹部浅褐色，胫、蹼橘黄色，爪黑色，虹彩赭石色，皮肤淡棕黄色。性情温顺，适宜于圈养。2 种类型的公鸭羽毛比母鸭深，头、颈、尾部性羽均为墨绿色，并具有光泽。

(2)生产性能　成年母鸭体重 1.35～1.5 kg，公、母鸭无明显差别。绍鸭成熟较早，一般在 3 个月以后即开始产蛋。至 150 天时产蛋率可达 50%，至 170 天左右即可达到产蛋高峰期，产蛋率达 95%以上，并能保持持续高产。年平均产蛋量 280～310 枚，高产群可达 310 枚以上。蛋壳光滑而厚实，多以白色为主、青绿色次之，无斑点。2 个品系母鸭产蛋量和蛋重略有区别：WH 系 500 日龄入舍母鸭的产蛋量为 309 枚，而 RE 系为 311.5 枚。RE 系第一年产的蛋平均重量为 59 g，而 WH 系为 63 g；RE 系第二年的平均蛋重为 63 g，WH 系为 71 g。500 日龄产蛋总重 18～19 kg。WH 系蛋壳厚度为 0.33 mm，RE 系 0.33 mm。WH 系蛋形指数为 1.41；RE 系为 1.44。WH 系哈氏单位为 83.21，RE 系为 82.87。产蛋期蛋料比为 1∶(2.8～3.0)。早春公母配种比例为1∶10，夏秋为 1∶30。种蛋受精率 90%以上，受精蛋孵化率 80%以上，绍鸭(0～4 周龄)的成活率可达 98%。公鸭的性成熟较母鸭迟 20～30 天，需达 6 月龄以上方可利用。种母鸭一般利用 2 年，种公鸭一般利用1年。绍鸭的初生重一般为37～40 g。1月龄体重450 g,1～2月龄生长最快,70日龄以后生长减慢。90日龄时体重可达成年体重的90%左右。产地群众一般将公鸭养到60日龄左右就作为菜鸭供应市场。

由于绍鸭具有产蛋多、成熟早、体型小、适应性强、耗料省等优良性状,且既能在稻田、江河、湖泊放牧,又适于进行集约化圈养,因而近年来强兴麻鸭已被10多个省市引种,分布遍及浙江、上海、江苏、山东等省(市),见表2-1。

表2-1　绍鸭南北饲养生产性能指标对比

生产性能	南方地区	山东莒县地区
0～20周成活率	97%	95%
开产日龄(天)	88	90
产蛋率达50%日龄(天)	150	140～150
500日龄入舍鸭产蛋(枚)	310	306
300日龄蛋重(g)	68.9	68.2
蛋料比	1∶2.97	1∶3.01
蛋壳颜色	白色居多	白色75%,绿色25%

摘自《山东家禽》1998.3:28～29。

2. 金定鸭　金定鸭是我国培育的优良蛋鸭品种,既适于放牧饲养,也适于圈养、舍饲或海滩放牧。其原产地在福建省龙海县紫泥乡金定村,故名金定鸭,在厦门市郊区、龙海、国安、南安、晋江、惠安、漳州、漳浦、去宵和绍安等均有分布。

(1)体型外貌　金定鸭公鸭体躯较长,胸宽背阔,喙黄绿色,虹彩褐色,胫、蹼橘红色,爪黑色;头部和颈上部羽具有墨绿色光泽,无明显的白色颈圈;前胸红褐色,背部灰褐色,有镜羽,具有黑褐色性羽,呈卷曲状。母鸭身体细小,头较小秀长,胸稍窄而深,结构紧凑匀称,站立时和行走时躯干与地面呈45°以上。喙古铜色,虹彩褐色,胫、蹼橘红色,通体纯麻褐色;背面体羽的羽色呈褐黄色,羽片中央具有长椭圆形褐斑，羽斑由体前后向逐渐增大，颜色加深。腹羽则变浅；颈部羽毛纤细，无羽斑，翼羽黄褐色，有镜羽。

(2)生产性能　金定鸭初生公雏体重 47.6 g，母雏 47.4 g；1 月龄公鸭体重 560 g，母鸭 550 g；3 月龄公鸭 1 464.5 g，母鸭 1 465.5 g；成年公鸭体重 1 760 g，母鸭 1 780 g。开产日龄 100～120 天，产蛋期长，高产鸭在换羽期和冬季也持续产蛋。产蛋量平均每年 260～300 枚，蛋重平均 72.26 g。95%以上为青壳蛋，蛋形指数 1.45。公鸭性成熟日龄 100 天左右。公母配种比例为 1：25。受精率 89%～96%，受精蛋孵化率 85.3%～92.3%，60 日龄成活率为 96.4%，利用年限一般公鸭 1 年，母鸭 3 年。

我国北方蛋鸭产蛋能力一般较低，可引入金定鸭进行经济杂交或扩大纯种繁殖，金定鸭母鸭与瘦头鸭公鸭杂交生产的半番鸭，产肉性能较佳，90 天体重可达 3 kg。

3. 攸县麻鸭　攸县麻鸭属小型蛋鸭品种，主产于湖南省攸县境内的攸水和沙河流域一带，以网岭、鸭塘浦、新市等地为集中产区。

(1)体型外貌　攸县麻鸭体型狭长，呈船形，羽毛紧密，喙豆黑色。母鸭全身羽毛呈黄褐色带椭圆形黑斑。虹彩茶褐色，爪黑褐色。鸭群中有 70%左右母鸭为深麻雀色，其余的羽色较浅。公鸭喙绿褐色，头部和颈上部羽毛翠绿色，腹羽翼羽灰褐色，尾羽和性羽墨绿色，爪黑色。

(2)生产性能　攸县麻鸭初重 39 g，1 月龄体重 48.5 g，2 月龄公鸭重 850 g，母鸭重 852 g；3 月龄公鸭重 1 120 g，母鸭重 1 180 g；成年公、母鸭体重相近，均为 1.2～1.3 kg。开产日龄 100～110 天，最早的 85～90 天，公鸭性成熟日龄 100 天左右，公、母配种比例1：25，受精率 94.8%，受精蛋孵化率 82.66%。群放饲养条件下，每只年产蛋 200～250 枚，总重 10～13 kg，精养时可达13～15 kg。春秋两季产蛋量占全年产蛋量的 83.5%，平均蛋重 60 g。

白壳蛋占 90%，蛋壳厚 0.36 mm。青壳蛋较少，蛋壳厚 0.37 mm，蛋形指数为 1.36，饲料报酬为 2.7∶1。

攸县鸭性成熟早，行动敏捷，极富神经质，在中等群（300～400 只）饲养条件下，产蛋率高低易变。由于体型小，觅食力强，饲料报酬高，在湖南省广为饲养。

4. 荆江麻鸭　荆江麻鸭是我国长江中游地区广泛分布的蛋用型鸭种，因盛产于荆江两岸而出名。中心产区为江陵、监利和沔阳县，毗邻的洪湖、石首、公安、潜江和荆门等县市也有分布。

(1)体型外貌　荆江麻鸭头较小，眼大而突，颈细长而灵活，肩狭，背平直，体躯稍长而向上抬起。喙石青色，胫、蹼橙黄色。全身羽毛紧密，眼上方长有眉状白毛。母鸭头颈部羽毛多为泥黄色，背腰部羽毛以泥黄色为基色，杂有黑色条斑或浅褐色底色上缀黑色条斑。群体中以浅麻雀色居多。公鸭头、颈部羽毛具翠绿色光泽，前胸、背腰部羽毛褐色，尾部浅灰色。

(2)生产性能　荆江鸭成年体重公鸭 1.4～1.6 kg，母鸭稍轻。初生重 39.33 g，1 月龄体重 167.77 g；3 月龄公鸭体重 1 122.5 g，母鸭 1 040.50 g；6 月龄公鸭体重 1 678.75 g，母鸭 1 503.50 g。开产日龄 100 天左右。2～3 年鸭达产蛋高峰，可利用 5 年。平均年产蛋量 214.4 枚，年平均产蛋率 58%，春秋季产蛋率在 90%左右，冬季则较低。蛋以白壳者居多，占 76%，平均蛋重 63.5 g。青壳蛋约 24%，蛋重平均 60.62 g。蛋壳厚 0.33 mm，蛋形指数 1.40。公母配比为 1∶(20～25)，受精率为 93.10%，入孵蛋孵化率 98.24%。公母鸭半净膛屠宰率分别为 72.22% 和 79.93%，全净膛屠宰率分别为 72.22%和 72.25%。

5. 江南Ⅰ号和Ⅱ号　江南Ⅰ号和江南Ⅱ号是浙江省农业科学院培育成功的高产蛋鸭配套系，是在绍兴鸭的基础上，采用“RRS”(正反反复选择)法，经 3 个世代和 2 轮重复杂交试验后选育而成的。两系均表现出优质、高产、低耗的特点。

(1)体型外貌　江南Ⅰ号母鸭体羽呈浅褐色，杂有不明显的黑斑，江南Ⅱ号母鸭羽毛深褐，黑斑大而明显。

(2)生产性能　江南Ⅰ号母鸭成熟时体重平均为 1.67 kg，开产日龄平均为 118 天。500 日龄产蛋量平均 310.2 枚，蛋总重平均 21.18 kg。300 日龄平均蛋重 71.85 g，产蛋期蛋料比 1∶2.85，产蛋期存活率为 97.05%。

江南Ⅱ号母鸭成熟时体重平均 1.66 kg，开产日龄平均为 117 天，500 日龄产蛋量平均为 324.3 枚，蛋总重平均为 21.75 kg。300 日龄产蛋平均蛋重为 70.17 g，产蛋期蛋料比为 1∶2.76，产蛋期存活率为 98.94%。

这 2 种蛋鸭都具有产蛋率高，持续期长，饲料利用率高，成熟较早，生活力强等特点，在相似条件下饲养，比绍鸭高产。2 个品系平均每年每只可比绍鸭增产蛋 2～3 kg，而比一般蛋鸭增产蛋 5 kg。2 种蛋鸭还提高了公鸭的肉用性能，如 60 日龄和 70 日龄的体重比绍鸭提高了 16%～22%。年经济效益为 20～70 元/只。饲料报酬和肉的品质都比绍鸭有明显的改进。

6. 三穗鸭　三穗鸭产于贵州省东部的低山丘陵河谷地带，三穗县为中心产区，故称为三穗鸭。分布于镇远、岭巩、天柱、台江、剑河、锦屏、黄平、施秉、思南等 10 余个县。雏鸭除供应本省外，尚远销湖南和广西等省或地区。

(1)体型外貌　三穗鸭属小型麻鸭，体躯稍长，似船形，颈细长，前胸突出，胫、蹼橘红色，爪黑色。公鸭体羽以绿色居多，颈中下部有白色颈圈，前胸浅褐色，背部羽毛灰褐色，腹部浅褐色。虹彩褐色，胫细而强健有力。母鸭羽毛以深麻雀色居多，间有纯黑和黑白花色个体。

(2)生产性能　三穗鸭成年公鸭体重 1 690 g，母鸭 1 680 g。初生体重 44.62 g，1 月龄体重 414.25 g；开产日龄 110～120 天，年产蛋 200～240 枚，蛋重平均为 65.12 g，以白壳蛋居多，青壳蛋仅占8%～9%。蛋壳厚度0.31 mm，蛋形指数1.42。公母配比为1∶(20～25)。受精率为80%～85%，孵化率为85%～90%，60日龄成活率为95%以上，利用年限公鸭为1年，母鸭2～3年。70日龄公母鸭半净膛屠宰率分别为84.34%和84.44%，全净膛率分别为61.22%和66.32%。

7. 莆田黑鸭　莆田黑鸭是中国麻鸭的黑色变种，主要分布于福建的晋江和莆田2个地区的沿海各县及福州市的浪歧、亭江、连江县的浦口等地。

(1)体型外貌　莆田黑鸭体型轻巧、紧凑，骨骼坚实，行走迅速。全身羽毛浅黑色，着生紧密，喙黑绿色，胫、蹼、爪黑色。公鸭具性羽，头、颈部羽毛具有光泽，雄性特征明显。

(2)生产性能　莆田黑鸭成年体重，公鸭1 340 g，母鸭1 680 g。开产日龄120天左右，年产蛋量为270～290枚，蛋重70 g，白壳蛋占多数。公母配比为1∶25，种蛋受精率95%。蛋料比为3.84∶1。

8. 连城白鸭　连城白鸭是中国麻鸭中独具特色的小型白色变种，主要产于福建连城县，分布于长汀、上杭、礼安和清流等县。

(1)体型外貌　连城白鸭体躯狭长，头小，颈细长，前胸浅，腹部下垂，觅食力强，行动灵活，神经质。体羽洁白，喙黑色，胫、蹼灰黑色，雄性具性羽2～4羽。

(2)生产性能　初生体重为40～44 g，1月龄体重为250～300 g，3月龄达1 300～1 500 g，成年体重公鸭为1.4～1.54 kg，母鸭为1.3～1.4 kg。开产日龄达120～130天，第一个产蛋年产蛋220～230枚；第二个产蛋年产蛋250～280枚；第三个产蛋年产蛋230枚左右，蛋重58 g。蛋壳以白色居多，也有少数青壳蛋，蛋形指数1.46，公鸭180天配种，公母配比为1∶(20～25)。公鸭利用年限为1年，母鸭3年，受精率90%以上。

9. 中山麻鸭　原产于广东省的中山县，分布于珠江三角洲地区。

(1)体型外貌　体型小,喙黄褐色,胫、蹼橘黄色,虹彩褐色。公鸭头颈全部羽毛呈翠绿色,颈中部有白色颈圈,颈下部、胸部和背部的羽毛褐色,尾羽深褐色,镜羽绿色。母鸭体羽褐色,带有黑色斑点。

(2)生产性能　成年体重1.6～1.7 kg,开产日龄130～140天,年产蛋量180～200枚。蛋重65～68 g,为白壳蛋。公母配比1∶(20～25)。种蛋受精率90%以上。

10. 龙岩山麻鸭　龙岩山麻鸭又名山麻鸭,为福建省龙岩地区的地方品种。

(1)体型外貌　体型小,公鸭的头和颈上部羽毛呈墨绿色,有光泽,颈部有白色羽圈,胸红褐色,背腰灰褐色,腹羽白色,翼羽深褐色,尾羽黑色,喙黄绿色,母鸭体羽浅褐色,布有黑色斑点,眼上有白色眉纹,喙黄色。

(2)生产性能　成年体重1.4～1.6 kg,开产日龄110～130天,年产蛋240枚左右,蛋重55 g,公母配比1∶(20～25),公鸭利用年限为1年,母鸭2～3年。

11. 利川麻鸭　利川麻鸭又名恩施麻鸭,为鄂西南山区的地方品种,产区平均海拔800～1 200 m。主产区在湖北省利川县和来凤县,分布于恩施地区的山区及低山平坝。

(1)体型外貌　体型小,后躯发达,行动灵活,公鸭头、颈、尾部羽色蓝黑,颈中部有白色羽圈。体羽色为红胸、褐背、浅色腹。母鸭体羽褐色杂有黑色雀斑,有赤麻、青麻、浅麻之分。利川麻鸭体型轻巧,行动灵活,适于山区饲养。

(2)生产性能　成年体重1.6～2 kg,开产日龄150～180天。年产蛋200枚左右。平均蛋重65 g,白色蛋壳居多。公母配比1∶20,种蛋受精率80%以上,受精蛋孵化率85%左右。

12. 卡叽-康贝尔鸭　卡叽-康贝尔鸭是英国采用浅黄色和白

色印度跑鸭与法国罗恩公鸭杂交，再与野公鸭杂交选育而成的蛋鸭品种。1976 年黑龙江省外贸局从荷兰琼生农场引进种蛋繁育、饲养。经过几年的饲养观察，康贝尔鸭适应于我国高寒地理条件，甚至在北纬 49°的嫩江县也能显示其高产蛋量的性能。

(1)体型外貌　体躯高大、深广而结实，颈细长而直，背宽广平直，胸部饱满，腹部发育良好。公鸭的头、颈、尾及翼肩部羽毛均呈青铜色，喙墨绿色，胫、蹼为深橘红色。母鸭头、颈羽毛深褐色，其余部位的羽毛为卡叽色，喙浅褐色或浅绿色，胫、蹼黄褐色。

(2)生产性能　成年体重公鸭 2.25～2.50 kg，母鸭 2.0～2.3 kg。开产日龄 135 天，少数为 120 天，在标准饲养条件下，年产蛋平均 280～300 枚，高产品系可达 365 枚，蛋重 65～77 g，蛋壳为白色，公母配比 1：(15～20)。受精率、孵化率均较高，分别为 95%和 90%。利用年限一般为 1 年。母鸭第 2 年产蛋量明显下降。

卡叽-康贝尔鸭具有耐粗饲、耗料少、适应性和抗病力强等特点，体型较我国蛋鸭品种大，接近于兼用种体型，但产蛋性能好，性情温顺。水面饲养或圈舍饲养均可。康贝尔鸭有茶褐色、白色和黑色 3 个变种，茶褐色康贝尔鸭即卡叽-康贝尔鸭。白色康贝尔鸭是由卡叽-康贝尔鸭选育出来的，但其产蛋量不高。康贝尔鸭是国际上优秀的蛋鸭品种，且其肉质鲜美，有野鸭风味。

(三)兼用型鸭

1. 建昌鸭　建昌鸭是肉用性能优良，以生产大肥肝著称的肉蛋兼用型麻鸭，素有“大肝鸭”的美称。产于四川省的西昌、德昌、冕宁、米易和会理等县。西昌古称建昌，因而得名。产区位于青藏高原和云贵高原之间的安宁河河谷地带，属亚热带气候。当地素有腌制板鸭，填肥取肝，食用鸭油的习俗，经过长期的选择，育成了以肉为主，肉蛋兼用的品种。

(1)体型外貌　建昌鸭体型中等大小，体躯宽阔，头大颈粗。公鸭头、颈上部羽毛墨绿色，有光泽，颈下部1/3处有一白色颈圈，尾羽、性羽黑色，喙墨绿色，前胸及鞍羽红褐色，腹羽银灰色，故有“绿头、红胸、银肚、青嘴公”之称。母鸭羽毛褐色，有深浅之分，以浅褐色麻雀居多，喙橘黄色。

建昌鸭中还有约15%的白胸黑鸭，其公母羽毛相同，前胸白色，体羽乌黑，喙、胫蹼黑色。近年来，四川农业大学又从建昌鸭中分离出一个白羽品系。

(2)生产性能　成年体重，公鸭2.2～2.5 kg，母鸭2～2.3 kg。

①产蛋性能　年均产蛋量150枚左右，平均蛋重72.9 g。蛋壳以青壳者居多，占60%～70%，壳厚0.35 cm，蛋形指数1.37。公鸭性成熟日龄120天左右，母鸭开产日龄150～180天，公母配比1∶28，受精率90%，受精蛋孵化率85%左右。

②产肉性能　建昌鸭生长较快，初生体重37.4 g，1月龄体重302.5 g，2月龄体重达962.5 g，3月龄体重1 655.8 g，4月龄公鸭重1 844.0 g，母鸭1 694.7 g。其相对增重高峰期出现在8周龄前，13周龄后则增重急剧下降，28周龄时接近成年体重。肉用仔鸭8周龄活重1.3～1.6 kg。6月龄公鸭半净膛屠宰率为78.9%，母鸭为81.84%。公鸭全净膛屠宰率为72.3%，母鸭为74.08%。6月龄公鸭胸、腿肌总重为327.38 g，母鸭为318.60 g。三肌占屠体重的比例，公鸭为25.84%，母鸭为24.27%。56日龄肉料比为1∶3.07，7月龄填肥21天的肉料比为1∶11.07。

③肥肝　7月龄建昌鸭填肥14天平均肝重229.24 g，最大者达455 g，肝料比为1∶23。81填肥21天平均肝重达324.36 g，最重达545 g。

2. 巢湖鸭　生产区在安徽省中部的巢湖附近，分布于巢湖周围的庐江、巢县、肥西、肥东、舒城、无为、和县、含山等县。产区属江淮分水岭以南、大别山以东、长江北岸的低洼湖沼冲积平原地带，具有良好的放牧条件。

(1)体型外貌　体型中等大小，呈长方形，结构紧凑。公鸭的头、颈上部羽毛呈墨绿色，有光泽，前胸和背、腰部羽毛呈褐色，点缀有黑色条斑，腹部白色，尾羽黑色，喙黄绿色，虹彩褐色，胫、蹼橘红色，爪黑色。母鸭体羽浅褐色，缀黑色细条纹，呈浅麻细花型，翼部有蓝绿色镜羽，眼上方有白色或浅黄色眉纹。巢湖鸭体质健壮，行动敏捷，抗逆性强，采食性能好，是制作无为熏鸭和南京板鸭的良好原料。

(2)生产性能　成年体重，公鸭 2.1～2.7 kg，母鸭 1.9～2.4 kg。

①产蛋性能　年产蛋量 160～180 枚，平均蛋重 70 g，蛋壳以白色居多，占 87%，青壳蛋占 13%，母鸭开产日期 140～160 天，早春公母配比为 1∶25，清明后为 1∶33。种蛋受精率 90%以上，受精蛋孵化率 89%～94%，利用年限，公鸭为 1 年，母鸭为 3～4 年。

②产肉性能　肉用仔鸭 70 日龄活重 1.5 kg，90 日龄活重 2 kg。全净膛屠宰率 72.6%～73.4%，半净膛屠宰率 83%～84.5%。

3. 四川麻鸭　四川麻鸭属体型较小的肉蛋兼用型品种，广泛分布于四川省水稻田产区，以绵阳、温江、乐山、宜宾、内江、万县、达县等地区最为集中。比较早熟，放牧适应能力强，胸腿肌比例较高。

(1)体型外貌　四川麻鸭体型较小，坚实紧凑，羽毛紧密，颈长头秀，喙橘黄色，喙豆多为黑色，胸部发达、突出，胫、蹼橘红色。公鸭体型狭长，性指羽 2～4 羽，向背弯曲。母鸭羽毛较杂，以麻褐色居多。公鸭羽毛较为一致，可分为 2 种。其中一种称“青头公鸭”，此公鸭的头和颈的上 1/3 或 1/2 处的羽毛为黑白相间的青色，不带翠绿色光泽，肩、背为浅黄色细芦花斑纹，前胸赤褐色，腹部绒羽为白色，性指羽为灰色。

(2)生产性能　在放牧条件下平均年产蛋150枚左右，平均蛋重72 g左右，蛋壳以白色为主。公母鸭比例为1∶10，受精率90%左右。利用年限，母鸭2～3年，公鸭1年。肉用仔鸭90日龄体重1.6 kg。舍养条件下生产性能会更高些。

4. 云南鸭　云南鸭属云南省中型肉蛋兼用地方良种，在云南省分布较广，除西北部地区外，全省各地区均有饲养。

(1)体型外貌　公鸭头和颈上部羽毛绿色带有光泽，颈下部有白色羽环，胸、背深褐色，腹部灰白色，尾羽黑色，镜羽墨绿色。母鸭羽色分黄麻和黑麻2种。喙、胫、蹼橘黄色，虹彩红褐色，部分灰色。

(2)生产性能　成年公鸭体重1.8 kg，母鸭体重1.7 kg。母鸭性成熟期为150日龄，年产蛋150枚左右，蛋壳分白色和青色2种。公母鸭配比为1∶12，受精率90%。仔鸭70日龄体重1.5 kg，110日龄用于加工腊鸭的肉鸭体重为1.7～2.0 kg。

5. 桂西鸭　桂西鸭产于广西的靖西、德保、那坡等地，属中型肉蛋兼用麻鸭。

(1)体型外貌　桂西鸭体型中等大，有3种羽色，呈深麻雀色的称“马鸭”；呈浅麻雀色的称“凤鸭”；黑背白腹的称“乌鸭”。

(2)生产性能　成年体重2.4～2.7 kg。开产日龄130～150天，年产蛋量140～150枚，蛋重80～85 g，白壳蛋居多，有少数青壳蛋。公母配比1∶(10～20)。肉用仔鸭70日龄体重2 kg左右。

6. 兴义鸭　兴义鸭主要产于贵州省兴义地区，属小型肉蛋兼用地方良种。主要产区在贵阳至六枝、水城铁路以南各县。作为肉蛋兼用种，可以加工板鸭用和生产食用鸭蛋。

(1)体型外貌　该鸭种为绿色头型麻鸭，公鸭头和颈上部羽毛墨绿色而有光泽，有白颈圈，胸部褐，背黑褐，腹灰白，尾羽黑色。母鸭有深麻雀羽。公母鸭喙、胫、蹼橘黄色，虹彩褐色。

(2)生产性能　成年鸭体重 1.5～1.6 kg。母鸭性成熟期，春雏鸭为 5 月龄，秋雏鸭为 6 月龄，可年产蛋 170～180 枚，蛋壳约 90%为白色，10%为青色。公母鸭配比为 1∶(10～15)，种蛋受精率为 85%。利用年限，母鸭为 2～3 年，公鸭为 1 年。肉用仔鸭 70～90 日龄体重达 1.40～1.45 kg。

7. 连城白鸭　连城白鸭生产于福建省连城县，是中国麻鸭中独具特色的白色变种。

(1)体型外貌　连城白鸭体型狭长，头大，颈细长，前胸浅，腹部下垂，觅食力强，富于神经质。该鸭雌雄全身羽毛洁白紧密，有性指羽 2～4 根，喙黑色，胫、蹼灰黑色。

(2)生产性能　成年鸭体重，公鸭 1.4～1.5 kg，母鸭 1.3～1.4 kg。第一个产蛋年产蛋 220～230 枚。蛋壳颜色以白色居多，少数为青色。母鸭开产日龄为 120 天左右，公鸭 180 天配种，公母鸭配比为 1∶(20～25)；公鸭利用年限为 1 年，受精率达 90%以上。肉用仔鸭 90 日龄体重为 1.3～1.5 kg。

8. 大余鸭　大余鸭主产区在江西省南部的大余县，分布于赣西南的遂川、崇义、赣县、永新等县和广东省的南雄县。

(1)体型外貌　大余鸭体型中等大小，不具白色颈圈。翼部有墨绿色镜羽。喙青色，胫、蹼青黄色。公鸭头、颈、背部羽毛红褐色，少数个体头部有墨绿色羽。母鸭体羽褐色，并有较大的黑色雀斑，故有“大粒麻”之称。

(2)生产性能　成年体重 2～2.2 kg。

①产蛋性能　年产蛋量 180～220 枚，平均蛋重 70 g 左右，蛋壳白色。母鸭开产日龄 180～200 天，公母配比 1∶10，种蛋受精率 81%～91%，受精蛋孵化率 90%以上。

②产肉性能　在放牧条件下，90 日龄仔鸭活重 1.4～1.5 kg，再经 1 个月的育肥饲养，体重达 1.9～2 kg，即可屠宰加工板鸭。半净膛屠宰率公鸭为 84.1%，母鸭为 84.5%；全净膛屠宰率公鸭

为 74.9%，母鸭为 75.3%。

以大余鸭腌制的南安板鸭（大余旧称南安）在广东、港澳和东南亚地区久负盛名，其特色是皮薄肉嫩，骨脆可嚼，腊味香浓，耐人寻味。

9. 高邮鸭　高邮鸭为我国较大型的麻鸭品种，属肉蛋兼用型。产于江苏省高邮、宝应、兴化等地，分布于江苏北部京杭运河沿岸的里下河地区。全国许多省市均有引进，以广东、云南、贵州、湖南、江西、安徽等省饲养较多。

(1)体型外貌　高邮鸭体躯呈长方形，胸深背阔肩宽，发育匀称，具典型的兼用型种鸭体型。喙豆黑色，虹彩深褐色，爪黑色。公鸭体型较大，头、颈上部的羽毛深绿色，有光泽，背、腰、胸部均为褐色芦花羽，腹羽黑色，喙青绿色，胫、蹼橘红色，有“乌头白裆青嘴雄”之称。母鸭颈细长，羽毛紧密，后躯发达，体羽褐色，杂有黑色细斑，呈麻雀色，胫、蹼灰褐色。雏鸭羽为黑斗形，青喙或黑喙，黑线背，黑尾，黑胫，黑蹼，黑爪。

(2)生产性能　成年鸭体重，公鸭 2.3～2.4 kg，母鸭 2.6～2.7 kg。

①产蛋性能　年平均产蛋量 140～160 枚，高产群可达 180 枚。平均蛋重 75.9 g，其中 70 g 以下者占 15.3%，78 g 以上者占 4%。双黄蛋约占 0.3%。蛋壳白色居多，约占 82.9%，青壳蛋占 17.1%左右。蛋形指数为 1.43。高邮鸭繁殖力较强，公鸭 70 日龄后即有性行为，母鸭开产日龄 110～140 天。公母鸭配比为 1∶(25～33)，受精率 92%～94%，受精蛋孵化率达 85%以上。

②产肉性能　高邮鸭生长速度较快，一般在放牧条件下，70 日龄体重可达 1.5 kg，在较好的饲养条件下可达 1.8～2 kg，以 40～70 日龄期生长最快。采用配合饲料饲喂，50 日龄平均体重可达 1.78 kg。屠宰率半净膛为 80%左右，全净膛为 70%左右。料肉比 1.5∶1。

高邮鸭肉质好，觅食能力强，耐粗杂食，善潜水，生长快且易肥，产蛋大，且有较多的双黄蛋，饲料报酬高。适于放牧饲养。

10. 临武鸭　临武鸭是产于湖南省临武县，分布于武水河两岸的肉蛋兼用型地方品种。

(1)体型外貌　临武鸭体型中等偏小，体躯较长，结构匀称，胸部发达，后躯挨地。头大眼突，喙扁而宽，呈黄褐色或黄红色，上喙宽于下喙，尖端微向下钩，中段微微上拱，采食有力，被称为“拱嘴鸭”、“勾嘴鸭”及“挖嘴鸭”。颈较细长，翅膀收缩有力，翅尖交叉，尾羽呈三角形，尾尖上翘。母鸭毛色以黄褐色为主，杂有白、绿色斑。具白色颈圈。公鸭头、颈上部羽毛绿色发亮，颈圈明显，腹部多棕黄色或灰白色。

(2)生产性能　成年体重，公鸭 1 770 g，母鸭 1 813 g。开产日龄 140～160 天，年产蛋 160～180 枚，蛋重 67.4 g。

临武鸭习性广，易肥育，加工成板鸭味道鲜美。

11. 昆山鸭　昆山鸭又称昆山大麻鸭，系江苏省苏州地区采用北京鸭与当地鸭杂交培育的品种，经 14 年的选育和推广，于 1978 年通过鉴定。

(1)体型外貌　昆山鸭体型似北京鸭，头大，颈粗，体躯呈长方形，宽而深。羽毛似娄门鸭。公鸭头、颈上部羽毛墨绿色，有光泽，体背部和尾羽墨褐色，体侧灰褐色有芦花纹，腹部白色，翼部镜羽墨绿。母鸭全身羽毛深褐色，缀黑色麻雀斑纹，眼上方有白眉，翼部有墨绿色镜羽。昆山鸭的喙呈青绿色，胫、蹼橘红色。

(2)生产性能　成年体重，公鸭 3.5 kg，母鸭 3 kg。开产日龄 180 天左右，年产量 140～160 枚，平均蛋重 80 g 左右，蛋壳乳白色，少数青色。60 日龄仔鸭体重 2.4 kg 左右。

12. 沔阳鸭　沔阳鸭是以高邮鸭为父本，荆江鸭为母本杂交、选择、培育而成。

(1)体型外貌　体型中等大小，体躯长方形，背宽胸深。胫、蹼橘黄色，公鸭头、颈上部的羽毛绿色，有光泽，体背部羽毛深褐色，臀部羽毛黑色，胸、腹和副主翼羽白色。喙黄绿色，虹彩浅褐色。母鸭羽毛以褐色为主，分浅麻色和深麻色 2 种，主翼羽均为黑色。喙青灰。眼上方左右一道白眉。

(2)生产性能　成年体重 2.2～2.3 kg。开产日龄 140～150 天，年产蛋量 160～180 枚，第一年平均蛋重 74.5 g，第二年 79.6 g。蛋壳以白色居多，占 93%，青壳蛋仅 7%。公母配比 1∶(20～25)。种蛋受精率 90%以上。受精蛋孵化率 85%以上。利用年限，公鸭 1 年，母鸭 4～5 年。

二、鸭的生产性能测定及选种标准

(一)鸭体重、体尺测量

1. 体重测量　为了育成高产性能的鸭，需在鸭养殖过程中对生长速度、体重进行测量。鸭育雏期为 0～3 周龄，而育成期为4～24 周龄。种用鸭一般每隔 2 周称重 1 次，公母鸭分别抽测 10%称重，称重前鸭应断料 6 h 以上，但不断水，成年母鸭体重分鸭开产期体重和产蛋期末体重。

2. 鸭的体尺测定　为了准确地记载鸭的体型外貌，研究其与生产性能的关系，施行规范化饲养管理和培育鸭品种，就必须对鸭进行统一标准的体尺测量(图 2-1)。

3. 鸭的体型指数

(1)强壮指数　强壮指数表示体型的紧凑性和肌肉发育程度，其公式为：

$$强壮指数=\frac{体重}{体长}\times 100\%$$

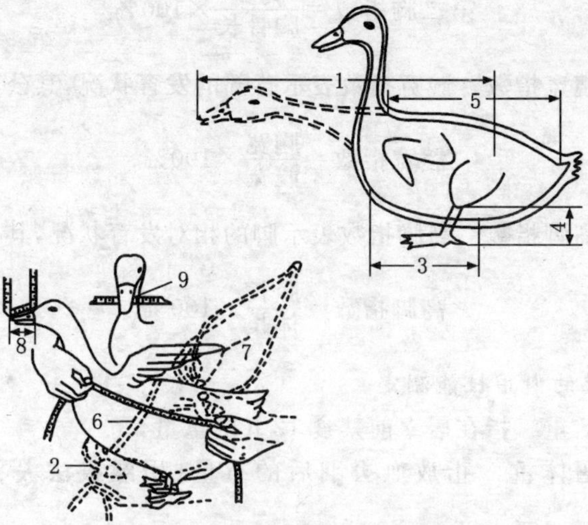

图 2-1 鸭的体尺测量

1. 半潜水长;2. 胸深;3. 龙骨长;4. 蹠长;5. 体斜长;
6. 胸围;7. 骨盆宽;8. 嘴长;9. 嘴宽

(2)体躯指数　体躯指数表示体躯发育状况,其公式为:

$$体躯指数=\frac{胸宽}{体长}\times 100\%$$

(3)第一胸指数　第一胸指数表示胸部的发育状况,其公式为:

$$第一胸指数=\frac{胸宽}{胸深}\times 100\%$$

(4)第二胸指数　第二胸表示数指胸肌的发育状况,其公式为:

$$第二胸指数=\frac{胸宽}{胸骨长}\times 100\%$$

(5)髋宽指数　髋宽指数表示背部的发育状况，其公式为：

$$髋宽指数=\frac{胸宽}{髋宽}\times 100\%$$

(6)高脚指数　高脚指数表示脚的相对发育状况，其公式为：

$$高脚指数=\frac{胫长}{体长}\times 100\%$$

4. 鸭的肉用性能测定

(1)活重　指在屠宰前禁食 12 h 的重量。

(2)屠体重　指放血去羽后的重量(用湿拔法去羽毛后须沥干)。

(3)半净膛重　指屠体去气管、食道、嗉囊、肠、脾、胰和生殖器官，留心、肝(去胆)、肺、肾、腺胃、肌胃(除去内容物及角质膜)和腹油(包括腹部板油及肌胃周围的脂肪)的重量。

(4)全净膛重　即半净膛去心、肝、腺胃、肌胃、腹脂，保留头、脚的重量。

(5)常用的几项屠宰率的计算方法

①$屠宰率=\frac{屠体重}{活重}\times 100\%$；

②$半净膛率=\frac{半净膛重}{活重}\times 100\%$；

③$胸肌率=\frac{胸肌重}{全净膛重}\times 100\%$；

④$腿肌率=\frac{大小腿肌重}{全净膛重}\times 100\%$。

(6)料肉比　料肉比＝饲养全程耗料量：总活重

(二)选种的主要经济性状

1. 产蛋量　这个性状不管蛋鸭和肉鸭都很重要,蛋鸭更为突出。一定时间内产蛋量的高低,受3个因素的制约:

(1)开产期　初产日龄和平均蛋重存在着正相关,即开产早的个体,一般蛋较轻,因此,选择早熟个体,可能会出现蛋重降低的危险。

(2)产蛋强度　产蛋强度,即产蛋率与产蛋量的关系很密切。产蛋率是可以遗传的,不同品系之间有较大差别。

(3)换羽和休产　除瘤头鸭外,家鸭都有换羽和休产的问题,但高产的品种(品系或配套系)在换羽时不休产。

2. 蛋重　蛋重包括平均蛋重、日平均产蛋量和产蛋总重。选择蛋重时,不但要注意提高平均蛋重,还要注意在开产后很快达到最大蛋重的时间,并能保持较高的产蛋强度,而且体重又不增加的优秀家系或个体,只有这样,才能有效地提高产蛋总重,得到最佳的饲料利用率。蛋重的遗传力较高,通过选种能较快地使蛋重得到提高。

3. 体重　体重是蛋鸭和肉鸭都很重要的一个经济性状。蛋鸭要求产蛋量高、蛋大,而体重却要求尽可能的小,以便节省饲料;肉鸭要求一定的成年体重,要着重于早期的生长发育速度。

蛋用型鸭选种时,在保持和提高产蛋量的前提下,应尽量降低成年体重,以减少维持饲料的消耗,提高饲料利用率,并增加单位面积鸭舍内的饲养密度。肉用型鸭选种时,以提高早期(7～8周龄)生长速度为目标,适当控制成年体重(特别是母系),以降低种鸭的饲养成本。

4. 饲料转化率　饲料转化率是指消耗若干饲料后能取得肉、蛋产品的多少,又称饲料报酬或饲料转换率。由于饲料成本占养鸭总成本的70%左右,所以,饲料报酬是一个重要的经济指标。饲料报酬是可以遗传的,但品系和个体之间存在着明显的差异。

通过选种可以提高饲料报酬。

5. 生活力　通常用存活率或死亡率来表示，这是鸭对不良条件的适应能力，也是与经济效益有直接关系的重要性状。

6. 蛋的品质　这个性状包括蛋壳的强度、蛋白的浓度、蛋形、壳色、血斑与肉斑等多性状的综合。

(1)蛋壳强度　由蛋壳密度、蛋壳厚度和蛋膜的质量决定。蛋壳厚度受温度、代谢过程的影响，品系之间也有差异。

(2)蛋白的浓度　蛋白的浓度用哈氏单位表示。蛋白越浓，蛋的质量越好，孵化率越高，营养价值也越高。

(3)蛋形　用蛋形指数(纵径/横径)表示。蛋形对包装、运输有直接关系，对孵化也有影响，最佳的蛋形指数为1.35～1.38。

(4)壳色　壳色不影响产蛋力，也与营养无关。鸭蛋的壳色基本上分为白、青2种。蛋壳颜色受遗传制约，青壳蛋的公鸭与白壳蛋的母鸭交配所产后代，产青壳蛋，即青壳为显性。

(5)血斑与肉斑　形成血斑与肉斑的原因，主要与排卵时输卵管黏膜损伤少量出血有关。这是受遗传制约的性状，通过选育可减少血斑和肉斑率。

7. 肉的品质　这项性状对肉用鸭尤为重要。不同的品种，有不同的肉质和风味，选种时要注意肉质的物理性状、化学性状及组织学等决定肉质优劣的性状，如渗水率、嫩度、pH值、粗蛋白含量、脂肪含量、肌间脂肪含量、纤维直径、纤维密度等。

(三)主要经济性状的测定方法

根据全国家禽育种委员会制定的《家禽生产性能指标名称和计算方法》(试行标准)，有关鸭的主要经济性状的测定及测算方法摘录如下。

1. 孵化

(1)种蛋合格率　种蛋合格率指种母鸭在规定的产蛋期内(蛋

用鸭、肉用鸭均指 72 周龄)所产符合本品种、品系要求的种蛋数占产蛋总数的百分比。

(2)受精率 受精率指受精蛋占入孵蛋的百分比。血圈、血线蛋按受精蛋计算;散黄蛋按无精蛋计算。

(3)受精蛋孵化率 受精蛋孵化率是出雏数占受精蛋的百分比;入孵蛋孵化率是出雏数占入孵蛋的百分比。

(4)健雏率 健雏率指健康雏鸭占出雏数的百分比。健雏指适时出壳,绒毛正常,脐部愈合良好,精神活泼,无畸形者。

(5)种母鸭提供的健雏数 每只种鸭在规定产蛋期内(72 周)提供的健康雏鸭数。

2. 育雏期和育成期

(1)育雏期 蛋用鸭 0～4 周龄,肉用鸭 0～3 周龄。

(2)育成期 蛋用鸭 5～16 周龄,肉用鸭 4～22 周龄。

(3)成活率 雏鸭成活率是指蛋鸭 4 周龄末,肉鸭 3 周龄末的成活数占入舍雏鸭数的百分比;育成鸭成活率是指蛋鸭 16 周龄末,肉鸭 22 周龄末成活的鸭数占育雏期末(蛋鸭 4 周龄、肉鸭 3 周龄)雏鸭数的百分比。

(4)称重 育雏和育成期需称重 3 次,即初生、育雏期末和育成期末。每次称重数量至少 100 只(公母各半),鸭称重前需断食 6 h 以上。成年体重分为产蛋期体重和产蛋期末体重。

3. 产蛋性能

(1)开产日龄 个体记录以产第一个蛋的平均日龄计算;群体记录按日产蛋率达 50%的日龄计算。

(2)产蛋量 母鸭于统计期内的产蛋数分为 2 种情况:一是按入舍母鸭数统计为统计期内的产蛋总个数除以入舍母鸭数;二是按母鸭饲养日统计为统计期内产蛋总个数除以日平均饲养母鸭只数。

(3)产蛋率 母鸭在统计期内的产蛋百分比。可分为 2 种情况：一是饲养日产蛋率，就是统计期内的产蛋总个数占实际饲养日母鸭只数的累加数的百分比；二是入舍母鸭产蛋率，就是统计期内的产蛋总个数占入舍鸭数乘以统计日数的百分比。

(4)蛋重　分为2种情况：①平均蛋重，就是从300日龄开始计算(以g为单位)，个体记录需连续称取3枚以上的蛋，然后求平均数；群体记录则连续称取3天的总产蛋量，然后求平均数。大型鸭场按日产蛋量的5%称测蛋重，求平均值。②总蛋重(kg)＝(平均蛋重×平均产蛋数)÷1 000。

(5)母鸭存活率　入舍母鸭数减去死亡数和淘汰后的存活数占入舍母鸭数的百分比。

4. 蛋的品质　在称蛋重的同时进行下列指标测定。测定的蛋数不少于50枚，每批种蛋应在产出后24 h内进行测定。

(1)蛋形指数　用游标卡尺测定蛋的纵径与最大横径，求纵径除以横径的商，以毫米为单位，精确到0.5 mm。

(2)蛋壳强度　用蛋壳强度测定仪测定，单位为kg/cm^2。

(3)蛋壳厚度　用蛋壳厚度测定仪测定，分别测量蛋壳的钝端、中部、锐端3个部位的厚度，求其平均值。应剔除内壳膜。以毫米为单位，精确到0.01 mm。

(4)蛋的相对体积质量(比重)　用盐水漂浮法测定。蛋漂浮在某一相对体积质量盐水溶液中但又没入水下，该溶液相对体积质量则为蛋的相对体积质量，并按0级为1.068，1级为1.072，2级为1.0764，3级为1.080，4级为1.084，5级为1.088，6级为1.092，7级为1.096，8级为1.100的标准来评价给分，得4级以上为优良。

(5)蛋黄色泽　按罗氏(Roche)比色扇的15个蛋黄色泽等级比色，统计每批蛋各级的数量与百分比。

(6)蛋壳色泽　用白、青色表示。

(7)蛋白高度(哈氏单位Haugh unit)　用蛋白高度测定仪测

量蛋黄边缘与浓蛋白边缘的中点，避开系带，测3个等距离中点的平均值为蛋白高度。

$$哈氏单位=100\lg(H-1.7W^{0.27}+7.57)$$

式中：H 为浓蛋白高度(mm)，W 为蛋重(g)。

(8)血斑和肉斑率　在测量蛋白高蛋的同时，统计含有血斑和肉斑数占测定总蛋数的百分比。

5. 肉用性能

(1)活重　指在屠宰前停饲12 h后的重量，以克(g)为单位(以下同)。

(2)屠体重　放血去羽毛后的重量(湿拔法需沥干)。

(3)半净膛重　屠体去气管、食道、嗉囊、肠、脾、胰和生殖器留心、肝(去胆)、肾、肺、腺胃、肌胃(除去内容物及角质膜)和腹包括腹部板油及肌胃周围的脂肪的重量。

(4)全净膛重　半净膛去心、肝、腺胃、肌胃、腹脂的重量。

(5)常用的几项屠宰率的计算方法

①屠宰率　为屠体重占活重的百分比。

②半净膛率　为半净膛重占活重的百分比。

③全净膛率　为全净膛重占活重的百分比。

④胸肌率　为胸肌重占全净膛重的百分比。

⑤腿肌率　为大小腿净肌肉重占全净膛重的百分比。

6. 饲料转化率

产蛋期料蛋比=产蛋期耗料量/总蛋量

肉用仔鸭耗料比=肉用仔鸭全程耗料量/总活重

(四)蛋用型鸭的选种标准

1. 种公鸭的选择标准　要选头大、颈粗，眼大、明亮而有神，喙宽而齐，身长体宽，羽毛紧密而有光泽，性羽分明，两翅紧贴，脚粗而高、健康结实，体不过肥，活泼好动的公鸭。这种公鸭性欲旺盛，配种力强，体不过肥，活泼好动。在交配季节，公鸭眼圈缩小，而且有分泌物，羽毛蓬松杂乱，这是优秀种公鸭表现的疲惫征状，过了配种季节，这种征状将全部消失。

2. 种母鸭的选择标准　要选留颈细长，眼亮有神，羽毛致密，喙长而直，身长前阔，胸深腹圆，后躯宽大，耻骨扩张，两翅紧贴，脚稍粗短，蹼大而厚，健壮结实，体不过肥，活泼好动的母鸭。颈长而细，是高产蛋鸭的固有特征，选种时要充分注意。具有以上体型外貌的种母鸭，卵巢发育良好，输卵管发达，腹部容积大，而趾骨之间的距离在3指以上，即“三指裆”。不同季节、不同年龄的蛋用种母鸭，其外貌表现也不同。“春鸭一枝花，秋鸭丑喇叭”。因为春季鸭群开产不久，产蛋性能高的母鸭代谢旺盛，性腺机能活跃，羽毛细致有光泽，像鲜花一样。如果这时的鸭子羽毛零乱，没有光泽，大多是健康状况不佳、产量不多的个体。到了秋季，高产的鸭子由于连续产蛋，营养消耗量大，色素消退，羽毛零乱没有光泽，腹部也因下蹲的时间和次数多，羽毛沾污，甚至部分脱落，走起路来摇摇摆摆，像个“丑八怪”。而产蛋少的鸭子，由于较早停产换羽，此时新羽已长齐，看起来光洁整齐，且颈粗、体胖、腰身好，外观漂亮，实际上这些鸭子都是产蛋量较差的个体，应从种群中将其淘汰。

(五)肉用型鸭的选种标准

1. 肉用种公鸭的选择标准　选择标准是：体型呈长方形、头大、颈粗、背平直而宽，胸腹宽而略偏平，腿略高而粗、蹼大而厚，两翅不翻，羽毛光洁整齐，走路昂头挺胸，步态雄健有力，生长快，体重大，配种能力强。

2. 肉用种母鸭的选择标准　选择标准是：体型呈梯形，背略短而宽，体长、腿稍短而粗，两翅下翻，羽毛光洁，头颈较细，腹部丰满下垂但不擦地，趾骨间距3指以上，繁殖力强，受精率和孵化率高。

三、鸭的育种方法

(一)品系选育

品系是指一个品种内，由于育种的方法和目的不同，形成具有一定特征或突出优点的群体，并能将这些特性和优点稳定地遗传下去，以保持本品种的高产生产性能。品系繁育的方法很多，常用的有以下几种：

1. 近交建系法　近交是指血缘相近的个体之间如连续全同胞交配，连续半同胞交配，亲子(父女或母子)交配，祖孙级进行交配等。经过若干世代，使近交系数达到 0.375 以上，方可称为近交系。一般全同胞交配需连续 2 个世代以上。半同胞交配需 4 个世代以上。

2. 系祖建系法　选出一个符合选育目标的优秀个体作为系祖，环绕这个系祖进行近交，大量繁殖并选留它的后代，扩大该理想型的个体数量，并巩固其遗传性，从而使系祖个体所特有的优良品质变为群体共有的优良品质。用这种方法培育的鸭群，一般具有该系祖的突出优点，称为系祖系。进行系祖建系时要注意：

①要选好系祖。

②进行有计划的选配。

③要加强对后裔的选择和培育。

3. 闭锁群建系法　闭锁群建系法又称继代选育法。在建系之初，选择优良个体组成基础群，然后把这个基础群封闭起来，在若干世代内，不再引入种鸭，只在基础群内，根据生产性能和外貌特征，进行相应的选种选配，使鸭群中的优良性状迅速集中起来，并转而成为群体共有的性状，因此，又称品系群。它所采用的配种制度，一般都是随机交配，避免有意识的近交，以减慢近交的进程，不致生活力迅速衰退；另外，由于采用继代选育法，每一代选留的都是性状最理想的个体，它们基本上是同质的，故不必进行严格的选配，因此，建系方法比较简单易行。进行闭锁建系时要注意以下几点：

①基础群应有一定的数量。

②基础群应有广泛的遗传基础。

③要严格封闭。

④选种目标和管理方法要保持一致。

4. 正反反复选择法　此法在品系培育的过程中结合了杂交、选择和纯繁3个繁育阶段。既有杂交组合试验，或避免近交育种时大量淘汰造成的损失，而且方法简便，只要有2个亲本群(品种或品系)就可进行正反反复选择。所以，此法一举数得，颇受欢迎。具体做法如下：

先从基础群中按性能特点或来源不同，选出较优秀的A，B 2个群体(品系)，第一年分成2组配种，第一组正交，即A系公鸭配B系母鸭，第二组反交即B系公鸭配A系母鸭。正交和反交各组又分成若干个配种小群，每个配种小群只放1只公鸭和10～25只母鸭，将种蛋做好标记，在同样条件下孵化，留足后裔，在相同的饲养管理条件下，进行生产性能测定。第二年，根据后裔测定的成绩，分别在第一组(正交组)和第二组(反交组)中各选出最高产的A系公鸭与反交组的A系母鸭，组群纯繁；将正交组中最高产的B系母鸭与反交组中最高产的B系公鸭组群纯繁，次高产的亲本也按同样方法组群纯繁。第三年，用第二年纯繁所得的A，B两系的亲本，又按第一年的同样方法进行正反交，同样分成若干配种小群，然后进行后代生产性能测定，根据测定结果，选出优秀的亲本。第四年重复第二年的方法。

如此正反反复选择，经过一段时间，就可以形成2个新的品系，而且彼此之间具有很好的杂交优势，因为它是通过配合力测定结果而选留繁育的亲本。

必须注意，在选育过程中，不管哪一代的杂交鸭，都不能留种，但可以用做商品生产。

5. 合成系的选育和利用　合成系是由 2 个或 2 个以上的系(或品种)杂交，选出具有某些特点并能遗传给后代的一个群体。

(二)杂交优势的利用

采用不同的方法建立起来的品系，目的在于开展品系间的配套杂交，充分利用杂交优势，生产高产优质的商品代鸭，例如骡鸭的生产，以番鸭、樱桃谷鸭、金定鸭分别为父、母本生产出的番樱骡鸭、番金骡鸭、番樱金骡鸭 3 个杂交组合的生产性能均高于其父、母本的生产性能。这种生产需要一定的程序或模式制种。近年来的配套模式主要有二系、三系和四系 3 种模式。

1. 二系配套　这是选用不同品种或同一品种 2 个优秀品系的公母鸭，进行一次杂交所组成的配套系。其配套模式如下：

祖代　A♂×A♀　B♂×B♀
　　　↓　　　↓
父母代　A♂　×　B♀
　　　　↓
商品鸭　AB

2. 三系配套　这是先利用 A 品系公鸭与 B 品系母鸭杂交，再用杂交一代(AB)母鸭与第三品系 C 的公鸭杂交所组成的配套系。其配套模式如下：

曾祖代　A♂×A♀　B♂×B♀
　　　↓　　　↓
祖代　A♂　×　B♀　C♂×C♀
　　　　↓　　　↓
父母代　AB♀　×　C♂
　　　　↓
商品代　ABC

3. 系配套　这是由 4 个品系两两分别杂交，然后 2 个杂种间再进行杂交所组成的配套品系，这种配套通常称为双杂交。其模式如下：

曾祖代	A♂×A♀	B♂×B♀	C♂×C♀	D♂×D♀
	↓	↓	↓	↓
祖代	A♂　×	B♀	C♂　×	D♀
	↓		↓	
父母代	AB♂	×	CD♀	
		↓		
商品代		ABCD		

以上 3 种配套模式从遗传学的角度来分析，有更多的品系参与配套，其遗传基础更为广泛，能把多个亲本的优良性状综合起来，生产出杂交优势更强的商品鸭。但参与配套的品系越多，势必增加品系培育、纯繁保种和杂交制种的投资。随着现代家禽育种技术的不断进步，国外一些育种公司从经济效益出发，近年来有从四系配套转为三系配套或二系配套的趋势。

(三)鸭的选配

优秀种鸭选出后，通过公母的合理选配，使优良的性状遗传给后一代。所以选配是选择的继续，有人将它合称为选种选配。选配通常有 3 种方法。

1. 同质选配(相似交配)　将生产性能相似或特点相同的个体交配，这种方法可以使后代同胞之间增加相似性，也使后代更相似于亲代。

2. 异质选配(不相似交配)　将生产性能不同或特点各异的个体组成一群。这种方法可增加后代的杂合性，降低亲代和后代的相似性。

3. 随机交配　不加人为有意识的控制，随机组群，自由交配，这种方法是为了保持群体遗传结构不变，适于在保存品种资源方面应用。

(四)鸭的现代育种技术

生物工程技术主要是基因工程、细胞工程、酶工程和发酵工程等四大技术。而在动物遗传育种中主要被重视的是细胞工程和基因工程。

1. 细胞核移植技术　此技术是将受体成熟卵母细胞的核除去后移入供体细胞核，使卵细胞不经过精子穿透等有性过程就可被激活、正常分裂并发育成新的个体，从而生产出克隆(无性繁殖)的动物。

2. 分子遗传标记及其应用　分子标记主要有RFLP(限制性内切酶片段长度多态性)标记、RAPD(随机引物扩增多态性)标记、VN-TR(DNA多态性)标记，mtDNA(mtDNA多态性)标记、PCR-SS-CP(聚合酶反应-单链构型多态性)标记、ASD(座位特异性寡核苷酸)标记。这些分子遗传标记可以用于检测动物群体的遗传变异，检测与分离数量性状主基因以及个体鉴别。

3. 转基因动物　转基因动物是指通过添加或删除一个特殊的DNA序列，其遗传结构得到了修饰，且其改变了染色体DNA可遗传给后代的动物。

在家禽方面的转基因，特别是在鸭上研究起步较晚，进展也较缓慢，但仍有着广阔的应用前景。

第三章 鸭的繁育技术

要养好鸭,掌握并应用好其繁殖技术是第一步,只有生产出携带有优良基因的雏鸭,同时在加强适当的饲养管理技术,才能达到预期的目的。要生产高质量的雏鸡,就必须搞好鸭的选育、配种和种蛋孵化。

一、鸭的繁育方法

鸭的繁育方法,按照公母鸭的血缘关系,可简单分为纯种繁育和杂交繁育。

(一)鸭的纯种繁育

又称本品种选育,就是同一品种的公母鸭进行交配,可以保持该品种的优良特性。纯种繁育容易导致近交繁育,近亲繁殖弊病在鸭业生产上表现不明显,但一般需进行血液更新,即将无亲缘关系的同一品种公鸭引入作种用。

(二)鸭的杂交繁育

由 2 个或 2 个以上的不同品种公母鸭交配。杂交能动摇和改变公母鸭双方的某些遗传性,扩大杂种后代遗传变异的范围,杂交可能将不同品种的不同性状结合在同一个体上,丰富后代的遗传性。在新的环境条件下加以培育,能改良老品种和创造新品种,提高生产性能,获得大量优质肉鸭产品。

杂交繁育方法有下列几种:

1. 生产性杂交　生产性杂交是杂交优势的利用，目的是为了获得具有高度生产力的杂种鸭群。这些杂种后代主要供商品生产用，不继续繁殖。一般可分为经济杂交和轮回杂交2种。

2. 改良性杂交　改良性杂交是通过杂交来改良某一品种的缺陷，根据不同需要可采用引入杂交、级进杂交2种方法。

3. 育种性杂交　育种性杂交又称育成杂交，是用2个或2个以上品种进行杂交，创造和培育新品种。

4. 远缘杂交　远缘杂交指禽类不同种、属、科间的杂交。由于有较远的亲缘关系，体型外貌、生活习性、机能、遗传方面有较大的差异，所以不像品种内那样容易杂交，但在生产实践中具有重要的经济意义。在肉鸭业生产中常见的有公番鸭和母麻鸭杂交，培育出的泥鸭，就具有很好的经济性状。此外，还有人工诱变，就是利用辐射处理、交换蛋白、输血杂交等办法，引起变异，选育出新的类群。这是肉鸭育种中的新课题。

二、鸭的配种方法

鸭的配种方法分自然配种和人工配种。自然配种又分单雄配种、大群配种以及同雌异雄轮配。

（一）鸭的自然交配

自然交配是让公母鸭在适宜的环境中自行交配的配种方法。鸭的交配要在有水的环境中进行。自然交配一般从初春开始，到夏至结束。在配种前半个月，将选好的公母鸭按适当比例合群饲养，配种结束后，将公母鸭分开。自然交配可分3种情况：

1. 单雄配种　就是一只公鸭，按适当比例配一小群母鸭，每一小群单独养在小鸭舍和运动场内，并用自封产卵箱，登记每天的产蛋数。这种方法是小间配种，所获得的种蛋，双亲系谱清楚，可以建立系谱。此法工作烦琐，要求高，只适于育种场使用。但要注意，选用的公鸭要先进行生殖器官和精液品质检查，或先进行配种预测，检查种蛋的受精率，将生殖器官有器质性缺陷、受精率低的公鸭淘汰。

2. 大群配种　是在大群母鸭中放进多只公鸭。单只母鸭被多只公鸭配种后，使卵子在受精过程中有更多的选择可能性，精卵子的生物学矛盾更大，因此受精率、出雏率提高，生长发育和产蛋率也增高。但是必须严格选择公鸭和母鸭。大群配种在大规模商品养鸭场、良种繁殖场以及育种场（在不作品系繁殖和后裔测定时）普遍采用。

3. 同雌异雄轮配　此法的目的是为了多得几个配种组合，或使被测定的公鸭获得更准确的数据。其方法是：配种开始后，第一个配种期放第一只公鸭，留足种蛋的前 2 天，将第一只公鸭拿出，空出 1 周不放公鸭（此期间内的种蛋孵出的小鸭，仍是第一只公鸭的后代）；于下一周放入第二只公鸭（最好在放公鸭前，将第二只公鸭的精液给所配母鸭全部输一遍精），前 5 天的种蛋不用（如进行人工授精，前 3 天的种蛋不用），此后所得的种蛋为第二只公鸭的后代。如需测定第三只公鸭，按上述方法轮配下去。

（二）鸭的人工授精

鸭的人工授精能增加公鸭的配种量，合理的利用种公鸭，能提高鸭的受精率，增加养鸭场的经济效益。

1. 采精和输精工具　采精和输精常用的工具主要有鸭用假阴道、水禽集精杯、水禽输精器，如图 3-1 至图 3-3 所示。

2. 采精方法　采精前，应准备好集精杯和检查精液品质的显微镜、保温箱、载玻片、红细胞计数板、计算器、精液稀释液、剪刀、1 mL 型号菌素注射器等器具，以及 75%酒精和脱脂棉。鸭的集精杯长 15～18 cm，集精杯直径 2.5～4 cm。若无正式集精杯，可用 20 mL

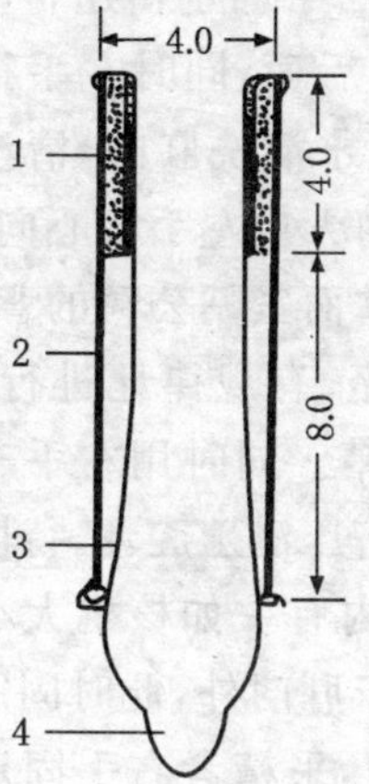

图 3-1 鸭用假阴道
(cm)

1. 海绵;2. 锌管外壳;
3. 内橡皮管;4. 集精袋

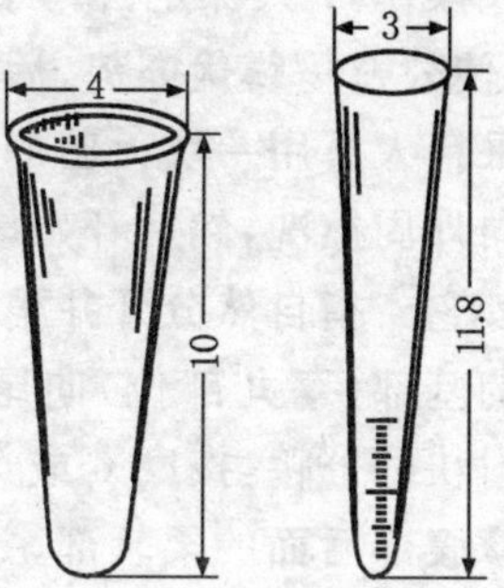

图 3-2 水禽集精杯(cm)

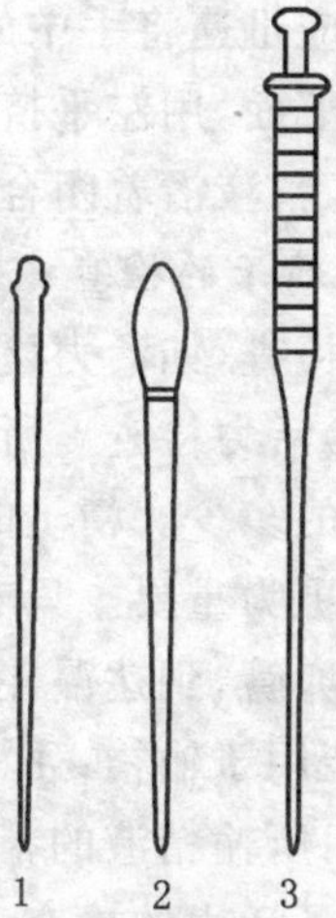

图 3-3 水禽输精器

1,2. 有刻度的玻璃管;3. 毫升注射器(前端接无毒塑料管,可以更换,避免污染)

的三角量筒代替。这些用具用前必须洗净、消毒。在配种的季节内,最好把公鸭肛门附近的羽毛剪去,便于采精和减少精液的污染。

鸭的采精方法主要有按摩采精法和电刺激采精法(不常用)。按摩采精法:必须先经过一段时间的训练,使公鸭建立性的条件反射。引起公鸭性兴奋的部位是在髋关节后上方的髂骨区。如果按摩部位不对,阴茎即使外翻,也不能充分勃起,阴茎表面螺旋形的精沟未合拢,精液往往流失。采精由2人操作,1人保定公鸭于采精台上,用右手固定鸭翅膀基部的胸段,使公鸭呈蹲伏姿势,后腹悬于采精台后面,同时左手持集精杯。采精人员用一块灭菌的棉球沾生理盐水清洗肛门,清洗时由中央向外周擦洗,然后开始按摩采精。采精人员左手掌心向下,拇指和其它4指自然分开并稍弯曲,手指和掌面紧贴公鸭的背部,从翅膀的基部(睾丸部位)向尾部方向有顺序、有规律地进行按摩。性反射快的公鸭,按摩6或7次就可以射精。同时用右手有节奏地按摩腹部后面的柔软部,并逐渐按摩和挤压泄殖腔环,待阴茎在泄殖腔内有充分勃起时,手可感到泄殖腔内有一如核桃大小的硬块,同时阴茎基部的大小淋巴体开始外露于肛门外,此时固定公鸭的助手应迅速将手中的集精杯靠近泄殖腔,采精者右手固定阴茎基部的下面,用左手挤压泄殖腔的上方部位,阴茎遂外翻伸入到集精杯内,精液沿着闭合的螺旋精沟,射到集精杯内。

3. 精子的检查　对人工采得的精子,在给母鸭输精前要进行必要的检查,如活力检查、密度检查等。

(1)活力检查　所谓精子的活力是指精液中做直线前进运动的精子的多少。精子的活力对蛋的受精率的关系,比输精量和精子浓度更为重要。只有活力大的精子,才有能力通过长而曲折的母鸭输卵管,到达漏斗部与卵子结合。浓度大而精子活力差的精液,不能用于输精,死精多的精液更不能用于人工输精。只要精子活力高,所输精液的精子浓度略低些也不会影响受精率。

精子活力的检查,一般于采精后20～30 min内进行。检查时取同量精液及生理盐水各1滴,置于载玻片一端,混匀,放上盖玻片。精液以布满载玻片、盖玻片的空隙,而又不溢出为宜。在37℃条件下,用200～400倍显微镜检查,精子呈直线前进运动的,有受精能力;精子进行圆周运动或摆动则无受精能力。活力高、密度大的精液,在显微镜下可见精子呈漩涡翻滚状态。

(2)密度检查　一般常把精液浓度分为浓、中、稀3种。把精液放在显微镜下观察就会发现，浓稠的精液中精子数量很多，密密麻麻几乎没有空间，精子运动互相阻碍。稀薄的精液中，精子数目少，直线运动的精子很明显，精子与精子之间的距离很大。视野中精子数目及精子之间距离介于浓与稀之间的浓度中等的精液。公鸭每次射精量为 0.1～0.7 mL，含精子 0.28 亿～1.8 亿个。

检查精液密度，可用血球计数法进行估测。估测时，先用红细胞吸管吸取精液至 0.5 处，再吸入 3% 的氯化钠溶液至 99.5 处，即为稀释 200 倍，摇匀，排出试管的前 3 滴，然后将吸管尖端放在计数板与盖玻片的边缘，让精液流入计算室内。在显微镜下计数 5 个方格的精子总数，这 5 个方格应选位于一条对角线上，或 4 个角各取 1 方格再加中央 1 方格。计算时只数精子头部 3/4 或全部在方格中的精子。最后按下例公式算出每毫升精液的精子数。

1 mL 精液的精子$=\dfrac{5\text{个方格精子总数}}{80(\text{小方格})}\times 400$（计算室有 400 个小方格、面积为 1 mm^2）$\times 10$（计算室高度为 0.1 mm）$\times 1\,000$（1 mL 等于1 000 mm^3）$\times 200$（稀释倍数），或 $C=\dfrac{n}{100}$

式中：C 为每毫升含有 10 亿个精子；n 为 5 个方格的精子数。

例：5 个方格中共计 300 个精子。

$$C=\frac{300}{100}=3(10\text{ 亿/mL})$$

即每毫升精液精子数为 30 亿个。

4. 精液的稀释与保存　鸭的精液量少，密度比较大，公鸭 1 次采精的量只能给少数几只母鸭输精，若稀释便可以提高输精只数，更有效地利用公鸭。另外，精液稀释还可以延长精子寿命，便于人工授精的操作与管理。

精液稀释的种类很多，近年来中国农业科学院畜牧研究所研制成适合国情的 BJJX 液，效果接近美国 BPSE 液，优于英国和前苏联的最好配方，而且配方简单，原料国内各地均有销售，价格低廉,易于推广使用,将精液与此液按 1∶2 稀释,精子的存活力和受精率都较高(表 3-1)。

表 3-1 常用家禽精液稀释液的成分

成分	Lake 液	pH7.1 的 Lake 缓冲液	pH6.8 的 Lake 缓冲液	BPSE 液	Brow 液	BJJX 液
葡萄糖		0.60	0.60		0.500 0	1.4
果糖	1.00			0.50		
棉籽糖					3.864 4	
肌醇					0.220 0	
谷氨酸钠(H_2O)	1.920	1.520	1.320	0.867	0.234 0	
氯化镁($6H_2O$)	0.068			0.034	0.013 0	
醋酸镁($4H_2O$)		0.080	0.080			
醋酸钠($3H_2O$)	0.857			0.430		
柠檬酸钾	0.128 0	0.128	0.128	0.064		
柠檬酸钠($2H_2O$)					0.231 0	1.4
柠檬酸					0.039 0	
氯化钙					0.010 0	
磷酸二氢钾				0.065		0.36
磷酸氢二钾($3H_2O$)				1.270		
IN NaOH		5.8 mL	9.0 mL			
BES		3.050				
MES			2.440			
TES				0.195	2.2350	

注:①表中所列成分的单位除标明毫升(mL)者外,其余均为克,其数值均为加蒸馏水配制成 100 mL 稀释液之用量。

②BES,即 N,N-2-羟乙基-2-氨基乙烷磺酸;MES,即 2-N-吗啉-乙烷磺酸;TES,即 N-3(羟甲基)甲基-2-氨基乙烷磺酸。

③每 mL 稀释液加青霉素 1 000 IU,链霉素 1 000 μg。

精液稀释应在采精后尽快进行,一般不超过 20 min。对量小、密度低、精子活力差的精液不进行稀释。稀释时使用的器具和稀释液均应与当时的精液温度相等或接近。稀释精液时要防止温度急剧下降和反复波动。混合和转移精液时须缓慢进行，防止起泡。

精液稀释后可放在2～5℃条件下短期保存，使精子处于休眠状态，降低代谢率，从而保存精子活力和受精能力。但要注意保存稀释后的精液的温度逐渐降低，可将稀释的精液先置于30℃的温水中，再放入调至2～5℃的电冰箱中。如无电冰箱可将装有稀释精液的试管，用1 cm厚的棉花包住，再放入塑料袋或烧杯内，直接放入装有冰块的广口保温瓶中。

5. 输精　鸭的产蛋时间较一致，除个别外，大多在夜里产蛋，因此，母鸭的输精时间应以早晨为宜。输精前的精液需要检查精液品质，输精器也事先需要消毒。

输精时可采用“直接插入阴道输精法”，即助手将母鸭固定在输精台上，输精者左手的4指（除拇指）并拢将鸭的尾部拨向上方，拇指紧靠着泄殖腔的下缘，轻轻地向下方压迫，使泄殖腔张开，右手持事先吸好精液的输精器插入泄殖腔口后，向左下方插进，输精器自然插入输卵管内5～7 cm，此时左手拇指放松，稳住输精器，由右手输入所需要的精液量，然后抽出输精器。在每只鸭输精结束后，要用酒精将输精器的玻璃管揩抹干净，再用干棉花擦干，然后才能再给第二只鸭输精。

（三）人工授精技术在骡鸭生产中的应用

在骡鸭开发过程中，使用人工授精技术远远优于自然交配，这可能是番鸭与家鸭的生活方式及体重悬殊有关。在骡鸭生产中应用人工授精技术应注意以下几个问题：

1. 种公鸭的调教　综合考虑调教时间、采精量及精子活力的关系，确定种用公番鸭的调教时间为1～2周，从经济的角度来看，调教1周即可形成较好的条件反射，能采得较多有活力的精子。而极少部分的番鸭由于习惯自然交配，较难调教，大约需要2周的调教时间。若调教2周仍不理想的公鸭应淘汰或作它用，调教时注意保持环境安静，操作人员衣着尽量一致，以保证条件反射顺利进行。

2. 采精频率　综合考虑采精频率以1天采精1次较为适宜，若公鸭不够可适当提高到1天2次，但不能连续多次使用，同时应注意公鸭的休息及营养供给以确保公番鸭的休息和保证良好的精液品质。

3. 母鸭的输精量　每只母鸭的输精量以0.05 mL为宜，在实际应用中注意影响受精率的因素应为有效精子数，这与种公鸭的精液品质、输精部位及精液在体外的存放时间均有较大的关系。

4. 母鸭的输精间隔及输精时间　公番鸭精子在输精后第4天活力最强，受精率最高，这可能与种蛋形成的过程及精子的贮存有较大的关系。输精间隔以4天为宜，最长不要超过5天，否则对种蛋的受精率及雏鸭生活力有较大的影响。

(四)影响公鸭排精和精液质量的因素

鸭的精液颜色比鸡的淡。一般公鸭每次排精量为0.1～0.7 mL。影响公鸭排精量和精液质量的因素主要有品种、年龄和饲养管理条件等几个方面。

1. 品种的影响　轻型品种鸭的排精量比重型品种的高。轻型品种鸭的配偶比例较大，公母比例一般可达1∶20；一般麻鸭的公母比例可达1∶(5～6)；樱桃谷鸭或狄高鸭的父母代种鸭的比例约为1∶5。

2. 年龄的影响　年龄对鸭的精液量和品质有一定的影响，第二年的公鸭无论采精量、精子密度和活力等指标都次于第一年的公鸭。如北京公鸭不同年龄时精液量和品质的比较，采精量(mL)、每毫升精液内精子数(亿个)、活力等级和pH值在一龄时分别为0.38±0.14，34.98±11.19，7和6.8；在二龄时分别为

0.34±0.16,23.88±4.55,6和6.8。

3. 饲养管理的影响 公鸭的饲养管理情况对其排精量和精液质量有很大影响。采用人工授精的,公鸭最好小群饲养,以免公鸭互相追逐,甚至啄伤。在大群饲养的公鸭中,常可发现体弱的公鸭被强壮凶猛的公鸭追逐到栏舍的一隅,因而吃不上料,饮不到水,对其精子产生不良的影响。此外,要注意在采精前不宜将公鸭赶进水中,因为它们在戏水时容易自然交配,交配后的公鸭再进行采精时,或采不到精液,或精液过分稀薄。

在平时的饲养管理中,鸭舍内不要有嘈杂的轰鸣声、叫喊声,要避免用粗暴的态度对待公鸭。此外,公鸭除喂给种鸭日粮外,还需要补充些新鲜的动物性蛋白质饲料,如蚯蚓、鱼的下脚料等。在冬、春季节采精时,有条件的最好给公鸭补充人工光照,使每天光照时间达到14 h。为了使公鸭的精力得到恢复,以隔天采一次精为宜,这样可以增加公鸭的一次排精量和改善精液的品质。为了防止粪便污染精液,在采精前4 h要停止喂料、喂水。在采精的时候,集精杯不要太靠近泄殖腔。一般公鸭采精在上午最为适宜,因为这时不但经过一夜的休息,性欲较为旺盛,而且经过一夜的肠道排空,采精时粪便较少,不容易污染精液。

(五)种鸭配种时应注意的几个问题

1. 配种方法

(1)大群配种 在一定数量的种母鸭中按比例配一定数量的公鸭,让其自由交配。种鸭群的大小视鸭舍数量或当地放牧群的大小从几百只到上千只不等。大群配种如公母比例恰当,一般受精率较高,尤其是放牧的鸭群更高,但后代血缘不清。这种配种方法多用于繁殖场。

(2)小间配种 即用一只公鸭与一定比例的母鸭集中饲养在单间栏舍内,公母鸭均编上号。设有封闭式产蛋箱,其目的在于收集供系谱孵化用的种蛋。育种场常采用此配种方法，主要用于建立父系家系。

(3)人工授精　鸭的人工授精广泛用于半番鸭或骡鸭的生产。对公母鸭体形大小相差悬殊，自然交配困难的，采用此法可提高种蛋的受精率，增加经济效益。尤其是人工授精能提高优良种公鸭的配种量，扩大种公鸭的利用率。

2. 配种年龄　公母配种年龄因品种、类型等不同而异。适龄配种才能充分发挥鸭的种用效益，公鸭配种年龄过早，不仅对其本身的生长发育有不良影响，而且受精率低。某些早熟的鸭品种，可在8～9周龄时出现精子，并在10～12周龄时即可采精。但在自然交配时，要得到满意的精液量和受精率一般都要到20～24周龄。过晚配种，失去种用有效时间，也会造成公鸭间互相争斗而受伤，影响健康。一般情况下，早熟品种的公鸭应不早于120日龄，蛋用型公鸭配种适宜年龄为120～130日龄。晚熟品种公鸭的适宜配种年龄，因品种来源不同而异，北京鸭165～200日龄，樱桃谷超级肉鸭、狄高肉鸭182～200日龄，瘤头公鸭165～210日龄，引进的法国瘤头鸭性成熟期210日龄，比本地番鸭晚20～30天。

3. 配种比例　鸭的配种比例随品种、类型不同而有较大差异，此外还受年龄、季节、饲养条件、配种方法等多种因素的影响。鸭群中公母比例，对种蛋受精率的高低有直接影响。如果公鸭过少，则受精率低；如果公鸭过多，会产生相互争斗，追逐争配现象，使群体不安，影响产蛋量、种蛋受精率。鸭群适宜的公母配种比例为：蛋用型1∶(10～25)、兼用型1∶(8～15)、肉用型1∶(4～6)。各地应根据饲养条件的差异、受精率高低进行适当的调整。

4. 利用年限　种鸭利用年限主要根据品种、用途和生产性能高低而定。种公鸭只利用一个生物学产蛋年即可淘汰，一般不用第二年老公鸭配种。体质健壮、精力旺盛、受精率高的公鸭可适当延长使用时间。母鸭在第一年产蛋最多，使用年限以1年为宜。

三、鸭蛋的形成和构造

(一)鸭蛋的形成

蛋在胚胎学中通称卵，它是在母鸭的生殖器官内形成的。母鸭的生殖器官由卵巢和输卵管两大部分组成(图3-4)。

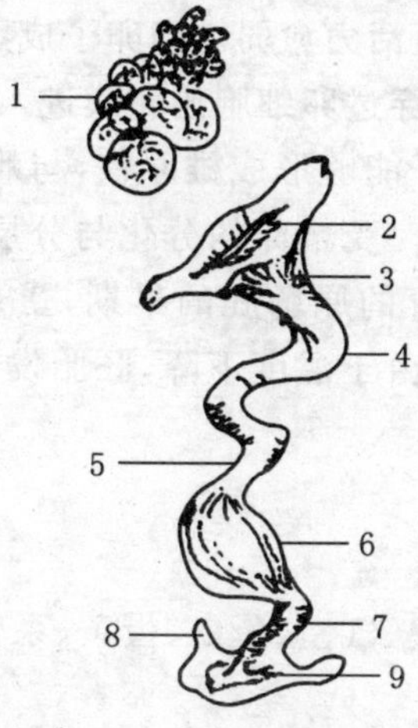

图3-4　母鸭生殖器官

1. 卵巢；2. 喇叭管口；3. 喇叭管颈；
4. 蛋白分泌颈；5. 峡部；6. 子宫；
7. 阴道；8. 残留物；9. 泄殖腔

卵巢是产生卵子的器官。母鸭的输卵管分为漏斗部、膨大部、峡部、子宫部和阴道部。漏斗部是输卵管的最前端，具有很大的自由活动性，可使脱离卵巢的卵子被接纳入输卵管内。漏斗部管状区与膨大部相接处有分枝的管状腺，形成“精子窝”，公鸭的精子在此等待与卵子受精。膨大部分也称蛋白分泌部，卵子在通过这里时被包上卵白(蛋白)。峡部又称管腰部，此处的作用是形成内外壳膜，把已包上蛋白的卵黄包围起来。子宫部又称蛋壳分泌部，已包上蛋白、内外壳膜的卵黄在此形成硬壳。阴道部是输卵管末端狭窄的肌肉管道，开口于泄殖腔背壁的左侧，卵黄通过输卵管到达此部时，已形成一个完整的蛋，只待产出体外。

公母鸭交配后，精子向输卵管上部游动。精子在输卵管上部能存活 2～3 周，所以 1 次交配能维持半个月的受精可能性。但精子存活时间越长，其生活力愈弱。当卵子成熟掉入输卵管时，可能有 5～24 个精子同时穿过卵细胞的卵膜进入卵子内。而进入卵内的精子，只有 1 个精子能够形成雄原核，与雌原核结合成受精卵，同时开始早期的发育。受精卵的分化与分层，便形成了内胚层和外胚层。此时，已发育的原肠胚的早期，蛋也全部形成而产出体外。蛋被产出体外后由于温度下降，胚胎发育停止。这种蛋就是受精蛋。

(二)鸭蛋的构造

蛋是由蛋壳、壳膜、气室、蛋白、蛋黄、系带、胚珠(或胚盘)7 部分组成的(图 3-5)。

1. 蛋壳　蛋最外面的硬壳，具有保护内容物的作用。不同禽蛋的蛋壳厚度不同。鸭蛋一般在 0.32～0.44 mm，小头(又称锐端)比大头(又称钝端)稍厚。据测定番鸭蛋壳厚达(0.44±0.031) mm。鸭蛋壳重为全重的 13%～14%，主要由碳酸钙组成，孵化过程中可供给胚胎钙的需要。

蛋壳上密布 4～10 μm 的孔隙，叫气孔。每个蛋约有 8 000 个气孔，蛋的钝端气孔最多，胚胎发育过程中通过气孔进行气体交换和水分代谢。蛋壳还有透视性，用强光照射可观察蛋的内部变化，

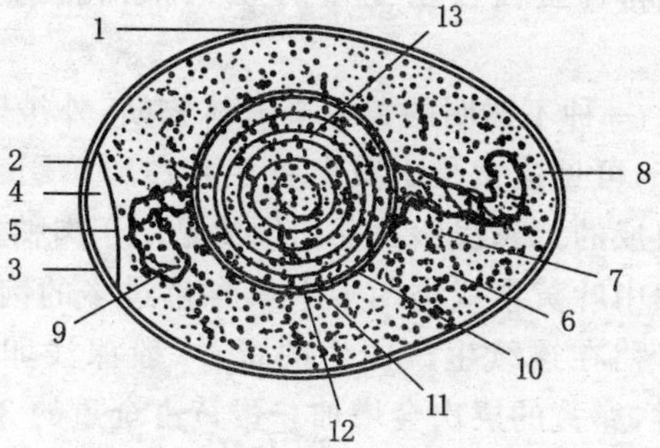

图 3-5　种鸭蛋的构造

1. 油质层;2. 蛋壳膜;3. 蛋壳;4. 气室;5. 蛋白膜;6. 稀蛋白;7. 浓蛋白;8,9. 系带;10. 蛋黄膜;11. 黄蛋黄层;12. 淡蛋黄层;13. 胚盘

便于检查蛋的品质和观察胚胎的生长发育。

2. 壳膜　壳膜分内外 2 层,内层包围蛋白,叫蛋白膜或内壳膜;外层紧贴蛋壳,叫外壳膜或蛋壳膜。2 层壳膜上均有气孔,并且具有保护内容物的作用。

3. 气室　鸭蛋大头(钝端)在内外蛋壳膜之间有一空间,叫气室。蛋在鸭体内没有气室,蛋产出体外后,由于外界温度比鸭体温度低得多,蛋的内容物发生冷缩,蛋的大头气孔多,空气进入此处使内外壳膜分离,形成气室。鲜蛋存放久了,水分不断向外蒸发,气室就增大,所以可以根据气室的大小来判别蛋的新鲜和陈旧。同时,气室充满空气,可提供胚胎发育所需的氧气,并进行气体交换。

4. 蛋白　一种白色半透明的黏稠状半流体,分 4 层,由内向外依次为内浓蛋白层(包括系带,占整个蛋白的 2.7%)、内稀蛋白层(占 17.3%)、外浓蛋白层(占 57.0%)、外稀蛋白层(23.0%)。存放时间越久,浓蛋白逐渐变稀,稀蛋白随之增多。所以蛋白的稀稠也可作为判别蛋陈旧与否的依据。蛋白占蛋全重的 50%左右。

据测定，四川麻鸭蛋白占蛋全重的 49％，番鸭蛋白占蛋全重的 47.2％。

5. 蛋黄　一种不透明的黄色半流体物质，外被卵黄膜。把煮熟的蛋黄切开，可见蛋黄是由黄卵黄层和白卵黄层交替成同心圆的环状排列组成的。深浅卵黄层的形成是由于肉鸭昼夜代谢率不同所致。日粮中叶黄素或类胡萝卜素含量过多的肉鸭，深浅卵黄层愈明显。母鸭在连续生产中生的蛋，一般深浅卵黄层为 6 层。产蛋量较小时，卵黄的层次会增加。蛋黄占全重的 36％～37％。

在蛋黄上，卵黄膜的下方有一小白圆点，称为胚盘(珠)，卵子受精后，在输卵管里的形成过程中，受精卵经多次分裂，形成中央透明、周围较暗的盘状囊胚，叫做胚盘。胚盘由片状细胞组成，经孵化发育成为胚胎。蛋黄作用就是供应胚胎营养。出雏后残余蛋黄留在腹腔内，供给雏鸭早期营养之用。

6. 系带　系带是由内浓蛋白在输卵管形成过程中，蛋黄旋转前进，前后两端扭曲形成的。系带位于蛋黄两端的纽带状物，起着固定蛋黄位置的作用，使蛋黄位置始终保持在蛋的中央，不与壳膜相接触。这对防止孵化过程中早期胚胎与壳膜粘连，保证胚胎的正常发育有十分重要的意义。

(三)畸形蛋的类型及成因

1. 双黄蛋和三黄蛋　一个蛋中有 2 个或 3 个以上的蛋黄。原因是 2 个或 2 个以上的卵子同时成熟或成熟时间过近，排卵后在输卵管内相遇，被蛋白包围在一起。这种现象在新母鸭中易发生，因为新母鸭生活力旺盛或是母鸭未达到完全性成熟，不能正常排卵所致。

2. 小蛋　一般没有蛋黄，是由输卵管黏膜上皮脱落刺激输卵管分泌蛋白和蛋壳所致。少数小蛋也有蛋黄，是由于卵子碎块进入输卵管，刺激卵管分泌而成。

3. 蛋中蛋　当蛋已在子宫形成硬壳后，由于受惊吓或生理反常现象，输卵管发生逆蠕动，将蛋推至输卵管上部，当恢复正常后，蛋又沿输卵管下行，刺激输卵管分泌蛋白和蛋壳，将已形成的蛋包围，形成蛋中蛋。

4. 血斑蛋、肉斑蛋　血斑蛋是排卵时血管破裂，血流入蛋中(多数发现血斑在卵黄上)形成的，也有的是遗传性的。此外，饲料中缺乏维生素K时，也会出现血斑蛋。

肉斑蛋是当卵子进入输卵管时，一些输卵管的黏膜上皮组织脱落，一起被蛋白包被所致。一些青年母鸭会有这种现象，但不多，高产期很少发生，低产期比较常见，这主要是生殖机能控制差的缘故。

鸭蛋中血斑蛋、肉斑蛋比率低，但至今无法消灭。当发现时可试在饲料中增添维生素K，看能否解决问题。在国内外采用强光源的灯光透视，发现蛋中有红黑色斑点(血斑蛋)或较透明白斑点(肉斑蛋)应检出，不宜采用。用选择淘汰产血斑蛋母鸭的方法，以减少产血斑蛋的机会，是很有效的。

5. 薄壳或软壳蛋　正常鸭蛋壳厚度一般不少于0.33 mm，厚度小于0.27 mm即被视为薄壳蛋。产生薄壳蛋或软壳蛋的原因主要在于饲养管理不善。包括：

①长期高产，饲料中钙质补充不够。

②环境温度过高。

③鸭群密度过大，鸭舍过于拥挤，活动减少。

④疾病，如患支气管炎、鸭瘟，影响钙质吸收，疾病初期不仅蛋壳变薄，而且蛋形不正常。注射疫苗后，也容易产生软壳蛋。

⑤缺乏营养，饲料中缺钙、磷、维生素D。

⑥用药不当。

⑦如发现种鸭所产蛋中，薄壳蛋占1/3时，则可能是遗传性的。

6. 其它畸形蛋　由于输卵管的生理反常，产生过长、过圆、两头尖、扁形或壳上带皱纹的蛋，有时还可发现个别双壳蛋。除此，鸭患有疾病亦被认为是其中原因之一。

四、鸭蛋的孵化

从种蛋发育成雏鸭这一过程称为孵化。由母鸭抱蛋，孵出雏鸭的方法是自然孵化；人工根据母鸭抱孵的原理，人为地满足鸭胚胎发育所必需的孵化条件，孵出幼鸭的方法叫人工孵化。现在人工饲养下的大部分家鸭已经失去了就巢性，不能孵化自己产下的蛋。人工孵化，特别是机械化和自动化的大型孵化机孵化，已被普通应用，同时在我国农村养鸭业中传统的桶孵化法、火炕孵化法、平箱孵化法仍在采用。

(一)种蛋的准备

1. 种蛋的选择　根据下列条件选择种蛋：

(1)遗传因素　遗传因素是内在因素，是首要条件。必须从合格的种鸭场引进种蛋。首先，种蛋必须是健康无病的，生产性能是优秀的。其次，种鸭的饲养管理正常，日粮的营养物质全面，必需的营养素不能缺乏，以保证胚胎发育时期的需求。

(2)新鲜程度　新鲜的种蛋，蛋内营养物质变化小、损失少，各种病原微生物侵入也少，胚胎生活力强，孵化率高，雏鸭出壳整齐，健壮活泼，成活率也高。一般种蛋 7 天后入孵。要求种蛋春秋季保存期不要超过 5 天，夏季不要超过 3 天。凡蛋壳发亮，壳上有斑点，气室大，多是陈蛋，不宜用于孵化。

(3)大小和形状　一般为该品种的平均水平，或稍高一点，也可以作为正常标准。种蛋选择的大小和形状因品种而异，如樱桃谷鸭，平均蛋重 85 g 左右，选种蛋时，85 g 以上的蛋可入选，但过大或过小的蛋应剔除。形状应为正常的椭圆形蛋,蛋形指数应在1.35～1.4范围内,过长或过圆的畸形蛋均要剔除。大小一致、形状正常的种蛋,可使孵化率提高,孵出的雏鸭健壮活泼、均匀度高,利于饲养管理,成活率也较高。

(4)壳色符合品种要求 在引入品种或品系时,要先了解该品种或品系的标准壳色,以免混杂。鸭蛋的蛋壳有青、白2种,如标准的金定鸭应该是青壳蛋,北京鸭是白壳蛋(乳白色),番蛋是玉白色,有的品种白壳和青壳都有。

(5)蛋壳质量 鸭蛋蛋壳必须厚薄适当,致密均匀,表面平整,没有裂纹,敲时响声正常。"钢皮蛋"孵化时受热缓慢,气体不易交换,水分蒸发也慢,雏鸭喙壳困难,孵化率极低,这种蛋应剔除。沙壳蛋蛋的表面钙的积沉不均匀,壳薄而粗糙,容易破损,水分极易蒸发,这种蛋也不能作种蛋。

(6)蛋壳清洁无污染 受污染的种蛋,妨碍气体交换,微生物极易侵入蛋内,引起种蛋腐败变质,污染孵化器,使死胎增加,降低孵化率。已经污染的种蛋,必须经过清洗和消毒,才能孵化。

采用看、摸、听、嗅的方法进行种蛋选择。先看蛋壳结构、颜色和形状是否正常,大小是否标准,蛋表面是否清洁,再摸蛋壳表面是否粗糙,手感蛋的轻重,然后将蛋互相轻轻碰敲,听是否有破裂或金属声,最后用鼻子闻一下,是否有异臭味。还可借助仪器——照蛋仪、验蛋台,通过光线观察蛋壳、蛋黄、气室等情况。一定要将裂纹蛋、钢壳蛋、沙壳蛋、散黄蛋、双黄蛋、血斑或肉斑蛋,气室大的陈蛋检查出来加以剔除。

2. 种蛋的保存 收集起来的种蛋如果保存不当,种蛋品质下降,会直接影响孵化率。

(1)保存温度 鸭胚胎发育的临界温度是23.9℃,蛋白的冰点为0.5℃。高于23℃,胚胎发育缓慢,低于0℃,种蛋会受冻而失去孵化能力,因此,种蛋保存的温度不能高于23℃或低于0℃。

保存种蛋的最适宜温度为10～15℃。如保存时间短(5天左右),可用15℃温度;保存时间长(超过5天),温度要略降低些,以10～11℃为宜。

保存时间越长,孵化率越低,故最好采用新鲜蛋入孵。如有特殊情况,不能及时入孵,需保存较长时间,可采用塑料包装法。用聚乙烯薄膜(国家标准10354—63)作包装材料,厚度(5±1.5)μm,透气性强,效果较好。也可以将种蛋放入塑料袋中,填充氮气,然后密封,使种蛋处于隔绝的环境里,减少蛋内水分蒸发,抑制细菌繁殖,保存期可适当延长。

(2)保存湿度 保存种蛋的环境湿度,对孵化率有一定的影响。较理想的相对湿度是与鸭蛋的含水率比较接近的湿度,即70%～75%。过高,容易使种蛋发霉;过低,保存期间,水分过度向外蒸发,气室增大,蛋失重过多,也会影响孵化率。

(3)保存用具 种蛋切不可密闭堆放在柜子里,最好放在侧壁带有缝隙的蛋箱里,并要定期翻蛋,每天起码翻1次,使蛋位转动90℃以上,以防蛋壳与蛋黄粘连(俗称"钉壳")。

3. 种蛋的消毒 刚产出的蛋蛋壳上有大量细菌,且以几何级数增加,1 h就可达到4 000～5 000个,蛋壳表面的某些细菌会通过气孔侵入蛋内,因此,在保存前,种蛋一定要消毒。消毒方法常用的有3种。

(1)熏蒸法 将清洗后的蛋置于可以密闭的容器内,按每立方米体积用福尔马林30 mL(浓度为40%)、高锰酸钾15 g的药量。消毒时在蛋架的下方置一瓷碗,先放入高锰酸钾,然后再倒入福尔马林,迅速关好门,密闭熏蒸20～30 min,然后取出种蛋送贮蛋室贮存。熏蒸时,室温最好控制在24～27℃,相对湿度75%～80%,消毒效果最理想。

(2)喷雾法 用5%新洁尔灭溶液,加水50倍稀释配成0.1%溶液,用喷雾器喷洒于种蛋表面。

(3)浸泡法

①在0.1%新洁尔灭溶液中浸泡5 min;

②在5‰高锰酸钾溶液中浸泡1 min;

③在1‰碘溶液中浸泡30~60 s。浸泡溶液的温度要略高于蛋温,尤其在夏季。如果消毒液的温度低于蛋温,当种蛋浸入时由于受冷而使内容物收缩,形成负压,会使黏附在蛋壳表面的微生物通过气孔进入蛋内,影响孵化效果。

(二)鸭蛋胚胎发育

1. 孵化期　不同禽种的遗传性不同,孵化期也各异。同一禽种,蛋用型的比肉用型孵化期短。小蛋和薄壳蛋比大蛋和厚壳蛋孵化期稍短。如种蛋保存时间过长则孵化期也延长。在各品种鸭中,普通家鸭孵化期是28天,半番鸭30天,瘤头鸭35天。此外,在孵化过程中,孵化温度偏高时孵化期缩短,温度低时孵化期延长。孵化期缩短与延长均不是正常的生理现象,会使孵化率降低,弱雏和畸形雏数目增加。

2. 鸭的胚胎发育　种蛋产出后,给予适宜的条件,胚胎会从休眠状态中苏醒过来,并继续发育成雏鸭。家鸭的胚胎发育情况如下:

第1天,胚胎进行原始代谢。原线、脊索突和血管区等器官原基出现。胚盘暗区显著扩大。照蛋时,整个蛋透亮均匀,卵黄在明亮的蛋白中呈柔和的橘红色光团,蛋黄上面有一光亮的圆珠,即"白光珠",随蛋黄转动,见胚盘呈微明亮的圆点状。

第2天,胚盘增大,脊索突扩展,形成5个脑泡,脑神经出现,脑部和脊索开始形成神经管。眼泡向外突出,心脏形成并开始搏动,卵黄血液循环开始。照蛋时见"鱼眼珠",白光珠逐渐呈暗红色,呈现圆形的小血团,形状像鱼眼珠一样。

第3天,血管区变为圆形,头部明显向左侧方向弯曲,与身体垂直,羊膜发展到卵黄动脉的位置,具有眼杯泡状水晶体,有 3 对鳃裂出现,尾芽形成。照蛋时见“樱桃珠”,卵黄投影迅速增大,且向气室一端发展,鱼眼珠也逐渐增大并渐呈深红色,形状如樱桃形。

第 4 天,前脑泡向侧面突出,开始形成大脑半球。胚体呈更大弯曲,喙、四肢、内脏和尿囊原基出现。卵黄明显扩大,羊膜腔形成。照蛋时见“蚊虫珠”,在樱桃状血管区内,初现血丝,继而出现若蚊虫状的胚。

第 5 天,胚胎头部明显增大,并与卵黄分离,前脑开始分成两个半球,第 5 对三叉神经发达。口开始形成,额突生长,眼有明显的色素沉着。脾脏出现。生殖细胞开始形成。卵黄囊血管贴靠蛋壳,容易通过蛋壳的气孔进行代谢,从而有热能产生。尿囊迅速增大形成一个有柄的囊状。照蛋时见“小蜘蛛”,蚊虫珠逐渐长大,血管向四周分布像小蜘蛛状,此时胚胎已固定不动,定位于蛋的一面称正面,另一面很光亮,不见胚珠和血管,称背面,将蛋转动,卵黄不易跟着转,俗称“钉壳”、“落盘”,卵黄囊血管形似一只小蜘蛛。

第 6 天,胚胎极度弯曲,中脑迅速发育,出现脑沟、视叶,眼睛明显沉着色素,眼皮原基形成,口腔部分形成,额突增大,四肢开始发育,性腺原基出现,各器官都已初具特征,羊水继续增长,胚胎自由地位于羊膜囊内。尿囊迅速生长,覆盖胚体后部,尿囊血液循环开始。照蛋时见“单珠”,小蜘蛛体积增大,血管增至 8 支,粗壮鲜红。蜘蛛头部隐约可见像眼样的黑点。

第 7 天,胚胎鳃裂愈合,喙原基增大,肢芽分成各部。胚胎开始活动。尿囊体积增大,并且完全覆盖胚胎,照蛋时见“双珠”,胚胎头部眼样的黑点,较前一天明显且大。可见到头部和弯曲增大的躯干部分。

第 8 天,喙原基已具一定形状,外听道和口部已完全形成,颈伸长,翅和脚明显分成几部,趾原基出现。雌雄性腺已可区分,卵黄增大至最高水平，蛋白重量下降，尿囊体积急剧增大。照蛋时见“八沉”，可见半个蛋面布满血管，胚胎周围有较大的明亮区，羊水开始生成，胚胎投影呈明显的哑铃形，胚胎沉在羊水中不易看清楚。

第 9 天，舌原基形成，腺胃有明显的组织学变化，肝具有叶状特征，肺已有发育好的支气管系统。尾部有一列，背部有几列原基绒出现，后肢出现蹼，尿囊继续增大。羊水增多，胚胎完全浸沉在羊水中，透视不见胚胎，只在中间见一汪水，周围有血管分布。照蛋时可见“九浮”，即正面较易看到羊水中浮游的胚胎，将蛋转动时两边的卵黄不易晃动。

第 10 天，除头、额、翼部外，全部覆盖绒羽原基。腹腔愈合，软骨开始骨化。眼睑已全部覆盖巩膜乳头。尿囊迅速向小端伸展。照蛋时，胚胎浸沉在羊水中，时隐时现，时沉时浮，若游泳状，蛋的正面血丝已布满，背面两边卵黄容易晃动。

第 11 天，眼裂呈椭圆形，眼睑变小，达到巩膜。绒羽原基扩展到头部(脸侧无)、颈部及翅部。脚趾出现爪。照蛋时见“发边”，即在背面可见到尿囊血管迅速伸展出卵黄。蛋正面已无特征性形状，蛋背面两边可见尿囊暗影，自左右向中心合拢，血管亦由蛋黄内伸入背面蛋白中。

第 12 天，喙具有鸭喙的形状，开始角质化，眼睑已达到瞳孔，但在狭窄的眼裂部尚未闭合，胚胎背部开始覆盖绒羽。胚胎仍自由浮动于水中，尿囊达到最大程度，并开始在蛋的小头结合，蛋白明显浓缩，数量减少。照蛋时可见“长足”，血管自蛋背面左右在气室下吻合，尿囊暗影亦自左向中间发展，血丝逐渐在蛋内布满，在背面可见到尿囊血管接近合拢，但还没有完全接合。

第 13 天，胚胎头部偏向气室，胚体长轴由垂直蛋的横轴，变成倾斜。尿囊完全闭合，包围胚体全部。眼裂缩小，爪角质化，脚上出现鳞片原基。照蛋时可见“合拢”，在蛋背面血丝已伸至小头尖端,整个蛋气室外都有血管,尿囊血管在小端合拢。

第 14 天,眼裂进一步缩小,下眼睑把瞳孔的下半部遮住。肢的鳞原基继续发育,布满蹠部、趾部。身体腹侧绒羽开始发育,全身除颈部以外皆覆以绒羽。照蛋时可见胚蛋背面血管加粗,颜色深红,尿囊暗影继续向小头下沉扩大。

第 15 天,胚胎完成 90°的转动,身体长轴和蛋的长轴相一致。眼睑继续发育生长,眼裂缩小,下眼睑向上举达到瞳孔中部。绒羽已经达到胚体全部,并继续增长。照蛋时可见尿囊暗影继续向小头下沉扩大,背面可见尿囊血管加粗,颜色加深。

第 16 天,胚胎头部弯曲达到两足之间,眼裂的边缘缩窄,仅瞳孔的上部未覆盖,肢的鳞片明显。蛋白的尖端由一管道输入羊膜囊内。照蛋时可见尿囊血管继续加粗,血管颜色继续加深,左右两边卵黄小头连接。

第 17 天,头部向下弯曲,位于两足之间,两足也急剧弯曲,眼裂继续减少,发育鳞片在足部增长。开始大量吞食蛋白,蛋白急剧减少,胚胎生长迅速,骨化作用加强。照蛋时可见在背面可见到大头黑影部分增大,小头透亮部分相应缩小。

第 18 天,胚胎头部移于右翼之下,足部鳞片继续发育,蹠及趾部鳞片覆盖,蛋内水分大量蒸发,气室逐渐增大。照蛋时可见大头黑影继续增大,小头透亮区继续缩小。

第 19 天,胚胎头位于右翼之下,足急剧弯曲,眼睛全部合上。未利用的蛋白量继续减少,变得浓稠。照蛋时可见背部大端黑影进一步扩大,小端透亮部分进一步缩小。

第 20 天,胚胎已接近利用完蛋白,开始利用卵黄营养物质。照蛋时可见背面大头黑影部分接近小头,小头透亮区差不多消失。

第 21 天,羊膜和尿囊中液体减少。尿囊与蛋壳易于剥离。照蛋时可见“关门”,暗影完全充满小头,蛋内除气室发亮外均呈暗黑色,背面全被黑影遮盖,看不到透亮的部分。

第22天，胚胎转身，气室显著增大，喙开始朝向气室一端。全身已无蛋白粘连，绒毛清楚，少量卵黄进入腹中。照蛋时可见“转身”，气室周围和胚胎之间有一间隙，发红、发亮，并有血丝，可见气室向一方倾斜。

第23天，胚胎继续“转身”，喙朝向气室端，卵黄利用显著增加。照蛋时可见到气室倾斜增大，红口缩小以至消失，气室开始倾斜。

第24天，胚胎强烈地利用卵黄，卵黄囊开始被拉入体内，容物浓缩。胚胎眼睛开启，翅和脚致密。照蛋时可见“闪毛”，气室显著地倾斜和扩大，鸭胚的活动愈来愈显著，但活动范围不越气室界线。此时鸭胚头部尚未伸入气室，可在气室附近看到黑影闪动。

第25天，胚胎大转身，喙、颈和翅部穿破内壳膜突入气室。卵黄囊大部分被吸入腹内，胚胎体积明显增大。照蛋时可见“大闪毛”，鸭胚在壳内有的开始鸣叫，个别胚蛋见有翅膀，颈部的暗影在气室内闪动，见气室内黑影明显闪动。

第26天，卵黄囊全部收入腹内，胚胎体积急剧增大，尿囊血管枯萎，胚膜完全退化，胚胎的喙穿破外壳膜，开始啄壳，肺呼吸开始，容易听到叫声。验蛋时可“见嘴”，全部胚生出翅膀，颈部伸入气室，并有个别胚蛋已啄壳，可见蛋壳上被啄开裂口。

第27天，绝大多数胚胎“见双嘴”，发育快的雏鸭破壳而出。

第28天，出壳高峰日。出壳体重一般蛋重的65%左右。胚胎腹中存有少量卵黄。

(三)种蛋的孵化

随着养鸭的规模化、产业化的出现，电机孵化法应运而生，并得以普及。电孵机已逐渐向容量大型化、操作向自动化方向发展(图3-6)。

1. 电孵机的类型　孵化机按其结构形式可分为平面和立体2

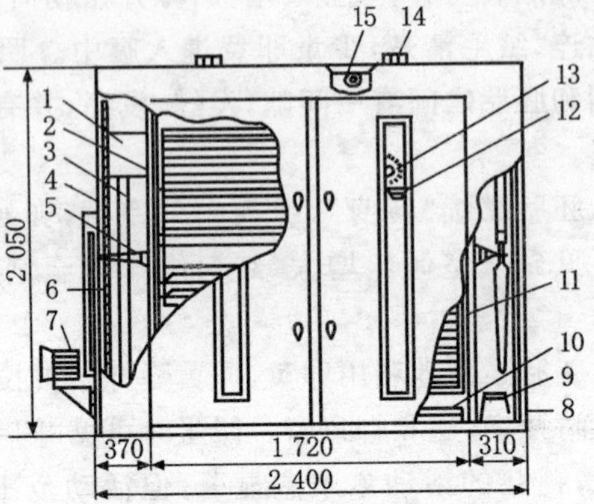

图 3-6 电孵机结构示意图(mm)

1. 调节系统;2. 蛋盘;3. 鼓风叶子板;4. 隔热层;5. 中轴;6. 翻蛋涡轮;7. 电动机;8. 进气孔;9. 电热盘;10. 水盘;11. 蛋架;12. 温度计;13. 指示灯;14. 出气孔;15. 照明灯

种类型。

①平面孵化器　这是较早使用的一种孵化器,容量较小,通常放 100～600 枚蛋。机内只能容纳一层蛋盘,适于小型试验和专业户自繁自养时使用。热源为电热,也可用水管热。

②立体孵化器　容量有大有小,内部结构和性能差异甚大。

2. 电孵机的基本结构和要求

①机壳　做成夹层,中间填满隔热材料。机门设双层玻璃窗。

②蛋盘　主要用于托蛋。新式孵化机不用蛋盘,而用镂空的塑料蛋托。

③翻蛋系统　翻蛋机件一般与蛋盘架的型号相配套。这种翻蛋系统有的用人工操作,有的是电动装置,自动进行。

④热源和温度调节系统　大都用电热丝供热。电热丝由温度调节器控制。

⑤通风系统　电孵机的出气孔一般都安排在机体的顶部,进

气孔安置在鼓风板下的周围。我国目前生产的孵化机扇多安装在蛋盘架的两则，使蛋盘里外的蛋能均匀受温，不断换气。

⑥供湿系统 一般在孵化器的底部放置 2～4 个水盆，通过水盆中水分的蒸发，调节机内湿度。

⑦报警系统 也是用温度调节控制，但控制的不是热源，而是警铃。一般只设高温报警，也有的设高、低温报警。在机温偏离规定温度－0.5～1.0℃时，即响起警铃，以便管理人员及时排除故障。

3. 电孵机的操作方法

①试表、试温 每次孵化前，先将温度表与标准的温度水银球平列，同时放到盛有 38℃温水的玻璃杯中，观察是否有温差。如有差异，且差异较大，这只表不能使用，必须调换。入孵前，试机运转，温度较稳定时，一切正常，方可入孵。

②孵化机消毒 一般都用福尔马林加高锰酸钾熏蒸。每立方米用 20～30 mL 福尔马林，加入高锰酸钾 10～15 g。方法是：先关闭进出口气孔，停止风扇转动。将计算好的高锰酸钾称出放入容器中，置于孵化机的下部，然后加入所需的福尔马林溶液，迅速关闭机门，经 20～30 min 后，打开机门和进出口气孔，取出容器，开动鼓风机，尽快将甲醛气体吹散。这种熏蒸消毒法，方便简单，杀菌效果好。

③进蛋 种蛋在入孵前 12 h 运到孵化室预热，以蒸发蛋壳表面的水分。种蛋保存的温度愈低，预热的时间愈长。选好的种蛋，大头朝上，放在蛋盘上，每行的蛋数要一致，以便清点记数。进蛋可分批进，可使孵化各项工作匀开，可隔 3 天一批，或隔 5 天一批。为便于进行各项操作，蛋盘要有标号，或者涂以不同颜色，每批进蛋按同一盘色。盘号是蛋盘所在的位置，以便对号抽送。

④温度的调节 机温每隔 0.5 h 观察 1 次。在刚入孵或停机重新开动时，要特别勤于观察。如调节性能稳定可靠，不要轻易扭

动。只有当机温偏离标准温度0.5℃以上时，才调节。但每次调节的幅度要小，使机温逐步稳定在允许的温差范围之内。

⑤湿度的调节　机内要安放孵化湿度计或干湿球湿度表，便于客观地反映机内的相对湿度。没有自动调湿装置的电孵机，底部水盘要定时加水，天气寒冷时要加温水。如感到温度不足，可用提高水温或采取喷洒温水的办法提高机内湿度。

出雏时需要较高的湿度，要经常更换水盘中的水，必要时可对胚蛋喷洒温水。

⑥翻蛋　一般每隔3～4 h翻蛋一次，定期进行。翻蛋动作要轻稳，角度要达90°以上。某些孵化机翻蛋角度只有45°的，可适当增加一些人手工翻蛋的次数。

⑦照蛋　照蛋的目的是为了了解胚胎发育情况，及时剔除无精蛋、死胚蛋。在整个孵化过程中，一般照蛋3次。

⑧落盘　落盘最好在胚蛋有5%啄壳时进行。一般鸭蛋在第25天进行。落盘时，出雏盘要垫起一层，不能直接放在地上，以免胚蛋受凉。如出雏盘边框较矮，需在四周上方套一网架，以免影响雏鸭健康。绒毛未干的雏鸭不可拣出，以免受凉。

⑨人工助产　出雏后期，有的蛋虽已啄破一个洞，特别是蛋的小头破壳，但绒毛干燥，甚至与壳膜粘连。这种壳膜已发黄的蛋，需要人工助产，尤其是北京鸭胚，更需要帮助。可小心地避开壳膜剥离蛋壳，将雏鸭头部从翅下拉出，任其自然挣脱。助产时如遇壳膜仍为白色，内壁胎膜上的血管清晰可见，要立即停止，过一段时间后再助产。

⑩清理　雏鸭大批出壳以后，留下的胚蛋可进行一次照蛋，取出死胚，把剩下的活胚蛋合并盘子，尽可能地保温，并适当提高机内温度、湿度，以利弱胚出雏。可用温水检验法，取一盆40℃左右的温水，把没有出壳的蛋浸入水中，稍停片刻，看到在水中活动的为活胚，浮着不动的为死胚。出雏完毕，将用过的机具进行清洗与

消毒，以备下次再次使用。

⑪停电时的应急措施　规模较大的孵化场，应自备发电机。没有发电机的单位，在孵化前应先与供电单位联系，以便预先知道停电时间，早作准备。

停电后，应先把电闸提起切断电源，将炉火生旺，提高室内温度，尽可能保持在25℃。如机内只有一批蛋，而且胚龄幼小，可将进出气孔全部关闭，如机温下降较快，可在机内放几大瓶热水，以提高机温。

停电后，由于鼓风机不动，机内上部温度高，下部低，应每隔15～30 min翻蛋一次，如有可能定时转动风扇。要勤于检查，如用眼皮验温，感觉发烫，应将这些蛋放到下层；机内如有接近落盘的后期胚蛋，可提早落盘。

⑫做好记录　孵化期间应将各项工作做好详细记录，以利总结经验。

（四）影响孵化效果的因素

1. 温度　温度是孵化的首要条件，只有在适宜的温度条件下才能保证胚胎正常发育。在孵化过程中，各种物质的代谢都是在一定温度条件下进行的。温度过低，胚胎发育缓慢，甚至死亡。温度超过42℃（107℉），经过2～3 h就可使胚胎死亡。在电温箱内，46℃的高温可使胚胎在40 min内血管破裂。低于25℃的温度可使胚胎30 h内死亡。

不同日龄的胚胎对外界温度条件要求也不同。胚胎发育初期，代谢处于初级阶段，自身产热少，因而要求温度较低。根据这一特点，宜采用降温孵化法和恒温孵化法。前者适于整批入孵的种蛋孵化，孵化温度随胚胎日龄增大而逐渐下降。我国广大农村，孵鸭蛋时，大多采用机孵和摊床相结合的孵化方法。当外界气温在10～15℃时，孵化机内的温度控制在：1～6天为38.6℃，7～13

天为 38.3℃，14 天上摊床。不同类型的种蛋在不同环境温度下的施温要求如表 3-2 所示。

表 3-2 鸭蛋变温孵化的施温标准（上为℃，下为℉）

品种类型	孵化室内温度	孵化机内温度				
		1～5 天	6～11 天	12～16 天	17～23 天	24～28 天
中型麻鸭	23.9～29.4 75～85	38.6 101.5	38.3 101	38 100.5	37.8 100	37.5 99.5
昆山鸭	29.4 85	38.3 101	38 100.5	37.8 100	37.5 99.5	37.2 99
高邮鸭	29.4 以上 85 以上	38.3 101.0	38 100.5	37.8 100.0	37.5 99.5	37.2 99.0
大型肉鸭	23.9～29.4 75～85	38 100.5	37.8 100	37.5 99.5	37.2 99	36.9 98.5
北京鸭	23.9～29.4 75～85	38 100.5	37.8 100.0	37.5 99.5	37.2 99.0	36.9 98.5
狄高鸭	29.4 85	37.8 100	37.5 99.5	37.2 99.0	36.9 98.5	36.7 98
樱桃谷肉鸭	29.4 以上 85 以上	37.8 100.0	37.5 99.5	37.2 99.0	36.9 98.5	36.7 98.0

若种蛋定期分批入孵，交错上盘孵化，新老蛋互相调节温度时，则采用恒温孵化法。恒温孵化法的孵化温度实际是降温孵化温度总和的平均数。

在孵化过程中，看胎施温技术是最好的方法。看胎施温，就是在人工孵化过程中，使用灯光或照蛋器透视检查胚胎发育是否符合鸭在此胚胎时的长相，作为制定与控制孵化温度的依据。检查时应仔细观察胚胎的长相是否与鸭胚发育照蛋标准图相等。其具体使用方法如下：

①入孵第一批种蛋时，先参考施温方案定温，每隔 3 天抽样 20～30 枚种蛋，检查胚胎发育情况。如多数胚胎发育比规定日龄

快，则表示温度偏高，应当适当降低温度；相反，胚胎发育慢，则表明温度偏低，应适当调高温度；胚胎发育符合标准，则温度合适。

②在定准第1～2批适合本机型温度的基础上，只要上一批种蛋出壳正常，下一批种蛋出壳也正常。随后只要室温上升6.17℃，箱温应下降0.28℃就可以了，一般可不用抽样看胎，而结合头照、二照、三照等照日龄进行检查。

③在孵化机具外界条件出现变化或种蛋品种改变而确定温度没有十分把握时，必须抽样看胎，重新确定用温标准，以控制胚胎正常发育。

2. 湿度　胚胎发育时，蛋内水分不易蒸发，如湿度过高，影响胚胎发育；如湿度偏低，蛋内水分蒸发加快、容易造成粘连蛋壳。有鼓风装置的大型孵化机，空气流通快，蛋内水分容易蒸发，如不注意湿度控制，就会影响孵化效果。鸭是水禽，孵化时要求湿度较高。在鸭蛋化学组成中，水分为69.5%，比鸡蛋低2.6%，所以对湿度的要求比鸡蛋要大，总的范围是60%～80%。

孵化期间，湿度掌握的原则是"两头高、中间低"。孵化前期，胚胎要产生羊水和尿囊液，要从空气中吸收一些水蒸气，故湿度要高。一般第一周相对湿度控制在75%～80%；孵化中期，胚胎要排出羊水和尿囊液，应降低相对湿度，以保持60%为宜；在出雏前1周和出雏时，为了有适当的水分和空气中的二氧化碳产生碳酸，使蛋壳中的主要成分碳酸钙变为碳酸氢钙而变脆，有利于雏鸭破壳，并防止蛋壳膜和蛋白膜过分干燥粘连以及雏鸭绒毛粘壳，最好将相对湿度恢复到入孵初期的湿度。

湿度过大，雏鸭体重大，绒毛长，过于嫩弱；湿度低，雏鸭绒毛干而粘连。掌握适宜的湿度使初生雏的体重正常，一般体重为蛋重的65%～70%。

3. 通风　家鸭的胚胎在发育过程中，不断吸入氧气，排出二氧化碳，为维持其正常的新陈代谢，必须供给新鲜空气。自然孵化时，空气流通不成问题；在人工或机器孵化时，孵化器密闭，种蛋多，需要的氧气多，排出的二氧化碳也多，必须合理通风。

孵化机内二氧化碳的最高允许量为1.5%～2%，超过2%，胚胎发育迟缓，死亡率增高，出现胚位不正或畸形等现象。一般要求孵化机内的氧气含量不能低于20%，二氧化碳含量为0.3%～0.6%。

胚胎对氧气的需要量随胚胎发育阶段的进展而不同。胚胎初期，物质代谢能力较低，需要氧气较少；至中后期，随着尿囊的发育，呼吸量逐渐增大；孵化至最后2天，胚胎开始用肺呼吸，吸进的氧气和排出的二氧化碳显著增加。因此，通风换气的程度应随胚胎发育时期而定。

近年制造的孵化机，一般都较注意机内的通风装置，开设了进出气孔，有的增加了风扇数量，有的加快风扇转速，具体掌握时，只要不影响温度、湿度，通气越畅越好。

通风的要诀是按胚龄大小，开启通气孔，将孵化全过程分为3期，前期开1/4～1/3，中期开1/3～1/2，后期全开。如分批孵化，孵化机内有2批以上的蛋，而外界气温不很低，可以全部打开通气孔。

4. 翻蛋　翻蛋的目的是使胚胎各部受热均匀，增加胚胎运动，同时增加卵黄囊血管，尿囊血管与蛋黄，蛋白接触的面积，有利于养分的吸收，还起到防止蛋壳的粘连，提高孵化率。

翻蛋从入孵后数小时起直至啄嘴止，每昼夜8～12次。有自动翻蛋设备者翻蛋角度有限，而且方向、角度一定，而手工翻蛋角度大，每次翻蛋方向多变化，因此，自动翻蛋要比手工翻蛋每昼夜多翻3或4次。翻蛋的角度不得少于45°，以90°最好。

有自动翻蛋设备的孵化器，也应适当添加人工翻蛋的次数。如每次照蛋时和13日胎龄时将鸭蛋逐个翻转180°，即原来的蛋的底面翻身朝上，这样有利于胚胎发育。在13日胎龄时则使尿囊顺利合拢，尿囊的合拢对顺利出雏十分必要，可以提高孵化率。

5. 凉蛋 胚胎逐日长大，孵化至中期时，体内物质特别是脂肪代谢加强，产生大量的生理热。凉蛋就能在短时间内降低蛋温，帮助胚胎散发多余的生理热，促进气体代谢，增强血液循环和调节胚胎体温，从而提高孵化率和雏鸭的品质。这一点对肉鸭特别重要。因为肉鸭蛋脂肪含量高，入孵14天后，脂肪代谢增强，蛋温急剧增高，对氧气需要量增大，由于蛋重较大，而蛋表面积相对比鸡蛋小，散热能力差，常通过凉蛋来降温散热。

自然孵化中，母禽常定期离巢、采食、饮水、排粪，这样蛋温就下降了。在人工孵化中，对于具有良好通风系统的电孵机来说，机内温度正常时一般不需要凉蛋。只有机内温度偏高，胚胎发育过快时，才有必要凉蛋。对于没有通风系统的电孵机，凉蛋是被结合在翻蛋和通风换气的同时进行的。

凉蛋的方法很多，机器孵化鸭蛋时，每天打开机门2次，对已经孵化18～24天的蛋，连同蛋盘从蛋架上抽出1/3，进行凉蛋。25天落盘以后直至出雏，每天需凉蛋2次。孵化时如发觉蛋温达到烫眼皮的程度，应立即将蛋盘拿到机外凉蛋，直到用眼皮测试蛋温感觉稍凉时可放回孵化机内。也可喷上40.5℃的温水，直到用眼皮感触蛋身温和时，再放入机内。凉蛋的时间的长短，随季节、室温、胚龄而异，通常为20～30 min，早期及寒冷季节不易过长。大型孵化机，凉蛋时一般关闭热电源，只开动风扇，让机温自然下降。有的采取机孵和上摊床相结合的方法，通过翻蛋来进行凉蛋。

6. 嘌蛋 嘌蛋是将快要出壳的胚蛋，运输到另一个地方出雏。嘌蛋是我国人工孵化技术的特色之一。它比运输雏鸭更方便，尤其是在天气炎热或交通不便的地区，嘌蛋更有实际意义。

嘌蛋的方法是将孵化20天以后的鸭蛋，经照蛋剔除死胚、弱胚后，装在竹箩筐里(江浙一带多用圆形箩，高18 cm，直径60～64 cm)，四周用报纸糊好，筐底垫一层稻草，每筐放3或4层，上盖棉被保温。在火车或船上,可以几个筐摞在一起,四周再用棉被包住,放在避风处,严防雨淋。路上每 3～4 h 检查一次蛋温,发现蛋温过低或过高,要及时调整。启运日期应根据路程而定,以出雏前能达到目的地为原则。如途中运输需要 5 天,则以孵化第 22 天启运为宜。

嘌蛋途中的管理,根据不同季节而有区别,冬季或早春,嘌蛋主要是保温;夏季嘌蛋主要是散热,气温超过 30℃时,竹篓筐四周不可糊纸,底下不垫稻草,只垫一层报纸,蛋只放一层或一层半(即上层蛋放得稀些)。途中严防曝晒和雨淋,把蛋放在通风阴凉处。

7. 落盘　当种蛋孵化到 25 胚龄时,发育正常的胚蛋,气室已明显弯曲,气室下部黑暗,气室内有啄的阴影,转至出雏器内继续孵化,此时期将停止翻蛋,并降低孵化温度,增大湿度。若落盘时气室边界平齐,气室下部发红,则为发育迟缓。

8. 出雏　出雏期间应关闭孵化器内的照明灯,以免雏鸭骚动影响出雏。视出壳情况拣出一两次空蛋壳和绒毛已干的雏鸭,以利继续出雏,但不可经常打开机门,影响温度、湿度的稳定。出雏末期应对出壳有困难的雏鸭,如尿囊、血管已经枯萎的可以人工破壳出雏。若尿囊、血管尚有血液环境则不得助产,否则容易出现死亡。出雏期和孵化室内太干燥,地面应经常洒水,以利保持孵化器内足够的湿度。出雏结束后,应及时抽出水盘和出雏盘,清理孵化器内部。出雏盘、水盘要彻底清洗、消毒和晒干备用。

9. 停电处理　电孵应有发电设备。若短时间内停电,可以升高室温,打开机门,每半小时检查一次,保证机内温度均匀和缓慢下降。千万不能关闭通气孔,以免箱内上部蛋因过热而遭损失。

此外,孵化室内的环境条件,对孵化机能否维持适宜的孵化条件也有很大的影响。一般要求孵化室保持室温 21～24℃,相对湿度 50%～60%。室内要保持清洁卫生,设备用具摆放整齐,空气要新鲜,要避免阳光直射或冷风直吹到孵化机上。孵化室最好用水泥地板，并设有排水系统，以便冲洗用具，保持清洁卫生。如有条件，特别是孵化量大的孵化场，可分设种蛋贮存室、孵化室、出雏室、洗涤消毒室等，以利于卫生防疫，提高鸭的质量。

五、鸭胚胎的检查及后期管理

(一)鸭胚胎的检查

1. 照蛋 照蛋的方法很多，没有电时，可遮住窗户留一亮洞，或在墙壁上挖一椭圆的洞，让阳光从洞中透进。也可做一长宽高都约 20 cm 的小方盒，中间安电灯或煤油灯，在两边各开两个圆洞。照蛋时每手持蛋两个，轮流纳入圆洞内略加转动即可见蛋内胚胎发育情况。一般情况下，照蛋都用照蛋灯或验蛋台验照(图3-7 和图 3-8)。

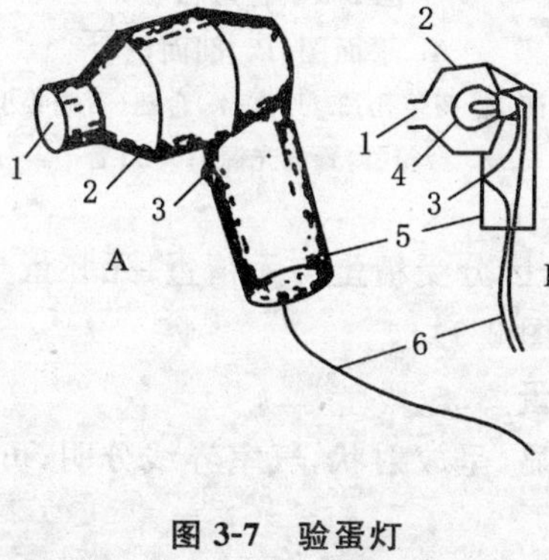

图 3-7 验蛋灯

A. 外形；B. 结构模式

1. 照蛋口；2. 外壳；3. 开关；4. 灯泡；5. 把手；6. 电线

每批蛋在孵化期间一般照 3 次，也有的只照 2 次。头照在入

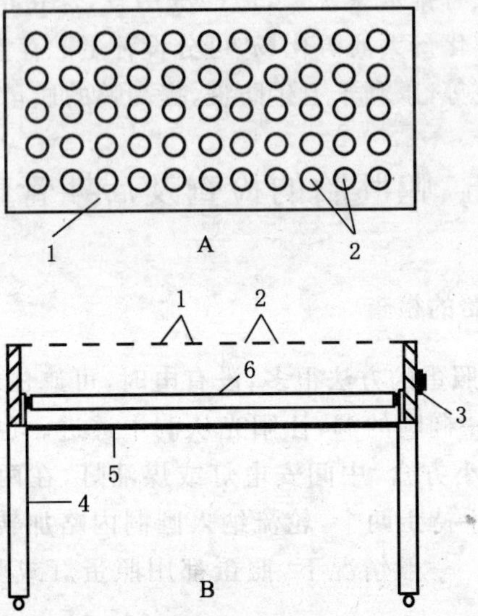

图 3-8 验蛋台

A. 平面图;B. 剖面图

1. 台箱面;2. 照蛋孔;3. 开关;4. 台腿(下端装小轮);
5. 台箱(内置电光源);6. 灯管

孵后 4～7 天进行,区分受精蛋与无精蛋,死胚蛋与活胚蛋,弱胚蛋与正常发育的蛋(图 3-9)。

(1)第一次照蛋

活胚:血管明显,呈放射状,气室界线分明,可见胚的黑影移动活跃。

死胚蛋:为不规则的血环,无放射的血管,有时一条血线贴在蛋壳上,有时散黄或者蛋黄显著扩大。

无精蛋:色浅,无血管,蛋黄一般不下沉。

弱胚蛋:发育缓慢,往往比正常者迟 1～2 天,血丝细弱,胚

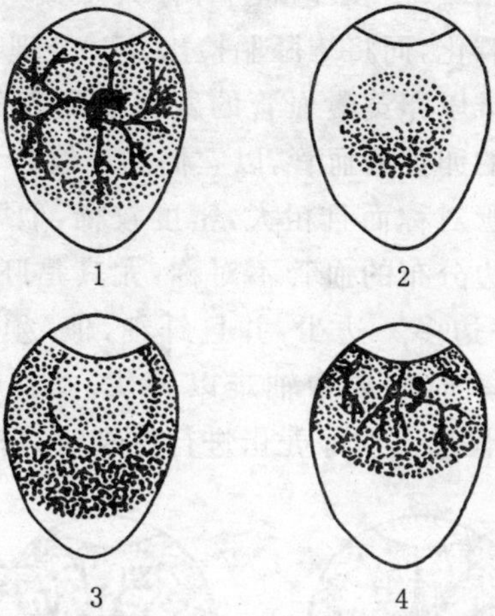

图 3-9　头照时各种蛋的形状

1. 受精蛋(正常);2. 无精蛋;3. 死胚蛋;4. 弱胚蛋

胎小。

(2)第二次照蛋　在入孵后 13～14 天进行,主要是验出死胎蛋。死胎蛋不发热,吸收从活胚胎传出的热,影响活胚胎的发育,时间久了,内部腐败、烂裂而奇臭难闻。死胎蛋内充满浑浊的液体,随蛋的转动而转动,蛋不转了内部也就停止转动。气室边缘为黄褐色。

(3)第三次照蛋　在入孵后第 23～24 天进行,拣出死胎。死胎气室暗红或黄褐色,偏头小,凉蛋后冰冷,摇动时作水响声,无黑影闪动,在水中不自行晃动。正常的活胎气室为青色,"斜口"大,占蛋的 1/4,胚胎频频闪动,在水中自行晃动。凉蛋后仍有热的感觉。

2. 胚胎雌雄鉴别　入孵后 4～7 天第一次照蛋,可以鉴别胚胎雌雄。

早期鉴别胚胎雌雄，在经济上有很大意义。蛋鸭孵化场常将雌胚胎留下继续孵化，而将雄胚胎捡出及时处理。

早期胚胎雌雄以卵黄囊血管的发育情况和分布类型来鉴别。先找出胚胎前后的卵黄囊血管，以它们的连线作为“中轴”，如果中轴两边分布的血管对称而且粗大，密度较稀，似“主根形”，就是雄胚。如果中轴两边分布的血管不对称，尤其是胚盘下半部左右两侧明显不对称，一边多一边少，并且纤细，似“须根形”，就是雌胎（图 3-10）。在观察时如果中轴难以确认，类似中轴的血管多于 2 条，则多发育成怪胎。对绿壳蛋进行鉴别时，需要较强的光源。

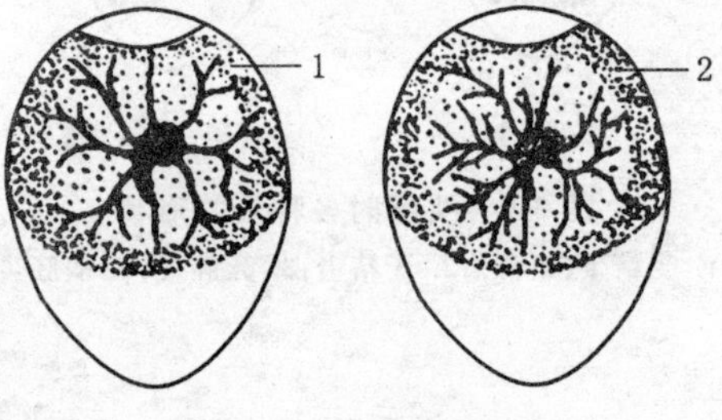

图 3-10　胚胎雌雄的鉴别

1. 雄胚；2. 雌胚

3. 蛋重检查　在孵化时，由于蛋内水分蒸发，以及由于进行发育，发散热能，消耗养分，蛋重会逐渐减轻，且在某个时间内有一定比例，正常情况下，蛋重减轻的标准如表 3-3 所示。

表 3-3　孵化期间蛋重减轻的标准

入孵日期	5 天	10 天	15 天	20 天	25 天
蛋重减轻（%）	2～2.5	4～5	7～8	9～11	12～14

4. 不良孵化成绩的检验　通过照蛋、蛋重检查、毛蛋解剖等方法，发现不正常胚胎，及时查出特异卵，做好记录分析原因，总结

经验。

(1)劣质蛋及不良环境对孵化结果的影响

①维生素 A 缺乏　蛋黄颜色浅;入孵后第一次照蛋受精率不高,有较多死胎;打开蛋检查,发育较迟缓;第二次照蛋,肾及其它器官有盐的沉淀;许多雏无力破壳,或破壳无力造成死胎;初生雏很多有眼病(眼肿胀)。

②维生素 B 缺乏　入孵前蛋白稀薄;打开蛋检查,生长较迟缓;第二次照蛋,死亡率增高,营养不良;死胎的羽毛"萎缩",脑膜浮肿;初生雏很多软弱,颈、脚麻痹。

③维生素 D 缺乏　入孵前壳薄而脆,蛋白稀薄;第一次照蛋,破蛋多,死亡率高;打开蛋检查,胚囊生长迟缓。第二次照蛋,死亡率增高;死胎的胚胎有营养不良象征;出雏不齐,幼雏衰弱。

④蛋白中毒　入孵前蛋白稀薄,蛋黄流动;第二次照蛋死亡率提高,死胎有短而变曲的腿,蛋重减轻较多;死胎的胚胎营养不良,腿短而弯曲,"鹦鹉嘴";初生雏许多弱雏,颈和腿麻痹。

⑤陈蛋　入孵前气室大,壳陈旧,系带、卵黄膜软;第一次照蛋,胚胎多在一二日龄死亡,胚盘多泡沫状的表面;打开蛋检查,发育迟缓;第二次照蛋,发育仍较差;初生雏出壳时期延迟。

⑥运输中受强力震动　入孵前系带折带,蛋白流入气室,气泡流动;第一次照蛋,许多散黄蛋;打开蛋检查,蛋白、蛋黄混为一体。第二照蛋有许多臭蛋。

⑦入孵头两天过热　第一次照蛋胚胎发育加速,很多畸形并粘在壳上;第二次照蛋,很多头、眼、颚的畸形;死胎很多,头、眼、颚的畸形;初生雏出壳早,很多畸形。

⑧入孵 3～5 天过热　第一次照蛋许多部位充血、溢血和异位;第二次照蛋尿囊早期包围蛋白,心、肝、胃、畸形,胚胎异位;死胎尿囊早期包围蛋白,心、肝、胃畸形;初生雏出壳早。

⑨短期的强烈过热　第一次照蛋,干而粘在壳上;打开蛋检

查，尿囊血管暗黑色，血液凝结；第二次照蛋，皮肤、肝、肾、脑充血、溢血；死胎，皮肤充血，头的位置不正。

⑩孵化后半期长期过热　死胎啄壳时死亡多，不能很好地吸收卵黄，卵黄囊、肠、心充血，心脏小；初生雏出壳时间早，时间拖长，雏鸭弱小，羽毛红枯粘壳，脐出血，蛋壳上满布血丝。

⑪热量不足　第一次照蛋，生长发育比较迟缓；第二次照蛋生长发育非常迟缓，气室边界平齐；有很多活胎不能出壳，尿囊充血，心肥大，卵黄呈绿色，肠内充满卵黄和粪；初生雏出壳延期，时间拖长，雏萎缩，站立不稳，腹大，全身浮大，有时下痢，蛋壳内部污秽多粪。

⑫湿度过高　第一次照蛋检查，尿囊闭塞发育迟缓；第二次照蛋，气室限界平齐，蛋重减轻较多；死胎，啄壳时，喙粘于外壳，肠胃满是黏性液体；出雏期延迟，绒毛发达，雏与蛋壳黏着，腹大。

⑬湿度不足　第一次照蛋，死亡率增高；打开蛋检查，蛋重减轻较多，胚胎充血，粘附于蛋壳；死胎的蛋壳膜黏附结实，啄壳困难，绒毛干燥；初生雏早期出雏，雏轻绒毛干燥，多橘红色。

⑭通风换气不良　打开蛋检查在羊水中有血液；第二次照蛋内脏充血、溢血，死亡率增高；死胎，在蛋的小端啄嘴，不能出壳。

⑮翻蛋不正　第一次照蛋蛋黄粘于蛋壳上，不能转动；打开蛋检查，尿囊没有包围蛋白；第二次照蛋，尿囊之处有黏着性剩余蛋白；死胎增多。

⑯种蛋未消毒受到双球菌污染　第一次照蛋蛋壳污秽，多弱精蛋；打开蛋检查，发育迟缓；第二次照蛋，气室处的蛋白膜上有绿色霉斑，以后扩大到全部气室；死胎死前胚胎衰弱，发育迟缓，死亡率增高，死胎腐败，浑浊，具臭味。

(2)不良孵化结果及其产生原因

①无精蛋产生的原因　公鸭无受精能力；公鸭年龄过大；种鸭营养不良；公母鸭比例不当；种鸭饲养密度过大。

②孵化早期死亡的蛋　种蛋经长途运输震动；种鸭缺乏营养；

种蛋贮存期温度过高；种蛋消毒（熏蒸）不当；孵化初期温度不当；孵化期翻蛋不当。

③胚胎发育中期死亡的蛋　种鸭缺乏营养；孵化温度不当；孵化期换气不良；孵化期翻蛋不当。

④破壳前胚胎死亡　孵化器的温度不当；孵化器的湿度不当；换气不良；翻蛋不当；出雏器温度不当。

⑤打嘴后死亡　温度过低；短时间高温；换气不足。

⑥因胎位不正而造成的毛蛋　种鸭缺乏营养；孵化温度过高或过低；换气不足；温度不够；翻蛋不足。

⑦过早出雏，脐带出血　孵化器和出雏器温度过高。

（二）鸭雏强弱分级

每次孵化，总有一些弱雏和畸形雏，出雏后，发运之前要进行严格的挑选分级。畸形雏坚决淘汰，弱雏单独饲养，决不可留作种用。强弱雏的区别见表3-4。

表3-4　强雏和弱雏的区别

项　目	强　雏	弱　雏
出壳时间	正常时间内	过早或最后出雏
绒毛	绒毛整洁，长短适合，色素鲜浓	蓬乱污秽，缺乏光泽，有时绒毛短缺
体重	体态匀称，大小均匀	大小不一，过重或过大
脐部	愈合良好，干燥，其上覆盖绒毛	愈合不好，脐孔大，触摸有硬块，有黏液，或卵黄囊外露，脐部裸露
腹部	大小适中，柔软	特别膨大
精神	活泼、腿干结实，反应快	痴呆，闭目，站立不稳，反应迟钝
感触	饱满，挣扎有力	瘦弱，松软，无挣扎力

(三)雏鸭的雌雄鉴别

现代养鸭业非常重视鉴别雌雄。鸭可以公母分群饲养,发育整齐。公鸭可按营养要求给料,促进快速肥育,缩短饲养期,种鸭在出售时,可以按性比配套提供。

雏鸭的雌雄鉴别有鸣管鉴别和肛门鉴别2种方法。使用最普遍、准确率最高的是肛门鉴别法。

初生的公雏鸭,在肛门下方有一长0.2～0.3 mm的小阴茎,状似芝麻,翻开肛门时肉眼可以看到(图3-11和图3-12)。有经验的鉴别师不用翻肛门,而是采用捏肛法。鉴别时,左手抓鸭,鸭头朝下,腹部朝上,背靠手心,鉴定者右手拇指和食指捏住肛门两侧,轻轻揉搓,如感觉到肛门内有个像芝麻似的小突起,上端可以滑

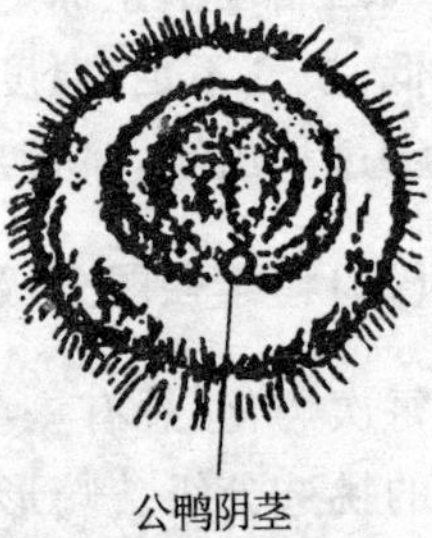

图3-11 公雏鸭的阴茎

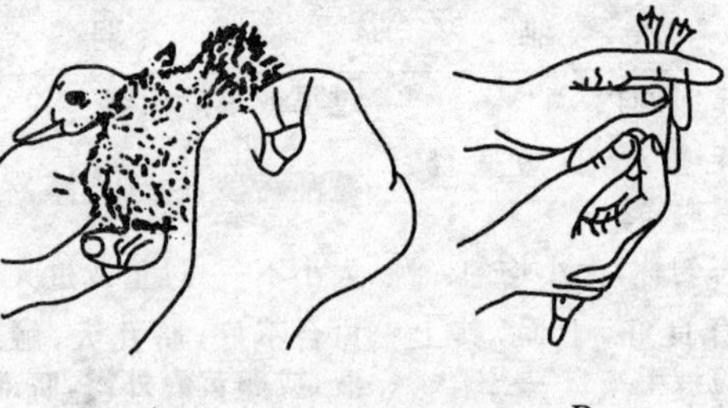

图3-12 肛门鉴别法

A. 捏肛法手势;B. 翻肛鉴别手势

动,下端相对固定,这便是阴茎,即可判断为公鸭,如无此小突起

的，即是母鸭（母雏在用手指揉搓时，虽有泄殖腔的肌肉皱襞随着移动，但没有芝麻点的感觉）。

采用捏肛鉴别法时，鉴别者必须手皮薄，感觉灵敏，方能学会，准确率可以达到99％以上。

第四章　鸭的营养与饲料

鸭的营养来源于饲料。鸭通过采食饲料,消化吸收其中的各种营养物质,转化为自身的物质,以满足生长发育的需要,并形成鸭产品。因而饲料是确保鸭生长、产蛋、产肉或肥肝等生命活动的物质基础。饲料中的营养成分不同,其作用也不同,只有在了解饲料中的营养物质组成及鸭的营养需要的基础上,科学配制日粮,才能达到降低成本、生产更多更好鸭产品的目的。

一、饲料中的营养物质

饲料中的营养物质可以分为六大类,即水分、蛋白质、脂肪、碳水化合物、维生素和无机盐。而按其功能则分为能量物质、蛋白质、维生素、无机盐和水。

通常,饲喂鸭的日粮若不平衡,将显著提高代谢能中热增耗的比例。只有当各种营养物质达到平衡时,才能使鸭处于最佳生长发育及生产状态。否则,若缺乏某种营养物质,不仅会造成饲料浪费,还会使鸭的生长发育受阻,出现异常或病态,导致产蛋率下降、蛋质量差、受精率和孵化率降低等一系列不良后果。因而,鸭的营养与饲料问题是养鸭生产中最为重要的一个环节。

二、鸭的营养需要

鸭具有消化力强、代谢旺盛、体温高、生长发育快、成熟早、易肥育等特点,因而,同样体重的鸭与其它家禽相比,鸭需要更多的各种营养物质。

(一)鸭对能量的需要

能量饲料是鸭维持体温和一切生命活动中需要量最大的营养物质。

1. 日粮能源　在鸭的日粮成分中主要有以下3种能源:碳水化合物、脂肪和蛋白质。

(1)碳水化合物　鸭对能量的需求主要由富含碳水化合物的植物提供。碳水化合物包括粗纤维和无氮浸出物,后者中的多糖类淀粉是最大量的可消化能源;单糖类、双糖类也都极易消化。而前者即纤维素和木质素中所含的能量不能被鸭所利用,因为鸭的消化道中没有分解纤维素的酶,只能靠盲肠中的微生物对半纤维素进行部分分解,所以,鸭对粗纤维的利用率很低。一般粗纤维的适宜含量为雏鸭不超过3%,青年鸭、成年鸭不超过6%。当碳水化合物充足时,可减少蛋白质的消耗,有利于鸭的正常生长和保持一定的生产性能。而当碳水化合物及脂肪供应不足时,鸭就会分解体内的蛋白质,以满足对热能的需求,从而造成蛋白质浪费。但是饲料中碳水化合物也不宜过多,以免使鸭生长过肥,影响鸭的产量和质量。

(2)脂肪　脂肪是鸭体组织、器官、激素和蛋的重要成分。如神经、血液、肌肉、肝、脑、卵子和精子等都含有脂肪。脂肪在蛋内约占11.2%。在鸭的营养上惟一的必需脂肪酸是亚油酸,它是一种不饱和脂肪酸,存于植物性油脂中。当亚油酸不足时,雏鸭易患脂肪肝病和呼吸道病,种鸭也表现出产蛋量降低,孵化率下降。尤其有趣的是,鸭在不同日龄均对米糠中的油(含量＞16%)的消化利用率都极高。

2. 日粮能量对进食量的影响　日粮能量水平是决定饲料进食量的最重要因素。相对其它家禽而言,鸭对低能日粮的接受能力更强。当日粮代谢能在12.89～9.20 MJ/kg之间变化时,48日龄鸭的平均活重差异并不明显。鸭根据日粮的能量浓度调节采食量的能力较强，能使大体积的日粮有效地通过消化道，但是，饲喂低能日粮的鸭饲料转化率明显降低。

鸭对能量的需求（采食）常随环境条件的变化而增减，但对蛋白质、无机盐的需求量却一般不随环境条件而变化，主要由产蛋率、生长率的高低来决定。

(二)鸭对蛋白质的需要

1. *蛋白质的功能及其来源* 蛋白质是鸭体一切组织如肌肉、血液、皮肤等和各种器官以及酶、激素、抗体、色素等的重要组成成分，是重要的结构物质，几乎占细胞重的 1/2；同时也是鸭蛋、鸭肉、羽毛等鸭产品的重要组成成分。当鸭摄取的饲料蛋白质不足时，其体内蛋白质的分解比合成多，正常的生理功能就不能保障，表现为雏鸭、中鸭贫血，生长发育减慢，停滞甚至退膘；成年鸭开产期延迟，产蛋率下降，蛋重减轻，品质变劣，孵化率低，鸭体内免疫蛋白减少，抗病力降低，严重时体重降低，产蛋停止，甚至死亡。但蛋白质过量也会引起消化障碍，而出现拉白屎和尿酸盐沉淀等症状，并导致蛋白质的浪费，饲料成本高；同时，还因排泄大量含氮物而污染环境。

2. *蛋白质的品质与限制性氨基酸* 鸭对蛋白质的需要实际上是对包括必需氨基酸和非必需氨基酸在内的全部氨基酸的需要。日粮中完整的蛋白质被分解，最终以游离氨基酸的形式进入血液，被输送到肝脏和其它体细胞，以合成鸭体所需要的各种蛋白质。蛋白质的品质是由氨基酸的种类和含量所决定的。目前已知饲料中的氨基酸种类有 22 种，其中有 13 种氨基酸在鸭体内不能合成或合成的速度及数量不能满足正常生长的需要，必须从饲料中摄取，这类氨基酸即为必需氨基酸。它们是赖氨酸、蛋氨酸、色氨酸、组氨酸、苏氨酸、精氨酸、异亮氨酸、亮氨酸、苯丙氨酸、缬氨酸、胱氨酸、酪氨酸和甘氨酸。另一些氨基酸在鸭体内能合成，或需要量较少，不必由饲料供给，也能维持正常生长，称为非必需氨基酸。质量好的蛋白质不仅含有各种必需氨基酸，而且配合比例也比较恰当。许多单一饲料中所含蛋白质中的氨基酸种类往往不齐全或不适量，所以日粮中饲料成分单纯时，蛋白质的利用率就低，如能采食多种饲料，饲料蛋白质中的氨基酸能够取长补短，相互补充，使日粮中各种必需氨基酸齐全且适量，就能够提高蛋白质的利用率和营养价值，这种作用称为氨基酸的互补作用，见表4-1。

表 4-1　鸭的必需氨基酸及其需要量　%

项　目	北京鸭		土番鸭		杂交鸭	
	0～3周	4～8周	0～3周	4～10周	0～3周	4～7周
代谢能(MJ/kg)	11.72	12.14	12.08	12.08	11.09	12.78
粗蛋白质	18.0	16.0	18.7	15.4	20.0	18.0
蛋氨酸	0.45	0.45			0.50	0.45
蛋氨酸＋胱氨酸	0.98	0.77	0.69	0.67	0.85	0.77
赖氨酸	1.00	0.89	1.10	0.90	1.11	1.00
色氨酸	0.20	0.18	0.24	0.20	0.22	0.20
精氨酸	1.00	0.89	1.12	0.92	1.11	1.00
组氨酸	0.40	0.36	0.43	0.35	0.44	0.40
亮氨酸	1.50	1.33	1.31	1.08	1.67	1.50
异亮氨酸	0.50	0.44	0.66	0.54	0.56	0.50
苯丙氨酸	0.80	0.71			0.89	0.80
苯丙氨酸＋酪氨酸	1.19	1.06	1.44	1.19	1.33	1.19
苏氨酸	0.55	0.69	0.69	0.57	0.61	0.55
缬氨酸	0.80	0.71	0.80	0.68	0.89	0.80
甘氨酸	1.00	0.89	1.22	0.71	1.11	1.00

注：均为鸭日粮中的推荐水平。

有些氨基酸在鸭体内除合成蛋白质外，还可以形成维生素和激素等，供鸭体生长所需。如色氨酸可形成烟酸；酪氨酸可合成甲状腺素和肾上腺素，也是形成黑色素所必需的；蛋氨酸为一种甲基化剂；能代替日粮中的部分胆碱。

3. 鸭日粮的能量蛋白比　在确定鸭日粮蛋白质水平时，通常要与能量结合起来考虑。鸭日粮中适宜的能量蛋白比（ME/CP）对于鸭的生长、饲料转化率及其经济效益的作用都显得比单独的蛋白质需要量更为重要。雏鸭的 ME/CP＝14 时较为适宜，而生长育成期鸭的 ME/CP＝17～19 时所产生的综合效果最佳。

(三)鸭对维生素的需要

维生素的功能是调节新陈代谢过程，它与酶的活性有密切关系。鸭体不能合成它们，必须从食物中获得，虽然鸭对维生素的需要量极其微小，但对各种生命活动均有重大影响。缺乏时，会引起相应的维生素缺乏症。发生代谢紊乱，影响正常的生长发育、受精、产蛋和种蛋的孵化，严重时可导致鸭死亡。鸭在逆境因素刺激下，如转群、拥挤、预防接种、高温、潮湿和运输等条件下对维生素的需求会成倍增长，因此应及时补充。

维生素有 20 多种，根据其溶解特性可分为 2 类：即脂溶性维生素和水溶性维生素。脂溶性维生素在鸭体内有一定贮存，但不稳定；水溶性维生素在体内不能贮存，很快随尿排出，须经常由饲料来供给。

1. 脂溶性维生素　脂溶性维生素主要有维生素 A，维生素 D，维生素 E，维生素 K 等。分述如下：

(1)维生素 A　维生素 A 又称为抗干眼维生素、抗传染病维生素或生长维生素等。当维生素 A 缺乏时，鸭表现为运动肌肉和神经失调，关节僵硬、肿大，行走蹒跚，生长发育不良，眼睛流泪、红肿，患夜盲症或干眼炎；产蛋率和孵化率下降，公鸭配种能力下降，输尿管和肾脏尿酸沉积，精神不振、羽毛蓬松等。雏鸭和青年鸭对维生素 A 的需要量为每千克日粮含 2 500 IU（国际单位）。

表 4-2 肉鸭维生素的推荐量

维生素		NRC (1994 年)	布莱尔 (1983 年)	瑞士罗氏公司 (1998 年)	莱桑尼特等 (1992 年)
维生素 A	(IU/kg)	2 500.0	7 000.0	12 000.0	8 000.0
维生素 D_3	(IU/kg)	400.0	1 025.0	3 000.0	1 500.0
维生素 E	(IU/kg)	10.0	15.0	40.0	15.0
维生素 K	(IU/kg)	0.5	1.9	3.0	1.5
硫胺素	(mg/kg)		5.5	2.0	2.0
核黄素	(mg/kg)	4.0	5.5	7.0	4.0
烟酸	(mg/kg)	55.0	53.0	40.0	60.0
泛酸	(mg/kg)	11.0	10.2	10.0	12.0
吡哆醇	(mg/kg)	2.5	3.3	5.0	3.0
生物素	(mg/kg)		0.25	0.10	0.2
叶酸	(mg/kg)		0.75	1.0	0.5
胆碱	(mg/kg)		1 428.0	300.0	1 400.0
维生素 B_{12}	(mg/kg)		0.01	0.02	0.01

由于天然维生素 A 不稳定,饲料中的含量变化大,在工厂化饲养的过程中,鸭往往发生维生素 A 缺乏症,此时,应添加适当量的维生素 A,通常以高于营养需要规定的标准添加(一般超出 2 倍),并以较稳定的合成维生素 A 为好。

1 IU 维生素 A 相当于 0.3 μg 维生素 A 醇,或 0.344 μg 维生素 A 醋酸脂,或 0.6 μg β-胡萝卜素,或 1 μg 粗胡萝卜素。

美国国家研究委员会(NRC)制定的标准中,肉鸭维生素 A 的需要量为每千克日粮 2 500 IU。

(2)维生素 D　维生素 D 又称抗佝偻病维生素,是几种脂溶性胆固醇衍生物的综合名称。它与鸭体内的钙、磷代谢有关。如果缺乏维生素 D,骨组织的形成会受阻,雏鸭出现生长发育不良,双腿无力,喙、脚及骨质变软,腿骨弯曲,发生佝偻病。种鸭则产薄壳,软壳或畸形蛋,产蛋率下降,孵化率降低。雏鸭和青年鸭对维

生素 D_3 的需要量为每千克日粮含 200 IU(国际单位)。

维生素 D 在鱼肝油、蛋黄和动物肝脏中最为丰富,通常用鱼肝油作为维生素 A、维生素 D 的补充剂和缺乏症的治疗药物。鸭体表皮组织和羽毛中的 7-脱氢胆固醇经紫外线照射,可以转变为维生素 D_3 而被吸收;青饲料中的麦角醇经阳光照射可转变为维生素 D_2,所以,放牧的鸭群不会缺乏维生素 D。雏鸭在室内育雏期间,每天有 20 min 的阳光照射,就可以满足对维生素 D 的需要。在舍内饲养和阳光照射不足的季节,应注意补充鱼肝油等。1 IU 维生素 D 相当于 0.025 μg 结晶维生素 D_3。

(3)维生素 E　维生素 E 又称为抗不育维生素或生育酚。其功能是有助于维持生殖器官的正常机能和肌肉正常的代谢作用。维生素 E 又是一种有效的体内抗氧化剂,对鸭的消化道及机体组织中的维生素 A 有保护作用。且与硒的代谢和作用有关系。当缺乏时,可能引起细胞组织软化、渗出性素质病以及肌肉营养不良。公鸭缺乏时,睾丸退化,配种能力下降,种蛋孵化率降低或丧失。鸭对维生素 E 的需要量大约为每千克日粮 10 mg。维生素 E 缺乏时,可在日粮中添加 0.5%的植物油。

1 IU 维生素 E 相当于 1 mg *DL*-α-生育酚醋酸酯或 1.49 mg α-生育酚。

(4)维生素 K　维生素 K 又称为抗出血维生素,它参与凝血作用,促进伤口血流迅速凝固,防止流血过多。当缺乏维生素 K 时,易患出血病,鸭因凝血时间延长,导致大量流血,引起贫血症。雏鸭出壳后 2 周内肠内细菌少(细菌有合成维生素 K 的功能),容易出现维生素 K 缺乏症。在发生鸭球虫病时,肠道出血多,往往造成维生素 K 的缺乏,这时每千克日粮可加入 2 mg 的维生素 K。

2. 水溶性维生素　水溶性维生素主要有 B 族和 C 族维生素。B 族维生素是辅酶的组成部分,与体内的代谢活动关系密切。

(1)维生素 B_1　又称硫胺素,为鸭体碳水化合物正常代谢所必需的，其可使神经组织中碳水化合物供应充足，维持神经细胞的正常机能，避免乙酰胆碱受到胆碱酯酶的破坏而维持正常的肠蠕动，保持良好的食欲，促进生长。缺乏时，正常神经机能受到影响，鸭表现为食欲减退，体重减轻，羽毛松乱无光泽，发生多发性神经炎，严重时，腿、翅、颈发生痉挛、头向后极度弯曲呈“望星状”、瘫痪、倒地不起。雏鸭对硫胺素的需要量很大。

维生素 B_1 在糠麸、青饲料、胚芽、草粉、豆类、发酵饲料和酵母粉中含量丰富，日粮中配有一定量的糠麸及豆粕类，并常喂青绿饲料，一般不会出现维生素 B_1 缺乏症。

1 IU 维生素 B_1 重 3 μg。

(2)维生素 B_2　又称为核黄素，呈黄绿色。它对体内氧化还原、细胞呼吸作用有重要影响，是 B 族维生素中最易缺乏的一种。缺乏时最明显的症状是脚趾向内侧弯曲，软腿瘫痪，以膝关节触地行走，生长不良，成年鸭产蛋量下降，蛋的孵化率降低；出壳雏鸭脚趾卷曲，绒毛稀少，卵黄吸收不良。

核黄素在豆科植物、大麦、小麦、麦麸、米糠、豆饼、谷芽、青干草粉、酒糟、酵母、鱼粉、血粉、蚕蛹渣、发酵产品中含量较多。但核黄素易在碱性环境中被光和热破坏，因此要经常补给。如发生缺乏症，可在每千克日粮中加入 4 mg 维生素 B_2，或加喂些酵母。

1 IU 维生素 B_2 重 2.5 μg。

(3)维生素 B_3　又名泛酸，是辅酶 A 的组成部分，与碳水化合物、脂肪和蛋白质代谢关系密切。缺乏时，雏鸭生长缓慢，羽毛粗乱，皮下出血、水肿，发生皮肤炎，嘴角及眼睑周围结痂，种鸭产蛋率、孵化率降低，胚胎在孵化后期死亡。

泛酸在青饲料、糠麸、花生饼、大豆饼、小麦、苜蓿、干草、谷实中含量较多，谷实的副产品中也都含有，但玉米中含量少。

泛酸与维生素 B_2 的利用有关，当一种缺乏时，另一种的需要量增加。泛酸虽在植物中分布较广，但并不稳定，受热易破坏。鸭饲料中常需添加酵母、发酵残渣、糠麸等以防泛酸缺乏。

(4)维生素 B_6 又名吡哆醇，是蛋白质和氮代谢中的一种辅酶成分。缺乏时生长停滞，肌肉动作不协调、抽搐，皮肤发炎、羽毛粗糙，母鸭产蛋减少，种蛋孵化率下降。

维生素 B_6 在糠麸、苜蓿、绿干草粉、胚芽、谷类及其副产品和酵母中含量丰富，日粮中一般不会缺乏。

(5)维生素 B_{12} 又名钴胺素，与核酸、甲基的合成代谢有关，也参与碳水化合物、脂肪的代谢，维持血液中的谷胱甘肽，有助于提高造血机能。当缺乏维生素 B_{12} 时，雏鸭表现为贫血、消瘦、食欲不振、饲料利用率低，生长停滞甚至死亡。成鸭有时外观虽不表现出特殊症状，但产蛋量下降，蛋重减轻，蛋形变小，孵化率降低，孵化 18 天时胚胎死亡率很高。鸭对维生素 B_{12} 的需要量按每千克日粮的含量计算，雏鸭和青年鸭为 0.009 mg，成鸭为 0.003 mg。

维生素 B_{12} 在动、植物体内均不能合成，只有微生物能够合成，但动物组织能贮存维生素 B_{12}，因而在鱼粉、肉骨粉、血粉、蚕羽粉、动物心、肝、肾及其它动物性饲料以及酵母、发酵产品中含量丰富。当日粮中动物性饲料少时，应添加维生素 B_{12}。

(6)烟酸 又名尼克酸或维生素 B_5，是所有活细胞都必须的一种维生素，它对体内碳水化合物、脂肪和蛋白质的代谢起主要作用，并有助于产生色氨酸。缺乏时，鸭表现为食欲不振，生长停滞，口腔黏膜发炎呈暗红色，羽毛蓬乱、稀少，缺乏光泽，并伴有下痢和屈腿、膝关节肿大，但骨质坚实，区别于软骨症。两腿内弯程度随日粮中烟酸缺乏程度而异，严重时不能行走，甚至瘫痪。

维生素 B_5 在糠麸、大麦、小麦、谷物饲料、花生饼、菜籽饼、向日葵饼、粗面粉、发酵副产品、青苜蓿中含量较多。

(7)胆碱 胆碱是一种含甲醛的化合物，为蛋氨酸等合成甲醛的来源，也是构成磷脂和卵磷脂的成分，与传递神经冲动和肝脏中脂肪的转运有关，为雏鸭生长所必需。缺乏时，易患脂肪肝症和滑腱症，雏鸭生长减缓，母鸭产蛋减少。

一般天然饲料中都含有胆碱，菜籽饼、豆饼、棉籽饼、葵籽饼、糠麸、大麦、小麦及鱼粉、饲料酵母中含量丰富。鱼粉、大豆粕和酒糟残液是胆碱的良好来源。目前多使用工业生产的氯化胆碱。

(8)生物素　又名维生素 H，在鸭体内参与蛋白质和碳水化合物的代谢，并与脂肪合成有关。在生鸡蛋清中含有一种蛋白，可以与生物素紧密结合，从而使生物素失去作用，这种蛋白称为抗生物素蛋白，因而不可让鸭食生鸡蛋清。当鸭体内缺乏生物素时，表现为易患皮炎，脚发红，骨骼畸形，运动失调。

生物素分布很广，一般饲料中含量都比较丰富。高温及氧化剂易使生物素丧失活性，有啄蛋癖的鸭易缺乏生物素，在以小麦或非玉米为主的日粮中应添加生物素。

(9)叶酸　叶酸(维生素 B_{11})又称蝶酸谷氨酸，它以辅酶形式参与许多代谢反应。叶酸与维生素 B_{12} 共同参与核酸代谢和核蛋白的形成。缺乏时雏鸭生长缓慢，有色羽毛缺乏色素，血红蛋白含量降低，贫血、口腔黏膜苍白，胫骨弯曲骨粗短，出现典型的颈部麻痹。

叶酸在动植物饲料中含量都较丰富。日粮中一般不缺乏。

(10)维生素 C　又名抗坏血酸，与细胞间质、骨骼原的形成和保持有关，并促进形成蛋壳。高温条件下会破坏蛋壳上胶原基质的形成，碳酸钙就沉积在胶原基质上，因此，在热应激条件下，补加维生素 C 能提高存活率、产蛋率和蛋壳厚度。在发生传染病时饲喂维生素 C，能改进鸭的总体状况。提高抗病力。维生素 C 也常作为抗应激药剂，能缓解应激影响。正常情况下，鸭体内能合成维生素 C，因而不会发生缺乏症。

(四)鸭对矿物质的需要

矿物质是指一些金属或非金属元素，它们在饲料中以有机盐或无机盐的形式存在。动物所必需的矿物元素有 16 种，人们把占鸭体重0.01%以上的称为常量元素，如钙、磷、氯、钠、镁、硫、钾等7种。而把占鸭体重0.01%以下的称为微量元素，如铁、铜、锌、锰、碘、硒、钴、铂、氟等共9种。

1. 常量元素

(1)钙　钙是构成骨骼和蛋壳的主要成分，它对于凝血及与钠、钾一起保持酸碱平衡和维持正常的心脏机能很重要，还有调节神经和肌肉的功能。缺钙时，雏鸭易患软骨病；导致种鸭和蛋鸭则骨质疏松，甚至瘫痪，产薄壳或软壳蛋；且产蛋率下降。但鸭对过量钙的耐受性较差，钙过多也会影响雏鸭生长和对锰、锌的吸收。在日粮中钙的需要量，雏鸭为0.9%～1.0%，育肥鸭约为0.6%。老龄鸭对钙的吸收能力较差，需钙量较多。气温高时，鸭呼出二氧化碳多，不利于钙的吸收，需钙量较高，钙与日粮中的代谢能水平有一定联系。日粮代谢能高时(12.97 MJ/kg)，含钙量应高(4.1%～4.6%)；日粮代谢能低时(11.51 MJ/kg)，则含钙量也要相应低些(3.2%～3.7%)。

钙在鸭体内的存留率为50%～70%，谷物、糠麸含量很少，饲料中容易缺乏，应注意补充。一般粉状钙易吸收，利用快，应尽可能喂些碎粒状钙。

(2)磷　磷主要以与钙结合的形式存在于骨组织中，在碳水化合物和脂肪代谢中起重要作用，并参与细胞重要成分的组成和维护机体酸碱平衡。缺磷时，鸭生长缓慢，食欲减退，严重时关节硬化，骨质松脆。磷与钙关系密切，日粮中钙含量低会增加磷排泄量，而钙含量过高又会降低磷的吸收率。所以，饲料中只有保持适当的钙、磷比例，才能保证鸭对钙和磷的需要。

磷在植物性饲料中主要以植酸磷的形式存在，而鸭对植酸磷的利用率极低，玉米和豆粕中植酸磷的含量分别为0.08%和0.22%，但鸭对其的利用率基本上等于零。小麦和大麦中含内源植酸酶，所以，其中植酸磷的利用率可达15%～30%，所以，常用饲料原料中磷含量的60%～75%都不能被鸭利用。近年来,常用在饲料中添加植酸酶的方法,提高磷的利用率,同时还可降低饲料成本。一般鱼粉和骨粉中含量较高。鸭饲料中容易缺乏,可用磷酸钙、磷酸钠补充。一般育肥鸭磷的需要量约占日量的0.3%。

(3)氯和钠　氯和钠常以食盐的形式供给。氯化钠具有维持鸭体内渗透压和酸碱平衡,促进食欲等作用。钠多存在于细胞外的体液中,对心脏活动起调节作用。鸭对缺钠日粮的反应尤为明显。缺钠时,心肌的收缩和伸长停止,生长停止,产蛋下降;缺氯时,食欲下降,生长迟缓。而食盐量过多也易引起食盐中毒。鱼粉中含有食盐,因而配制日粮时应加以考虑。食盐应不超过日粮的0.37%。一般育肥鸭钠的需要量约占日量的0.15%,氯的需要量约占日量的0.12%。

(4)钾　钾以红细胞内含量最多,在细胞内形成缓冲体系,是维持细胞内渗透压的主要离子。对神经和肌肉的兴奋以及细胞分裂和发育均有特殊作用。一般饲料中不缺钾。一般育肥鸭钾的需要量约占日量的0.28%。

(5)硫　硫存在于鸭体蛋白质、羽毛和蛋内,饲料中主要靠含硫氨基酸(蛋氨酸和胱氨酸等)中的硫来满足肉鸭对硫的需要。缺乏时将影响蛋和羽毛的生产。放牧的鸭群能吃到动物性蛋白饲料,不会缺硫,但在舍饲期,则应补充些鱼虾、蚯蚓、鱼粉、豆饼、干酵母等含硫较多的饲料以补充硫。

(6)镁　镁是体内许多酶机能活动所必需的。一般饲料中容易缺乏,应注意补充。

2. 微量元素

(1)铁　铁参与血红蛋白的形成,是各种氧化酶的组成成分,与血液中氧的输入和细胞生物的氧化过程有关,缺乏时发生营养性贫血。过量时,鸭采食量减少,体重下降,干扰磷的吸收。饲料中以谷实类、豆类、鱼粉等中含铁量丰富,一般不缺乏。一般育肥鸭铁的需要量每千克饲料中含 75 mg。

(2)铜　铜是酶的组成成分,参与多种酶的活动,能促进铁的吸收和血红蛋白的形成,缺乏时引起贫血、骨质疏松和生长不良。过量时发育不良,出现溶血症。一般饲料中不易缺乏。一般育肥鸭铜的需要量为每千克饲料中含 4.5 mg。

(3)锌　锌参与酶系统的作用,有助于锰、铜的吸收,与骨骼、羽毛的生长发育有关。缺乏时雏鸭采食量减少,生长迟缓,羽毛生长不良,蛋壳变薄,甚至产软蛋。主要来源为动物性饲料、饼粕、糠麸或含锌化合物。一般日粮中比较容易缺乏,而且鸭对锌的需要量要比鸡高一些。一般育肥鸭锌的需要量为每千克饲料中含 48 mg。

(4)锰　锰是鸭生长、繁殖和防止脱腱症所必需的微量元素。缺乏时,鸭腿骨粗短,蹠关节肿大,易产生脱腱症。种鸭缺锰时,蛋壳变薄,孵化率降低。雏鸭对锰的需要量为每千克饲料含纯锰 55 mg,种鸭为 33 mg。糠麸、豆类、胚芽中含有锰,但日粮中常缺乏,可添加硫酸锰补充,每千克饲料用量:雏鸭为 150 mg,成鸭为 90 mg。

(5)碘　碘是酶的活性元素,能维持甲状腺的正常功能。缺碘时,甲状腺肿大,体重下降,胚胎后期死亡。一般日粮中不易缺乏。

(6)硒　硒与维生素 E 相互协调,是谷胱甘肽过氧化物酶的组成成分,是谷氨酸转化为半胱氨酸所必需的元素,并有防治肌肉萎缩与渗出性素质病以及提高种蛋受精率和孵化率等作用。硒是鸭最容易缺乏的微量元素之一,我国东北等一些地区土壤中缺硒,产出的饲料(玉米)中也缺硒。缺硒时,鸭表现为血管通透性差,心肌损失,心包积水,心脏扩大。补硒的方法是在饲料中按 0.1 mg/kg 添加亚硒酸钠,但亚硒酸钠毒性很强,必须严格控制添加量,并与饲料彻底混匀。否则,若添加量超过 5 mg/kg 时,鸭生长受阻,羽毛蓬松、神经过敏,性成熟延迟,种蛋孵化后出现畸形胚胎,添加量超过 1 mg/kg 时,人食用鸭肉、蛋后会有不良影响。

(7)钴　钴是维生素 B_{12} 的重要原料。缺乏时,不仅会影响鸭体肠道内微生物对维生素 B_{12} 的合成,还会引起鸭生长迟缓和恶性贫血,容易发生骨短粗症。

表 4-3 是肉鸭矿物质推荐量。

表 4-3　肉鸭矿物质元素的推荐量

矿质元素	布莱尔等(1983)		NRC(1994)		沈添富(1998)	
	育雏	育肥	育雏	育肥	0～3周龄	4～6周龄
钙(%)	0.79	0.82	0.65	0.60	1.1	1.0
总磷(%)	0.65	0.62				
可利用磷(%)	0.43	0.40	0.40	0.30	0.41	0.38
钠(%)	0.17	0.15	0.15	0.15	0.15	0.09
钾(%)	0.27	0.28				
氯(%)	0.17	0.17	0.12	0.12		
锰(mg/kg)	70	69	50		60	60
锌(mg/kg)	53	48	60		82	82
铁(mg/kg)	79	75			96	96
铜(mg/kg)	4.5	4.5				
硒(mg/kg)	0.12	0.08	0.20		0.15	0.15
碘(mg/kg)	0.42	0.42			0.48	0.48

(五)鸭对水分的需要

水是鸭必需的营养成分之一,是鸭生存不可缺少的物质,也是鸭体及鸭产品的主要构成成分,如鸭体内含水量:初生雏约 75%,成年后降至 48%～55%,鸭蛋含水量约 74%。水是一种溶剂,它参与鸭生理活动的全过程,鸭体内营养物质的消化,吸收、运输、利用及废物排出,体温调节等都依赖水的作用。水还有维持鸭体正常形态,润滑组织器官等重要功能。禽类失去全部脂肪和一半的体蛋白仍能生存,如失去 10%的水分便会死去。鸭与其它家禽相比,有频繁饮水的习惯,采食时也需要借助水来进行吞咽,因此,养鸭不能断水。鸭如果饮水不足,会导致食欲下降,对饲料的消化率和吸收率降低,肉鸭生长迟缓,严重时可引起死亡。各种饲料中虽然都含有一定的水分(日粮含水量一般为10%),但仍不能满足鸭体的需要,所以必须把水作为营养物质对待,持续不断地供给清洁的饮水,尤其在夏季,但严禁使用被农药或病原污染的水。

鸭的饮水量因年龄、饲料种类、饲养方式、采食量、产蛋率高低、季节的变化及健康状况而异。一般鸭的饮水量为饲料量的5倍左右,夏季会更高。

三、鸭的饲料

鸭常用的饲料有能量饲料、蛋白质饲料、矿物质饲料、维生素饲料及添加剂等。

(一)能量饲料

凡干物质中粗纤维含量不足18%,粗蛋白含量低于20%的饲料均属于能量饲料。主要包括谷类籽实、糠麸类以及块根、块茎类。这类饲料是鸭日粮中用量最多的,是能量的主要来源。

1. 谷实类　谷实类饲料基本上属于禾本科植物成熟的种子。其营养特点是无氮浸出物含量高,一般占干物质的70%～80%。主要成分是淀粉,占干物质的50%～60%以上,淀粉是这类饲料最有饲用价值的养分;蛋白质含量低(一般为7%～13%),且品质差;粗纤维含量低,平均2%～6%;矿物质及维生素不平衡。常见的谷类饲料有小麦、大麦、燕麦、高粱、稻谷、小米等。

(1)玉米　含能量高,纤维少,仅为2%;无氮浸出物高达72%,且主要是淀粉,消化率高,脂肪含量高,达3.5%～4.5%,其利用能值是谷实类最高的,是鸭的优质饲料。

玉米的用量占日粮的35%～65%。夏季,玉米的比例应适当减少，否则会使鸭过于肥胖，影响鸭肉品质，特别是在动物性蛋白不足时，更易发生。玉米应磨碎或磨成粗粉状饲喂。

(2)麦类　蛋白质含量较多(含粗蛋白13%左右)，氨基酸比其它谷类完善，B族维生素也丰富。且易消化，能量价值仅次于玉米。缺点是维生素A、维生素D和矿物质含量较少，黏性大。一般用量占日粮的10%～30%。

大麦、燕麦的能量较小麦低，B族维生素含量丰富，粗蛋白含量比玉米高，约为12%。尤其含赖氨酸较多，但皮壳粗硬，粗纤维含量达8%，不易消化，代谢能只有约11.29 MJ/kg。宜磨碎或发芽后饲喂。大麦发芽后，可提高消化率，增加核黄素的含量，适于在配种季节喂饲。一般用量占日粮的10%～20%。

麦秕即未成熟的小麦，籽粒不饱满，比小麦的蛋白质含量高，价格便宜，用量可占日粮的10%～30%。

(3)高粱　营养价值不及玉米，因含单宁酸而带涩味，且对肠道有收敛作用，易引起便秘，高粱含钙少，饲喂时应与含钙多，且有轻泻作用的饲料如麦麸、青绿饲料等搭配，且要粉碎，水浸或发芽。用量可占日粮的10%～15%。

(4)稻谷　粗纤维含量高达9%，粗蛋白含量不及玉米，代谢能约为10.87 MJ/kg，粗蛋白为7.3%～8.3%。稻谷外壳坚硬。适宜磨成粉状喂饲，用量占日粮的20%～30%。

糙米为去壳的稻谷、糙米碾磨成白米及筛出的碎玉米，粗纤维含量减少至1%左右，代谢能提高到约13.96 MJ/kg。糙米、碎米对鸭的营养价值和玉米相近，在盛产稻谷的地区，可用糙米、碎米代替部分玉米，用量可占日粮的30%～50%。

(5)小米　小米易消化，适口性强，富含胡萝卜素，多用于幼雏，用量可占日粮的20%～40%。

(6)土面　土面是面粉厂小麦加工的副产品，里面含一部分尘土，是填鸭最好的饲料之一。用量可占日粮的15%～20%。

2. 糠麸类

(1)麦麸　由小麦外皮、小麦胚及少量的面粉组成，其价格低廉，营养丰富，含能量较低，代谢能一般为 7.11～7.94 MJ/kg，粗蛋白含量达 13.5%～15.5%，且富含 B 族维生素。因质量轻，单位质量容积大，有轻泻作用，缺乏钙，故喂鸭时用量不宜过多。肉鸭用量应不超过 10%～15%，停产鸭和后备鸭可适当增加。

(2)玉米糠　玉米糠是碾米后的副产品，含 B 族维生素丰富，因其中脂肪含量较多，易变质，不易久存。其粗纤维含量较多，肉鸭日粮中不超过 15%～20%，停产鸭和后备鸭可适当增加。

(3)精米糠　是糙米加工成白米时碾磨出来的，其中含胚乳，粗蛋白含量为 11.5%～12%，粗脂肪 12%～15%。粗纤维 8%～9%，代谢能 11.70 MJ/kg，不能久存。

糠饼为脱脂米糠，其脂肪含量降低，蛋白质含量提高，可长期贮存。

统糠是稻谷加工的副产品，含较多的粗纤维(21.7%)，粗蛋白的含量为 5%～6%，粗灰分 14.3%，难消化，营养价值低。在雏鸭及育肥鸭日粮中不应添加，中鸭及后备鸭日粮中用量宜低于 10%。

3. 块根、块茎和瓜类

(1)马铃薯　含碳水化合物丰富，适口性好，易贮藏，可以代替日粮中 30%的谷实类。但马铃薯的幼芽及未成熟块茎中含有毒性物质——龙葵素，喂前应将青绿部分及芽眼挖去。熟马铃薯毒性小，且营养价值高，冬天喂鸭可以刺激母鸭提前开产。

(2)甘薯粉　由甘薯块根经切片、晒干、粉碎而成，富含淀粉，粗纤维低，粗蛋白含量约 3.8%，代谢能 11.70 MJ/kg。只能作为能量来源的一部分，且需搭配较高的蛋白质补充料。

(3)甜菜　为优良多汁饲料，易消化，一般可占日粮的 20%～30%，喂时切碎，每次切好的要一次喂完，不然很快就会烂掉。

(4)南瓜　含丰富的胡萝卜素,味甜,适口性好,营养价值高,可占日粮的50%~60%,一般应煮熟后喂给。

(5)胡萝卜　含丰富的淀粉和胡萝卜素,适口性好,红色的比黄色的营养价值高。用量可占日粮的30%~50%,切碎后喂给。

(二)蛋白质饲料

凡干物质中粗蛋白质含量达20%以上的饲料均称为蛋白质饲料。这类饲料粗纤维含量低,有机物易消化,能值高。蛋白质饲料包括动物性蛋白饲料和植物性蛋白饲料2类。

1. 植物性蛋白质饲料　植物性蛋白质饲料可分为3类,即豆科籽实、油料饼粕类和其它制造业的副产品。这类饲料的特点是:蛋白质含量高、品质好,其利用率是谷类的1~3倍;粗脂肪含量变化大,油料籽实在30%以上,非油料籽实只有1%左右,饼粕类为1%~10%;粗纤维含量较低,矿物质含量与谷类籽实近似,钙少磷多,且主要为植酸磷;B族维生素较丰富,而维生素A、维生素D较缺乏。此类饲料大多含一些抗营养因子。经适当加工调制可以提高其饲喂价值。

(1)大豆、豆饼、豆粕　大豆富含丰富的蛋白质,粗纤维少,占4%左右,但蛋氨酸含量相对较少。大豆中含有抗胰蛋白酶,大豆凝集素(BSA),胃肠胀气因子,植酸、脲酶、大豆抗原等抗营养因子,适当的热处理可以破坏这些抗营养因子,提高蛋白质的利用率。热处理后,大豆的用量可占日粮的10%~20%。

豆饼、豆粕均系大豆榨油后的副产品,前者为压榨法或夯榨法的副产物,后者为浸提法或预压浸提法的副产物,其蛋白质在40%以上。大豆类为养鸭最优良的植物性蛋白质饲料,其品质接近于动物性蛋白,含赖氨酸较多,但蛋氨酸、胱氨酸含量不足,添加合成蛋氨酸后,可代替部分鱼粉。其用量可占日粮的10%~20%。

(2)蚕豆、豌豆　这 2 种豆类的蛋白质含量不如大豆，且粗纤维含量较高，喂前宜蒸煮或炒熟，用量可占日粮的 6%～10%。

(3)花生饼(粕)　营养价值与大豆饼基本相同，略有香甜味，适口性极好。因含脂肪高，故易变质，不宜久存。用量可占日粮的 10%～20%。

(4)油菜籽饼(粕)　含较高的蛋白质，达 34%～38%，氨基酸组成较平衡，含硫氨基酸较丰富，且精氨酸含量低，精氨酸与赖氨酸之间较平衡。我国普通的菜籽饼，因含多种抗营养因子，适口性差，用量不宜超过日粮的 5%。

(5)棉籽饼(粕)　含粗蛋白较高，达 34%以上。粗纤维含量较高，达 13.0%以上。粗脂肪含量较高，是维生素 E 和亚油酸的良好来源，但不利于贮存。其蛋白质中氨基酸组成：精氨酸 3.67%～4.14%，蛋氨酸、赖氨酸含量低，容易产生精氨酸与赖氨酸的拮抗作用，矿物质含量与大豆饼(粕)类似。含有抗营养因子棉酚等，加入 0.5%硫酸亚铁可减轻棉酚对鸭的毒害作用。棉籽饼(粕)的用量不宜超过日粮的 5%。

(6)芝麻饼　粗蛋白质含量达 40%以上，蛋氨酸含量 0.9%以上，赖氨酸 0.8%左右，精氨酸含量高，为 4.0%左右。芝麻饼通常具有苦涩味，适口性差，用量不宜超过日粮的 5%，雏鸭应避免使用。将芝麻饼、棉籽饼和花生饼合用，按 15%比例添加，效果较好。

(7)葵花饼(粕)　脱壳后的葵花饼(粕)蛋白质含量高达 41%，与豆饼相当，但若壳脱不净，则粗纤维含量较高，有效能值低，属于低档蛋白质饼粕饲料，饲喂价值较低。

2. 动物蛋白饲料

(1)鱼粉　是最好的蛋白质饲料之一。优质鱼粉，蛋白质品质好，氨基酸含量高，比例平衡，进口鱼粉赖氨酸含量高达 5%，国产鱼粉 3.0%～3.5%。含粗脂肪 5%～12%，一般为 8%，海产鱼粉中含大量高度不饱和脂肪酸，具有特殊的营养生理作用。鱼粉中粗灰分含量高，含钙 5%～7%，磷 2.5%～3.5%。含盐量少则为 1%，多则达 7%以上，配制日粮时应注意鱼粉的含盐量。鱼粉中粗灰分含量越高，表明鱼骨越多，鱼肉越少。灰分超过 20%时，可能是非全鱼鱼粉。微量元素中，铁含量最高，达 1 500～2 000 mg/kg，其次是锌(100 mg/kg)、硒(3～5 mg/kg)。海产鱼的碘含量高，B 族维生素丰富，尤以维生素 B_{12}、维生素 B_2 含量高。

鱼粉是蛋白质、矿物质、部分微量元素和维生素的良好来源，新鲜鱼粉适口性好，因此，其饲用价值比其它蛋白饲料高，且鱼粉中含有未知因子，能促进动物生长。用鱼粉喂鸭，通常在日粮中含量低于 10%。

(2)肉骨粉、肉粉　以屠宰场副产品中除去可食部分之后的残骨、皮、脂肪、内脏、碎肉等为主要原料，经过熬油后再干燥粉碎而得的混合物。含磷量在 4.4%以上的为肉骨粉，在 4.4%以下的为肉粉。新鲜时具烤肉香及牛油猪油味。肉骨粉喂鸭用量不宜超过鸭日粮的 6%。

(3)血粉　含粗蛋白 80%～90%，赖氨酸 7%～8%，色氨酸、组氨酸含量也高。但血粉的蛋白质品质较差，血纤维蛋白不易消化。喂鸭用量不宜超过 5%。

(4)羽毛粉　含粗蛋白 84%以上，粗脂肪 2.5%，粗纤维 1.5%，粗灰分 2.8%。蛋白质品质差，氨基酸利用率低，饲用价值低，在日粮中使用主要用于补充含硫氨基酸，用量不可超过 5%。

(5)蚕蛹粉　蛋白质含量高，其中 40%为几丁质，其余的为优良蛋白质。含赖氨酸约 3%，蛋氨酸约 1.5%，色氨酸 1.2%，富含钙、磷及 B 族维生素。因此，是优质蛋白质。蚕蛹粉脂肪含量 20%～30%，用于补充氨基酸及能量，一般占日粮的 5%～10%。

(6)河蚌、螺蛳、蚯蚓、小鱼、昆虫等　是肉鸭的优良蛋白质饲料，但喂饲时应蒸煮消毒，防止腐败变质。注意有些软体动物如蚬肉中含有硫胺酶，能破坏维生素 B_1，种鸭吃大量的蚬所产蛋中缺乏维生素 B_1，死胎多，孵化率低，雏鸭易患多发性神经炎，俗称“蚬瘟”。

（三）矿物质饲料

从提供矿物元素为主的一类饲料，包括食盐、钙、磷补充剂，微量元素补充剂等。

1. 钙、磷补充剂

（1）贝壳粉、石灰粉、蛋壳粉　是供给钙质的饲料。雏鸭用量为1％左右，成年鸭用量达5％～7％。

（2）骨粉、磷酸钙　为优良的钙、磷补充饲料。用量可占日粮的1％～1.5％。

2. 食盐　为供给钠和氯的饲料。用量一般占日粮0.3％～0.37％。

3. 微量元素　能提供微量元素的一些产品，主要是化学产品。鸭比较容易缺乏钙、磷、钠、氯和锰、锌和硒。

4. 沙砾　无营养作用，但有助于鸭肌胃的研磨力。笼养鸭或冬季舍饲鸭均需补给沙砾。

（四）维生素饲料

养鸭如不使用专门的维生素添加剂，则青绿多汁饲料可作为主要的维生素来源。喂青绿饲料时应注意它的质量，并要两三种搭配喂给。青菜，适口性好，用量可达10％～30％，青绿时期收割的牧草，维生素含量很丰富，用量可占精料的30％～50％。水草也是鸭的理想青饲料。喂量可占精料的50％以上，适于喂育成鸭和种鸭。以去根、打浆后的水葫芦喂饲效果较好。水花生、水莲也可作肉鸭饲料。另外，青贮饲料、干草粉、松针粉、槐叶粉等可作为冬季的维生素补给料。

(五)饲料添加剂

饲料添加剂是指配合饲料中加入的各种用以保障肉鸭健康发育、提高饲料利用率和增强抗病力的微量元素。

1. 营养性饲料添加剂　是指动物营养上必需的那些具有生物活性的微量添加成分,主要有氨基酸添加剂、维生素添加剂和微量元素添加剂等。

(1)氨基酸添加剂　目前饲料中主要有赖氨酸、蛋氨酸等限制性氨基酸添加剂。

(2)维生素添加剂　有单一维生素添加剂,如维生素 A、维生素 D_2、维生素 D_3、维生素 E、维生素 K_3、维生素 B_1 等,也有按鸭不同生产用途和生长阶段的营养需要配制的复合维生素添加剂,即多维添加剂。在缺乏青绿饲料的季节,应在日粮中适量加入多维添加剂,使用时应注意脂溶性维生素易氧化失效,其添加量需酌情加减,或按产品说明书添加。

(3)微量元素添加剂　一般用量较少,但却是鸭生长发育必不可少的。对鸭来讲,通常需要补充的微量元素有锰、锌、硒和镁。

2. 非营养性饲料添加剂　此类添加剂种类繁多,如生长促进剂、驱虫保健剂、防霉防腐剂、着色剂、调味剂等。非营养性添加剂不是饲料内固有的营养成分,而是外加到饲料中以提高饲料效率的部分。

生长促进剂的主要作用是刺激鸭的生长,增进健康,提高饲料的利用率,降低成本等。常见的有抗生素、抗菌药物、酶制剂、益生素及微生物生长促进剂等。

(1)抗生素添加剂　有防病促进生长的功效,常用的有土霉素、敌菌净等。土霉素性质稳定,用量可占日粮的 0.08%～0.1%。

(2)酶制剂　是一种生长促进剂,作为一种外源性酶,在日粮中添加可以弥补雏鸭内源性消化酶的不足。目前,饲用酶已近 20

多种，比较主要的有木聚糖酶，β-葡聚糖酶、α-淀粉酶，蛋白酶、纤维素酶、脂肪酶、果胶酶、混合酶和植酸酶。酶制剂的用量以酶的活性而定。

(3)抗氧化剂　配合饲料保存时间较长时，需要添加抗氧化剂，常用的有乙氧喹和丁烯烃基苯。

(4)益生素　是一种通过改善小肠微生物平衡而产生有利于宿主动物的微生物饲料添加剂。添加益生素能提高鸭的增重和饲料利用率，降低发病率，减少或取代抗生素的使用，减少鸭产品中抗生素的残留，提高产品质量，降低成本。

(5)微生物生长促进剂　是添加到饲料中的活的微生物培养物或酶系，其主要作用在于提高饲料转化率和生长速度，降低腹泻的发生，与益生素的作用类似。

(6)酸制剂　生产上使用柠檬酸、乳酸、胡羧酸及其它有机酸作饲料酸化剂提高鸭，尤其是雏鸭的生产力。能预防饮水被细菌污染。柠檬酸、苹果酸、琥珀酸等有机酸可作为能量，柠檬酸可促进雏鸭生长，减少脂肪肝，增加血磷含量，提高产蛋率。但不可超过限饲量。否则会引起尿酸沉积和生长减慢。

四、鸭的饲养标准及日粮配方

(一)鸭的饲养标准

为了使鸭健康发育，充分发挥其生产潜力，得到最好的生产性能，同时减少饲料的浪费，降低饲养成本，必须根据鸭的经济性状、年龄、生产目的与生产水平，结合代谢试验和饲养试验结果及实践经验，对日粮中的能量、蛋白质、维生素和矿物质等各种营养物质科学地规定一个标准，即饲养标准，见表 4-4 至表 4-9 和表 4-11。

维生素及矿物质等的推荐用量大多数可借用鸡的标准，主要指标如表 4-10 所示(每千克日粮中含量)。

表 4-4　生长鸭配合饲料国家标准(GB 8962—88)

种类等级	代谢能(参考值)(MJ/kg)	粗蛋白(%)	粗纤维(%)	粗灰分(%)
0～3 周龄	≥11.5	≥18	≤6	≤8
4～8 周龄	≥11.5	≥16	≤6	≤9
9 周龄至开产	≥10.8	≥14	≤7	≤10

种类等级	钙(%)	磷(%)	食盐(%)
0～3 周龄	0.8～1.2	0.6～0.9	0.2～0.4
4～8 周龄	0.8～1.2	0.6～0.9	0.2～0.4
9 周龄至开产	0.8～1.2	0.6～0.9	0.2～0.4

表 4-5　肉用仔鸭配合饲料国家标准(GB 8963—88)

种类等级	代谢能(参考值)(MJ/kg)	粗蛋白(%)	粗纤维(%)	粗灰分(%)
0～3 周龄	≥11.7	≥19	≤19	≤8
4 周龄以后	≥12.1	≥17	≤17	≤6

种类等级	钙(%)	磷(%)	食盐(%)
0～3 周龄	0.8～1.2	0.6～0.9	0.2～0.4
4 周龄以后	0.8～1.2	0.6～0.9	0.2～0.4

由于鸭的现代集约化养殖的程度较低,因此在鸭的营养需要方面所作的研究较少,大多参考鸡的饲养标准。

表 4-6　美国 NRC 建议的北京白鸭日粮中营养物质需要量(DM=90%)

营养成分	0～2 周龄	2～7 周龄	种鸭
代谢能(MJ/kg)	12.14	12.56	12.74
蛋白质及氨基酸			
粗蛋白质(%)	22	16	15
精氨酸(%)	1.1	1.0	
异亮氨酸(%)	0.63	0.46	0.38

续表 4-6

营养成分	0～2 周龄	2～7 周龄	种鸭
亮氨酸(%)	1.26	0.91	0.76
赖氨酸(%)	0.90	0.65	0.60
蛋氨酸(%)	0.40	0.30	0.27
蛋氨酸+胱氨酸(%)	0.70	0.55	0.50
色氨酸(%)	0.23	0.17	0.14
缬氨酸(%)	0.78	0.56	0.47
常量元素			
钙(%)	0.65	0.60	2.75
氯(%)	0.12	0.12	0.12
镁(mg/kg)	500	500	500
非植物磷(%)	0.40	0.30	
钠(%)	0.15	0.15	0.15
微量元素			
锰(mg/kg)	50	—	—
硒(mg/kg)	0.20	—	—
锌(mg/kg)	60	—	—
脂溶性维生素			
A(IU/kg)	2 500	2 500	4 000
D_3(IU/kg)	400	400	900
E(IU/kg)	10	10	10
K(IU/kg)	0.5	0.5	0.5
水溶性维生素			
尼克酸(mg/kg)	55	55	55
泛酸(mg/kg)	11.0	11.0	11.0
吡哆醇(mg/kg)	2.5	2.5	3.0
核黄素(mg/kg)	4.0	4.0	4.0

表 4-7　狄高鸭饲养标准　　%

项　目	肉　鸭		种　鸭	
	雏鸭（0～3 周龄）	生长鸭（3 周龄至屠宰）	育成鸭（5～24 周龄）	种鸭（24 周龄～屠宰）
代谢能(MJ/kg)	12.33	12.33	10.87	10.87
粗蛋白	21～22	16.5～17.5	14.50	15.50
赖氨酸	1.10	0.83	0.53	0.68
蛋氨酸	0.40	0.30	0.20	0.24
蛋氨酸＋胱氨酸	0.70	0.53	0.46	0.54
色氨酸	0.24	0.18	0.16	0.17
精氨酸	1.21	0.91		
苏氨酸	0.70	0.53		
亮氨酸	1.40	1.05		
异亮氨酸	0.70	0.53		
脂肪			最低 3.0	最低 4.0
钙	0.8～1.0	0.7～0.9	0.8～0.9	2.75～3.0
可利用磷	0.4～0.6	0.4～0.6	0.4～0.5	0.45～0.6
盐	0.35	0.35	0.35	0.35

表 4-8　樱桃谷鸭的饲养标准　　%

营养成分	雏鸭（0～3 周龄）	生长鸭（3 周龄至屠宰）	育成鸭（5～24 周龄）	种鸭（24 周龄～屠宰）
代谢能(MJ/kg)	13.00	13.00	12.67	12.00
粗蛋白	22	16	16	18
钙	0.8～1.0	0.65～1.0	0.6～1.0	2.75～3.0
可利用磷	0.55	0.52	0.35	0.46
蛋氨酸	0.50	0.36	0.34	0.39
蛋氨酸＋胱氨酸	0.82	0.63	0.57	0.66
赖氨酸	1.23	0.89	0.73	0.96
色氨酸	0.28	0.22	0.18	0.22

续表 4-8

营养成分	雏鸭（0～3 周龄）	生长鸭（3 周龄至屠宰）	育成鸭（5～24 周龄）	种鸭（24 周龄～屠宰）
苏氨酸	0.92	0.74	0.64	0.75
亮氨酸	1.96	1.68	1.54	1.66
异亮氨酸	1.11	0.87	0.73	0.86
缬氨酸	1.17	0.95	0.83	0.95
苯丙氨酸	1.12	0.91	0.79	0.09
精氨酸	1.53	1.20	1.03	1.20
甘氨酸＋丝氨酸	2.46	1.90	1.68	2.00

表 4-9 番鸭的饲养标准(法国)

项　目	起始期 0～3 周龄	发育期 4～10 周龄	生长期 11～27 周龄	产蛋期 27 周龄以后
代谢能(MJ/kg)	12.1～12.3	11.7～11.9	10.9～11.1	11.5～11.7
粗蛋白(%)	19.5～22	17～19	15.5～17	16.5～18
粗脂肪(%)	0～5	0～4	0.35	0～4
粗纤维(%)	0～4	0～4	0～6	0～4
蛋氨酸(%)	0.5	0.45	0.33	0.35
蛋氨酸＋胱氨酸(%)	0.85	0.75	0.63	0.65
赖氨酸(%)	1.0	0.8	0.65	0.75
钙(%)	1.0～1.2	0.9～1.0	1.3～1.5	3～3.2
总磷(%)	0.75	0.70	0.70	0.72
有效磷(%)	0.45	0.45～0.50	0.45～0.5	0.45～0.5
维生素 A(IU/kg)	15 000	15 000	15 000	15 000
维生素 D(IU/kg)	3 000	3 000	3 000	3 000
维生素 E(mg/kg)	20	20	20	20

表 4-10　维生素及矿物质等的推荐用量

营养成分	0～4 周	4～9 周	9 周至初产	产蛋期	种母鸭
维生素 A(IU)	8 000	7 000	7 000	12 000	10 000
维生素 D_3(IU)	1 200	1 000	1 000	2 000	1 500
维生素 E(IU)	12.5	10	10	20	(20)
维生素 K_3(mg)	3.0	2.0	2.0	4.0	4.0
维生素 B_1(mg)	3.9	3.9	3.9	2.6	( )
维生素 B_2(mg)	7.0	4.0	4.0	8.0	6.0
维生素 B_6(mg)	2.9	2.9	2.9	2.9	( )
维生素 B_{12}(mg)	0.01	0.006	0.006	0.01	( )
泛　酸(mg)	16	14.5	12	16	10
烟　酸(mg)	50	45	45	60	40
生物素(mg)	0.10	0.08	0.08	0.10	( )
叶　酸(mg)	1.3	1.3	1.3	0.65	( )
胆　酸(mg)	1 200	1 000	800	1 400	(1 400)

* 台湾(畜牧要览——家禽篇)及《畜牧要览——饲料篇》;(　)数字空缺,括号中的数字是编者建议值。

表 4-11　蛋鸭的饲养标准

项　目	0～2 周龄	3～8 周龄	9～18 周龄	产蛋期
代谢能(MJ/kg)	11.506	11.506	11.297	11.088
粗蛋白(%)	20	18	15	18
粗脂肪(%)	3.4	3.6	3.1	3.1
精氨酸(%)	1.2	1.0	0.7	1.0
蛋氨酸(%)	0.40	0.30	0.25	0.33
蛋氨酸+胱氨酸(%)	0.70	0.60	0.50	0.65
赖氨酸(%)	1.20	0.90	0.65	0.90
钙(%)	0.9	0.8	0.8	3.0

续表 4-11

项 目	0～2 周龄	3～8 周龄	9～18 周龄	产蛋期
总磷(%)	0.50	0.45	0.45	0.50
有效磷(%)	0.48	0.44	0.44	0.48
维生素 A(IU/kg)	4 000	4 000	4 000	8 000
维生素 D_3(IU/kg)	600	600	600	1 000
维生素 E(mg/kg)	20	20	20	20
维生素 K(mg/kg)	2	2	2	2
维生素 B_1(mg/kg)	4	4	4	2
维生素 B_2(mg/kg)	5	5	5	8
烟酸	60	60	60	60
维生素 B_6(mg/kg)	6.6	6	6	9
泛酸(mg/kg)	15	15	15	15
生物素(mg/kg)	0.1	0.1	0.1	0.2
叶酸(mg/kg)	1	1	1	1.5
氯化胆碱(mg/kg)	1 800	1 800	1 100	1 100
维生素 B_{12}(mg/kg)	0.01	0.01	0.01	0.01
钠(%)	0.15	0.15	0.15	0.15
氯(%)	0.15	0.15	0.15	0.15
钾(%)	0.25	0.25	0.25	0.25
镁(mg/kg)	500	500	500	500
锰(mg/kg)	100	100	100	100
锌(mg/kg)	60	60	60	80
铁(mg/kg)	80	80	80	80
铜(mg/kg)	8	8	8	8
碘(mg/kg)	0.6	0.6	0.6	0.6

(二)鸭的饲料配方设计

1. 饲料配方设计的原则　配方的设计涉及到千百种制约因素，作为一种为满足某些约束条件下的资源分配方案，配方设计应遵循原则：

①科学性与先进性。

②经济性。

③可操作性。

④适口性。

2. 鸭的日粮配方设计 拟定饲料配方的方法很多，如方形法、联立方程法、试差法、线性规划法等。在一般养殖场常用试差法进行设计(表4-12)，其基本过程是：首先根据鸭的种类、年龄和生产性能、气候条件等，从饲养标准中找出各种营养物质的需要量，再结合当地的饲料资源，确定采用饲料的种类及大致比例，然后，再查对饲料的营养成分和营养价值表，分别计算出配方中所包括的各种饲料原料的实际用量及其饲料中各种养分的最终含量，并与饲养标准进行比较，如不相符合，则应进行调整，最终使配合日粮与饲养标准基本吻合。

表4-12 鸭日粮中各类饲料的大致比例 %

饲料种类	比例
谷类饲料(玉米的比例可高些，大麦、稻谷的比例可低些)	40～60
植物性蛋白质饲料(豆饼、菜籽饼等，菜籽饼比例应控制在8%以下)	15～25
动物性蛋白质饲料(鱼粉、肉骨粉、蚕蛹干粉等)	3～10
糠麸类饲料	5～15
无机盐饲料(食盐、石粉、骨粉等)	2～6
微量元素、维生素添加剂(按说明书添加)	0.1～0.5
干草粉	2～5

(三)鸭日粮配方实例

肉鸭、蛋鸭和个别鸭品种的日粮配方实例分别列于表4-13至表4-17。

表 4-13 肉鸭日粮配方实例(参考)

%

项目	0～3 周龄			4～8 周龄			育成期			种鸭		
	1	2	3	4	5	6	7	8	9	10	11	12
黄玉米	43	21.1		52.1	27.8		31.7	59.6	44.6	51.7	27.4	535
小麦		22.2	46.3		27.4	58.3	31.4				27.0	
大麦	10	10	10	10	10	10	10	10	11.4	10	10	10
四号面粉	5	5	5	5	5	5	5	5	20	5	5	5
麸皮	5	5	5	5	5	5	5	5	12	5	5	5
干草粉	2	2	2						2	2	2	2
肉粉(含粗蛋白 50%)	2											2
鱼粉(含粗蛋白 60%)	2											2
豆饼(含粗蛋白 48%)	28.5	31	28	24	21	17.8	13.3	16.8	6	19.5	16.8	15.0
石灰石粉	0.6	1.1	1.1	1.25	1.2	1.25	1.25	1.25	1.75	4.45	4.45	3.95
磷酸氢钙	0.55	1.25	1.25	1.3	1.25	1.3	1.0	1.0	0.8	1.0	1.0	0.2
碘化食盐	0.35	0.35	0.35	0.35	0.35	0.35	0.35	0.35	0.35	0.35	0.35	0.35
维生素、无机盐预混料	1		1	1	1	1	1	1	1		1	1
DL-蛋氨酸	0.06	0.05	0.05	0.025	0.03	0.04	0.04	0.03	0.04	0.025	0.03	0.025
氯化胆碱	0.006			0.025			0.015	0.03		0.025		0.025

表 4-14　肉用鸭饲料配方(台湾省)　%

饲料种类	料号			
	1号	2号	3号	4号
玉米	66	65	64	63
米糠	7.7	6.7	5.7	4.7
大豆油粕	7.3	8.3	9.3	10.3
麸子(皮)	7.0	7.0	7.0	7.0
鱼粉	6.0	6.0	6.0	6.0
骨粉	2.0	2.0	2.0	2.0
叶粉	3.0	3.0	3.0	3.0
动物性油脂		1.0	2.0	3.0
牡蛎壳粉	1.0	1.0	1.0	1.0
硫酸锰(g/kg)	0.45	0.45	0.45	0.45
维生素 A,D,B(g/kg)	0.03	0.03	0.03	0.03
烟酸(g/kg)	0.06	0.06	0.06	0.06
泛酸(g/kg)	0.01	0.01	0.01	0.01

表 4-15　骡鸭(半番鸭)饲料配方(台湾)　%

饲料种类	0～3周龄	4周龄～出售
玉米	60.0	71.4
豆饼(44%)*	15.0	10.0
鱼粉(65%)*	2.0	
肉骨粉(50%)*	5.0	5.0
麸皮	10.0	10.0
酵母粉	4.7	
糖蜜	2.0	2.0
石灰石粉	0.1	0.3
二磷酸钙	0.4	0.5
盐	0.3	0.3
预混剂**	0.5	0.5
合计	100	100
粗蛋白(%)	17	15
代谢能(MJ/kg)	11.495	12.122
钙(%)	0.75	0.75
有效磷(%)	0.42	0.40

* 粗蛋白含量。

** 预混剂中含维生素、微量元素及蛋氨酸、赖氨酸各 0.1%。

表 4-16 蛋鸭日粮配方实例(参考)

%

项 目	0～3 周龄			4～8 周龄			育成期			种 鸭		
	1	2	3	4	5	6	7	8	9	10	11	12
黄玉米	36	36.6		40	40		37	37		39	47	
大麦	19			18.3			11			10		
小麦			14			13.6			11.5			10
糙米	7	12	35.4	6	11.3	39	10	12.5	38.5	7	7.5	39
稻谷		13.1	12.1		11.7	12		4.5	4.5		7	12
鱼粉(含粗蛋白 60%)	5	5	5	4	4	4				4	4	4
豆饼(含粗蛋白 48%)	17.3	7	7.3	10.3			6.5			12.9		5.4
花生饼		11.8			11.3			6.5			13.1	
芝麻饼			10			10			6.5			10
棉籽饼				4	4	4.9	3	3.5	4	3.5	4	
菜籽饼	4.5	4.6	5	4.2	4.5	5	5	4	3	3	5	4.5
米糠	3.5	3	4.5	4.9	5.4	5	11.7	14.7	14.6	10.3	3	5
麸皮	6	5	5.6	6.7	6.1	5.5	13.3	14.9	15.2	4.2	3	4.2
骨粉	0.95			1.2			0.9	0.8			0.7	
碳酸氢钙		0.8	0.6		0.8	0.7			0.6	0.1		0.8
石粉	0.35	0.7	0.2	0.1	0.6		1.2	1.2	1.2	5.6	5.3	4.7
食盐	0.2	0.2	0.2	0.2	0.2	0.2	0.2	0.2	0.2	0.2	0.2	0.2
微量元素	0.1	0.1	0.1	0.1	0.1	0.1	0.1	0.1	0.1	0.1	0.1	0.1
蛋氨酸	0.1	0.1	0.2		0.05		0.1	0.1	0.1	0.1	0.1	0.1
多维素	7.5	7.5	7.5	7.3	7.5	7.5	7.5	7.5	7.5	7.5	7.5	7.5
合计	100	100	100	100	100	100	100	100	100	100	100	100

表 4-17 樱桃谷鸭饲料配方 %

饲料种类	父母代种鸭			商品代肉鸭	
	雏鸭（0～8周龄）	后备鸭（8～24周龄）	产蛋鸭（24～66周龄）	雏鸭（0～36周龄）	大鸭（4～7周龄）后
玉米	55	55	49	55	57
豆粕	26	13	24	24	18
进口鱼粉	4	1	4	4	2
菜籽粕	3	5	5	4	5
次粉	6	18	10	7	13.6
酵母	1			1	
麸皮	2	4.6		2	
动物油					1
碳酸氢钙	1.8	1.8	1.5	1.8	1.8
石粉	0.6	1	6	0.6	1
蛋氨酸	0.16	0.1	0.08	0.16	0.14
氯化胆碱	0.12	0.12	0.10	0.12	0.1
食盐	0.32	0.38	0.32	0.32	0.36
合计	100	100	100	100	100

第五章 鸭场建设

鸭场的建设，属于农业生物环境工程的范畴。鸭场的环境工程，是为鸭群的生长、发育、繁殖创造适宜环境的工程，是现代化科学养鸭的重要组成部分。

鸭场的建设包括场址的选择、鸭场的布局、鸭舍的建筑和养鸭常用工具、设施的配备等。

一、场址的选择

选择好鸭场的场址是关系到经济效益高低的关键之一。因此，在建养鸭之前应认真做好周密的计划，选择最合适的地点建造鸭场。场址的选择要根据鸭场的性质、自然条件和社会条件等因素进行综合分析后决定，需注意以下5个方面。

(一)水源

鸭是水禽，日常生活离不开水，如洗澡需要水，交尾配种更离不开水，每天还要有大量饮水。所以，水源的选择对鸭来说十分重要。鸭场一般建在河湖之滨，水面尽量宽阔，水深1～2 m，水波浪小，但不是主航道，以免干扰鸭群，引起应激。鸭饮用水源的水要充足。一般鸭场需水量的计算应以夏季最大耗水量为标准。耗水量最大的是填鸭，每只填鸭每天最高饮水量是日粮的4倍，每只填鸭最高填食量为0.5 kg，最高饮水量可达2 kg。洗浴用水按洗浴鸭的最高存栏计算，每只鸭平均每天用水8 kg左右。选择的水源必须能达到每天每只鸭10 kg水的标准。

此外,水源位置要适当,不宜离鸭场太远;水中无臭味或异味,水质澄清;水岸不应过于陡峭;水源附近应没有屠宰场和排放污水的工厂,离居民点也要远一些,尽可能将场址选在水源的上游(工厂、城镇的上游),以保持水质干净,不受污染。

(二)地势

建造鸭舍的场地要稍高一点,以免积水,最好略向水面倾斜,有5°～10°的小坡,利于排水。如果在山区建场,不宜选在昼夜温差过大的山顶,或通风不良和潮湿的山谷深洼地带,应选择在半山腰处建场。山腰坡度不要太陡,也不能崎岖不平。鸭场的土质黏性不宜太重,最好是雨后容易干燥的砂质土壤。必须注意,排水不良,易遭水淹的低洼地绝对不能建造鸭场。

(三)交通

鸭场距离主要物资集散地要近些,应有公路、水路或铁路相通,便于运送产品和饲料,以降低运输费用。但不能在车站、码头或交通要道(铁路或公路)的旁边建场,否则不利于防疫卫生,而且环境杂乱,易引起鸭的应激反应,影响生长和产蛋。

(四)方位

鸭场朝向以坐北朝南最理想。鸭舍要建在水源北面,把鸭滩和水上运动场放在鸭舍南面,使鸭舍的大门正对水上运动场,向南开放。这种朝向的鸭舍冬季采光吸热好,夏季通风,但又晒不到太阳,具有冬暖夏凉的特点,有利于鸭的生长。绝对不能建朝西或朝北的鸭舍。朝西或朝北的鸭舍,与朝南的鸭舍相比,用同样方法养鸭,产蛋率要下降10%左右,而死亡率明显升高,饲料消耗多,经济效益差,生产者千万注意这一点。

（五）其它条件

鸭场的主要任务是为城镇居民提供新鲜的商品肉、蛋，因此，既要考虑服务方便，又要注意城镇和场内鸭群的卫生防疫。所以，场址应选在距离城镇 10～20 km 的地方。

排水问题是鸭场的一个重要问题，应对当地排水系统有所了解，如排水方式、纳污能力、污水处理等。一般鸭场多建在旷野之中，周围多为农林田野，要充分考虑土地的纳污能力。还可以利用鸭场肥水养鱼，有控制地将粪肥排向养鱼坑、塘，做到既可纳污，又能肥塘。

此外，还要考虑气候、供电、沿海地区台风、夏季通风、冬季防寒等问题。

二、鸭场的布局

（一）鸭场各区间划分

一个完整的、规模较大的养鸭场，应包括职工生活区、行政区、生产管理区、病鸭的饲养区和粪污处理区等部分。

①职工生活区　建有职工宿舍、食堂及其他生活服务设施和场所等。

②行政区　包括办公室、资料室、会议室、供电室、锅炉房、水塔、车库等。

③生产区　包括洗澡室、消毒室、更衣室、饲养员休息室、鸭舍（育雏室、育成舍、蛋鸭或肉鸭舍、种鸭舍）、蛋库、饲料库、产品库、水泵房、机修室等。

④粪污处理区　包括兽医室、病鸭舍、厕所、粪污处理池等。

小型鸭场各区划与大型鸭场基本一致，只是在布局时，一般将饲养员宿舍、仓库、灶间放在最外侧的一端，将鸭舍放在最里端，以避免外来人员随便出入，也便于饲料、产品等的运输和装卸。

(二)区间布局的原则

区间布局在设计时，一是要便于管理，有利于提高工作效率，照顾各区间的相互联系；二是要便于搞好防疫卫生工作，规划时要充分考虑风向和河道的上、下游的关系；三是生产区应按作业的流程顺序安排；四是要节约基建投资费用。

根据以上原则，具体规划时，要将养鸭场各种房舍分区规划，就地势高低和主导风向，将各种房舍按照防疫需要的先后次序，进行合理安排(图 5-1)。如果地势与风向不一致，按防疫要求又不好处理，则以风向为主，地势服从风向，由于地势原因形成的矛盾，则可增加设施加以解决，如挖沟、设障等。按主导风向考虑，行政区应设在生产区风向平行的一侧，生活区设在行政区之后，按河道的上、下游考虑，育雏舍、育成舍应在上游，蛋鸭舍在后面，种鸭舍与上述鸭舍应有 300 m 以上的距离。饲料仓库应位于生产区和行政区之间，并尽可能接近耗料最多的鸭舍；从防疫角度考虑，场内道路应分清洁道和非清洁道，两者互不交叉。生活区与生产区之间应保持一定距离。

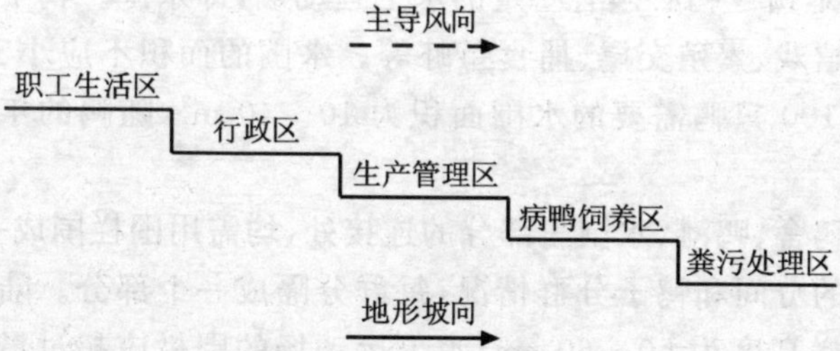

图 5-1　鸭场按地势、风向分区规划示意图

(三)生产区的布局设计

生产区是鸭场总体布局中的主体,设计时应根据鸭场的性质有所偏重。如育种场,应以种鸭舍为重点;商品鸭场,应以商品鸭舍为重点。各种鸭舍之间最好设绿化带隔离。

一个完整的平养鸭舍,通常包括鸭舍、鸭滩(陆上运动场)、水围(水上运动场)三部分。

1. 鸭舍　鸭舍最基本的要求是向阳干燥,通风良好,能遮荫防晒,阻风挡雨,防止兽害。一般生产鸭舍宽度为 8～10 m,长度根据需要来定,但最好控制在 100 m 以内,便于管理和隔离消毒。一个大的鸭舍要分开若干小间,每个小间的形状以正方形或接近正方形为好,便于鸭群在室内转圈。

2. 鸭滩　鸭滩是水面与鸭舍之间的陆地部分,通常把它叫做鸭子的"陆上运动场"。它的面积应为鸭舍面积的一半以上。其地面要平整,略向水面倾斜,不允许坑坑洼洼,以免蓄积污水。鸭滩的大部分地方是泥土地面,只在连接水面的倾斜处,要用水泥砂石,做成倾斜的缓坡,坡度为 25°～30°。

砂石地面的鸭滩可用喂鸭后剩下的河蚌壳、螺蛳壳铺在鸭滩上,这样,即使在大雨以后,鸭滩仍可以保持干燥清洁。

3. 水围　鸭必须有一定的水上运动场,即水围。鸭子在水围内玩耍嬉戏、繁殖交尾、捕食鱼虾等。水围的面积不应小于鸭滩。一般每 100 只鸭需要的水围面积为 10～40 m^2,随鸭的年龄增长而增加。

在鸭舍、鸭滩、水围三部分的连接处,均需用围栏围成一体,根据鸭舍的分间和鸭子分群情况,每群分隔成一个部分。陆上运动场的围栏高度为 50～60 cm,水上运动场的围栏应超过最高水位 50 cm,深入水下 1 m 以上。有的地方将围栏做成活动的,围栏高 1.5～2 m,绑在固定的桩上,视水位高低而灵活升降,经常保持水上 50 cm,水下 l00～150 cm。

三、鸭 舍 建 筑

(一)鸭舍建筑的要求

(1)防寒保暖　鸭舍内保温性能要好,北墙要厚实,以防西北风渗透。屋顶除瓦片或油毛毡外,还需要有一个隔热保温层。

(2)通风换气　通风效果的好坏,取决于鸭舍与主导风向的夹角。鸭舍朝向应取与主导风向呈 30°～45°为宜。

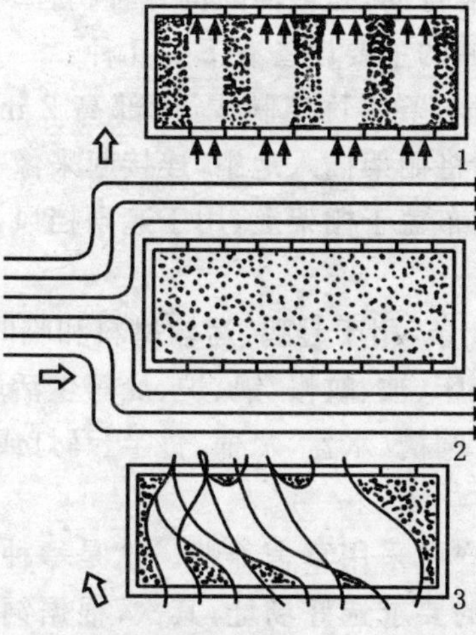

图 5-2　风向角与鸭舍内自然通风效果示意图

1. 风向角为 0°时形成穿堂风,滞流区大;2. 风向角为 90°时台内通风量最小;3. 风向角为 45°时通风效果最好;

注:图中箭头所指代表风向;点状部分为“滞流区”。

(3)防止兽害　主要包括鼠、黄鼬、犬、狼、蛇等的侵害,尤其是鼠和黄鼬的侵袭不但能伤害雏鸭和成鸭，还能传播疾病，造成疫情。

(4)要便于清洗消毒，排水设施良好。

(5)要能保持安静，减少应激。

(6)要降低造价，节约投资。

(二)鸭舍的类型

鸭舍分简易鸭舍和固定鸭舍2类，一般农村小规模养殖常采用简易鸭舍，而现代化规模养殖常采用固定鸭舍。

1. 简易鸭舍　简易鸭舍分行棚和草舍2种。

(1)行棚　顾名思义，行棚是一种活动的鸭舍。它没有固定的场址，随放牧的鸭群行动，是最简陋的一种鸭舍。适用于规模不太大的鸭群，一座行棚的主要设备有下列几种：

①行棚架　用木条或竹竿制成，中部高2 m，下方底宽2 m，弯成弓形。使用时将棚架插入地中，连接起来像一只有篷的小船。

②箔帘或塑料布盖于棚架上，用于遮雨挡风，数量据行棚面积而定。

③小船　2～3条，用于赶鸭、运输材料和临时住人等用。

④生活用具　床、被、蚊帐、锅、炉、灶等生活用具一套。

⑤饲养用具　饲槽、水盆、水桶、竹竿、马灯或电筒等养鸭用具若干。

(2)草舍　农户可采用草舍养鸭。这是一种较固定的简易鸭舍。首先，按建场的要求选好场址；其次，根据饲养量的多少确定鸭舍的面积。一般长度为8～10 m，宽度7～8 m(两间并做一个单元)，一个单元可养产蛋鸭500枚左右(图5-3和图5-4)。

草舍一般用木、竹做鸭舍骨架，柱脚、横梁、人字架都用毛竹。用稻草或茅草编成草帘，依次盖在竹制的屋顶上，四周围也可用编织的草帘作墙壁。如要经久耐用，最好在草帘上面再覆盖一层油毛毡。我国东南各省的养鸭专业户，大多用草舍养鸭，效果甚佳。

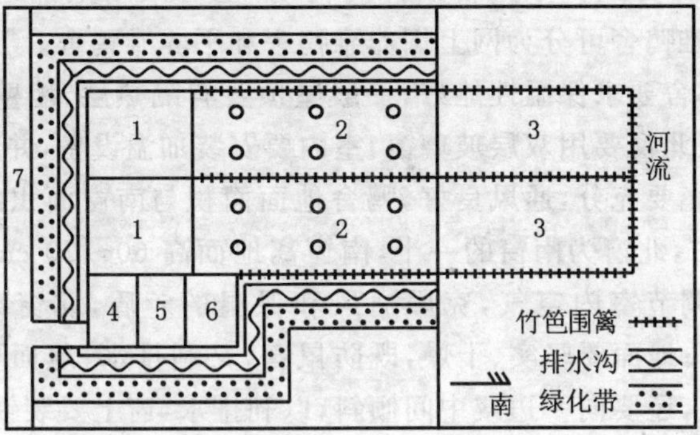

图 5-3　简易蛋鸭舍的布局示意图

1. 鸭舍；2. 鸭滩；3. 水围；4. 宿舍；5. 仓库，6. 饲料调制室；7. 道路

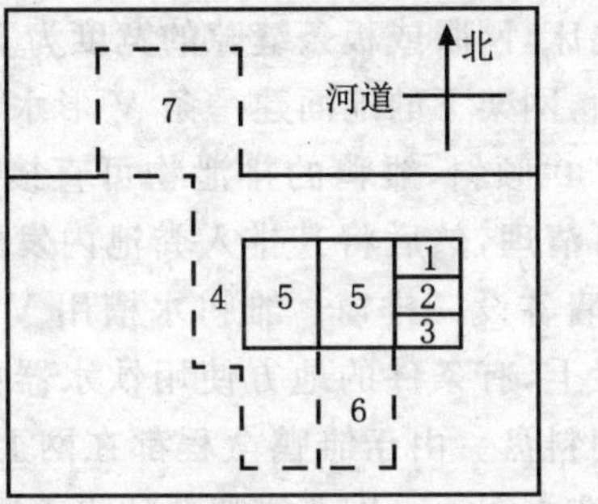

图 5-4　河道在北面时简易鸭舍的布局

1. 宿舍；2. 仓库；3. 饲料调制室；4. 鸭下水通道；5. 鸭舍；6. 鸭滩；7. 水围

2. 固定鸭舍　固定鸭舍按用途分为育雏鸭舍、育成鸭舍、填鸭舍和种鸭舍；按建筑式样分为单列式、双列式、密闭式、开放式、半开放式、平养鸭舍、网上饲养舍、半网上饲养鸭舍等。

(1)育雏鸭舍　雏鸭的饲养方式可分为网上饲养和地面散养

(平养)2 种方式。不具备条件的鸭场,也可采用全部地面散养。因此,育雏鸭舍可分为网上饲养雏鸭舍和平养雏鸭舍。

雏鸭舍要求保温性能好,一般屋顶要有隔热层,墙壁要厚实,寒冷地区北窗要用双层玻璃窗,室内要安装加温设备,并有稳定的电源;采光要充分,通风良好,鸭舍地面面积与南窗面积的比例为 8∶1 左右,北窗为南窗的一半,南窗离地面高 60～70 cm,并设气窗,便于调节室内空气,克服通风和保温的矛盾,北窗离地面高 1 m 左右;地面要坚实、干燥,既防鼠害,又利排水,地面要铺水泥或三合土,还要向一边或中间倾斜,以利排水,窗上要装铁丝网,以防鼠害。

①网上饲养雏鸭舍　网上饲养雏鸭舍可采用有窗式双列单走廊雏鸭舍,其跨度为 8 m。以平地或凹坑的房舍为基础,走廊设在中间,宽 1 m。走廊两侧至南北墙各设架空的金属网或漏缝的竹、木条地板作为鸭床,网眼或板条缝隙的宽度为 13 mm 左右。地面必须是水泥地面,网架下的地面建一条 V 形水泥坡沟或有一定坡度,坡沟坡面为 30°倾斜,雏鸭的排泄物可直接漏在 V 形坡沟内,用水稍冲刷即可清理,然后将其排入粪池内发酵。为了便于雏鸭舍内保暖,南北墙各设一排窗。雏鸭水槽用 V 形水槽,安在靠走廊近侧的网围栏上,有条件的地方使用饮水器更方便。每群鸭用一个方盘形铁制料盘。由于雏鸭全程都在网上饲养,舍外不必修建运动场,也不造水浴池。网养雏鸭舍比平养雏鸭舍卫生条件好,干燥,节约垫草和能源,保温性能、防鼠害能力、通风、光照条件都不错,但投资费用较大。

网养雏鸭舍可分高床和低床 2 种。高床的网底离地 1.8 m(图 5-5 和图 5-6),低床网底离地 0.7 m 左右。

②平养育雏舍　一般采用有窗式单列带走廊的育雏舍。这种鸭舍除育雏外,还适于北方饲养种鸭。鸭舍跨度 8 m,舍内隔成若干小区,一般在南墙设供暖设施,北墙边设置宽 1 m 的走廊。在

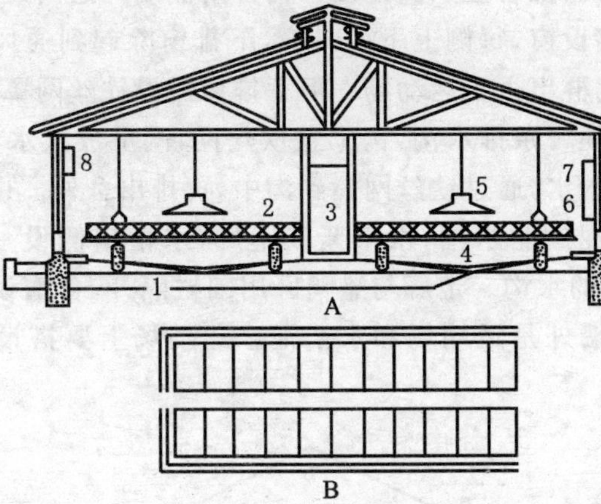

图 5-5 有窗式双列单走廊网养鸭舍

A. 剖面图;B. 平面图

1. 排水沟;2. 铁丝网;3. 门;4. 集粪池;5. 保温灯;6. 饮水器;7. 南窗;8. 北窗

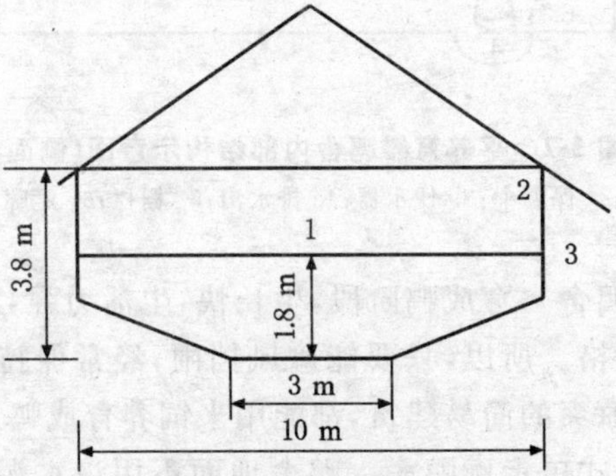

图 5-6 单列式高床网养鸭舍示意图

1. 底网;2. 边网;3. 通道

东侧山墙开门，供管理人员进出。鸭舍南侧墙开通向运动场的门。鸭舍南、北墙设窗，每侧上下两排窗，下排窗除起到通风降温作用外，还可供鸭群出入于运动场。但下排窗需设铁丝网罩以防兽害。靠走廊一侧建一条排水沟，沟上盖铁丝网，网上放饮水器，使雏鸭饮水时溅出的水，通过铁丝网漏到沟中，再排出舍外。也可以在走廊一侧用水泥砌制水槽，水槽紧挨走廊，水槽南侧设一个 30 cm 宽、20 cm 深的水沟。走廊与雏鸭区用围栏隔开，食槽设在围栏的中心。南侧墙外是运动场和水浴池。运动场上要搭设遮荫凉棚（图 5-7）。

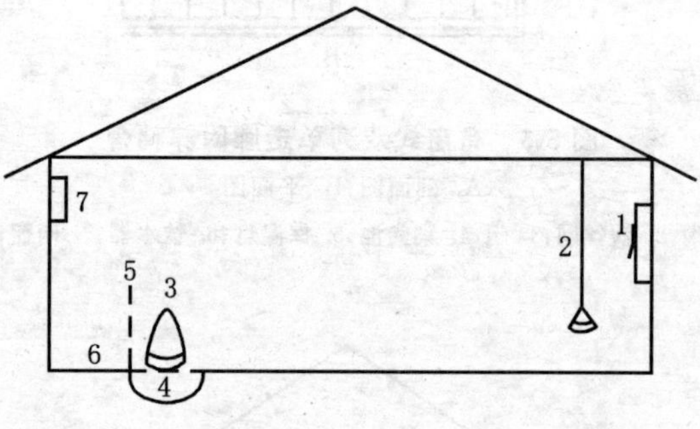

图 5-7　平养育雏鸭舍内部结构示意图(侧面)

1. 南窗；2. 保温伞；3. 饮水器；4. 排水沟；5. 栅栏；6. 走廊；7. 北窗

(2)育成鸭舍　育成鸭阶段，生长快，生活力强，对温度要求不像雏鸭那样严格。所以，只要能遮风挡雨，经常保持干燥，冬季保温、夏季通风凉爽的简易建筑，都能用来饲养育成鸭。一般育成鸭舍也建成双列式单走廊鸭舍。鸭舍地面不用浇水泥，但要有一定倾斜，在较低的一边挖一道排水沟，沟上覆盖铁丝网，网上设置饮水器。舍内的走廊设在中间，走廊与鸭群之间用围栏隔离开来。食槽设在围栏中心位置（图 5-8）。

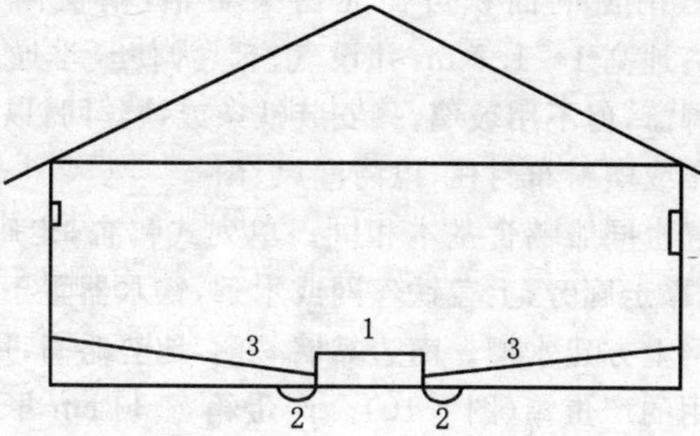

图 5-8　双列式育成鸭舍结构示意图

1. 走廊;2. 排水沟;3. 鸭床(地面)

(3)育肥鸭舍　育肥鸭舍的建筑要求与育成鸭舍相差不大,所不同的是育肥鸭舍要分隔成若干小圈,每圈面积为 12 m^2 左右,约可容纳 50 只育肥鸭,每圈设一扇小门,通向走廊。较长的鸭舍,把填饲间放在中间,把两端各舍的鸭子按次序赶到中间填饲。较短的鸭舍,可将填饲间放在任何一端(图 5-9)。

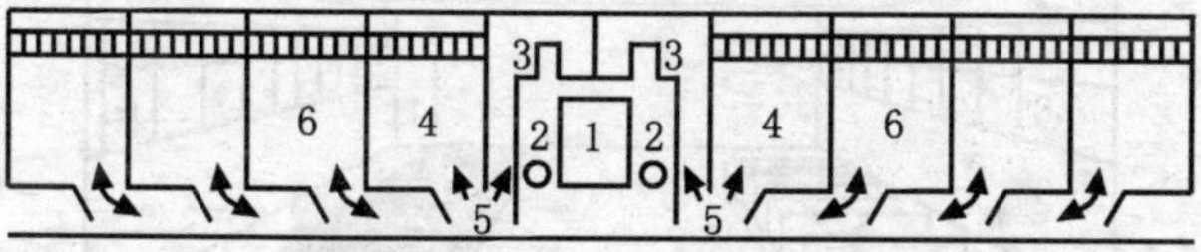

图 5-9　填鸭舍的平面布局示意图

1. 贮料池;2. 填料机;3. 候填小栏;4. 鸭圈;5. 填鸭走道;6. 排水沟

(4)种鸭舍　目前,我国各地饲养种鸭大多采用平地散养方式,很少采用机械化、自动化作业。鸭舍分有窗式双列单走廊和有窗式单列单走廊 2 种。双列式鸭舍必须两边都有水浴。

种鸭舍同雏鸭舍一样,保温性能要求较高,房顶要有天花板或加隔热装置,北墙不能漏风,屋檐高 2.6～2.8 m,窗与地面面积的比例为1：8，南窗的面积可比北窗大1倍，南窗离地高60～70 cm，北窗离地高1～1.2 m，并设气窗。为使夏季通风良好，北边可开设地脚窗，但不用玻璃，只安装铁条或铁丝网，以防兽害，寒冷季节用油布或塑料布封住，以防漏风、雨。

舍内布置也同雏鸭舍基本相同。单列式鸭舍，走廊位于北墙边，排水沟紧靠走廊旁，上盖铁丝网或木条，饮水器置于铁丝网上，也可在铁丝网上方建水槽。南边靠墙一侧，地势略高，用来放置种鸭晚间产蛋用的产蛋箱（图5-10）。产蛋箱宽30 cm，长40 cm，用木板钉成，无底，前面较低（高12～15 cm），其它三面高35 cm。每只箱子可供3枚蛋用型种鸭或4只肉用型种鸭使用。我国东南沿海各省饲养蛋鸭，都不用产蛋箱，直接在鸭舍内靠墙壁的各侧，把干草垫高垫宽（40～50 cm）。双列式种鸭舍，走廊设在种鸭舍中间，排水沟紧靠走廊两侧设置，在排水沟对面靠墙的一侧，地势要略高，放置产蛋箱或厚厚的一层干草，供种鸭夜间产蛋之用。

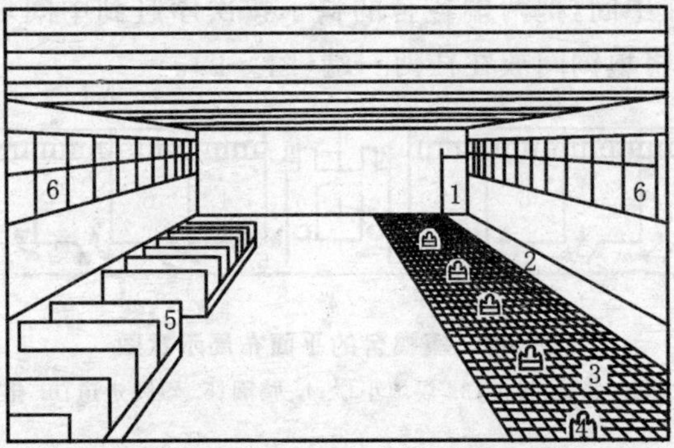

图5-10 单列式种鸭舍内景示意图

1. 门；2. 走道；3. 排水沟上的铁丝网；4. 饮水器；5. 产蛋箱；6. 窗

种鸭舍必须具备足够面积的鸭滩和水围。供种鸭活动、洗澡、交配之用(图 5-11)。

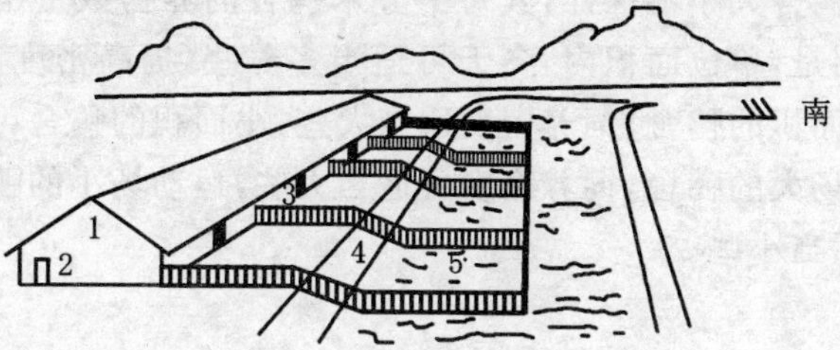

图 5-11　单列种鸭舍外景示意图

1. 鸭舍;2. 走廊的门;3. 通向运动场的门;4. 鸭滩;5. 水围

双列式种鸭舍,常常一边有河道(或湖泊、池塘),另一边是旱地,在这种条件下,需要挖一条人工的洗浴池,洗浴池的大小和深度根据种鸭的数量而定。洗浴池形状如图 5-12 所示,一般洗浴池宽 2.5～3 m,深 0.5～0.8 m。

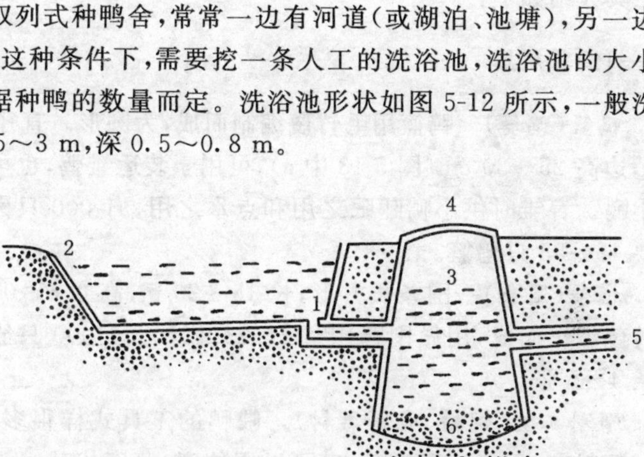

图 5-12　洗浴池排水系统的结构(纵剖面)

1. 洗浴池排水口;2. 池壁;3. 沉淀井;4. 井盖;5. 下水道;6. 沉淀物

3. 饲养密度和建筑面积估算　不同类型的鸭(肉用型或蛋用型)饲养密度不同;同一类型的鸭如日龄不同或生长阶段不同,其饲养密度也不同；同一类型的鸭，虽然日龄也相同，但由于饲养季节不同、鸭舍大小不一样，其每平方米鸭舍的养鸭数量也有差异。一般原则是，单位面积内，冬天可适当多养些（提高密度），夏天少养些；大面积的鸭舍，饲养密度适当大些，小面积的鸭舍，要适当少养；运动场大的鸭舍，饲养密度可适当大些，运动场小的鸭舍，饲养密度要适当小些。

四、养鸭工具

养鸭的用具比较简单，尚未形成系列化、规格化的产品。现将常用工具介绍如下：

（一）饲养用具

1. 鸭篮（鸭篓） 鸭篮用毛竹蔑编制而成，为圆形。直径 70～80 cm，边高 25～30 cm（图 5-13 中 a），可用于装运雏鸭，也可用于饲养小鸭。育雏时供小鸭睡眠之用和点水之用。1 000 只肉用雏鸭需要 45～55 只鸭篮。

2. 横条（围条） 围条长方形，长 15～20 m，高 0.6～0.7 m，用毛竹蔑编织而成，用做围鸭用（图 5-13 中 b）。1 000 只雏鸭需要围条 4～5 张。

3. 喂料工具（饲槽、喂料器材） 喂鸭的工具式样很多，最简单的如塑料布，用于饲喂雏鸭，也可以用竹席、草席代替，1 000 只雏鸭需备 6～7 张席子。较大的青年鸭和种鸭可用无毒的塑料盆作为食盆。1 000 只成年鸭需 15～20 只食盆。

用于饲养育成鸭的喂料器，用铝皮制成，分料盘和贮料捅两部分（图 5-14）。一般料筒高 40 cm，直径 30 cm；料盘底部直径 40 cm，边高 3 cm。每 50 只鸭子需 1 个喂料器。

用于饲养种鸭的喂料箱，用木板制成，长度 1.5～2 m，像一间

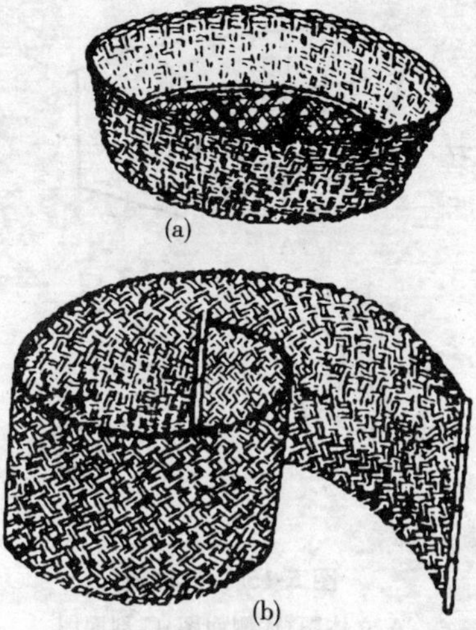

图 5-13　鸭篮和栈条

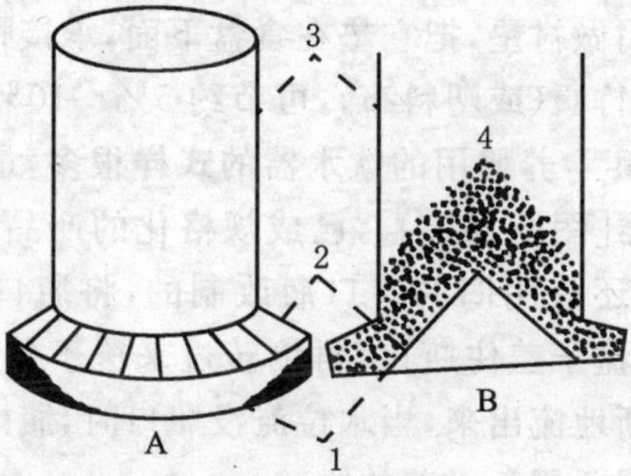

图 5-14　喂料器

A 立体图；B 剖面图

1. 料盘；2. 采食栅；3. 贮料桶；4. 饲料

小屋，上有盖，下有槽，四周有壁（图 5-15）。

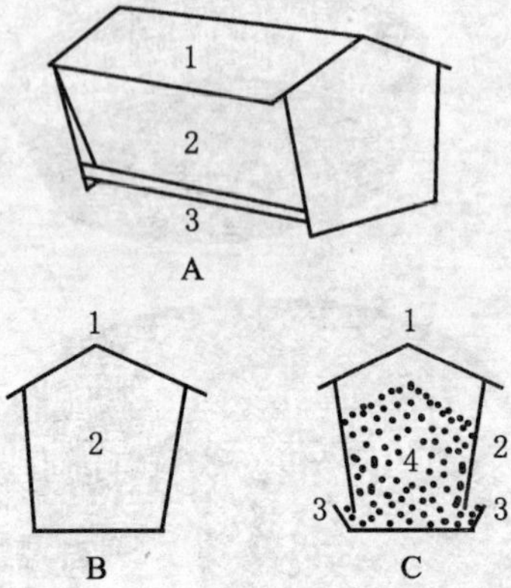

图 5-15　喂料箱

A 立体图；B 侧面图；C 剖面图

1. 箱盖（可以取下，便于加料）；2. 箱体；3. 采食槽；4. 饲料

竹匾呈圆形，直径 1 m 左右，外缘边高 5 cm，用毛竹蔑编制而成。竹匾主要用做衬垫，把它垫在食盆下面，承接鸭子在采食时甩出来的料，加垫竹匾（或塑料布），可节约 5%～10%的饲料。

4. 饮水工具　养鸭用的饮水器的式样很多，最常见的是塑料塔式真空饮水器[图 5-16(5)]，已成规格化的产品，也有用铁皮或铝合金制作的，还有用旧的广口瓶改制的，将瓶口敲几个小的缺口，装满水后用盆子盖住瓶口，再倒转过来覆于盆子上，水就从小缺口处源源不断地流出来，当水位淹没瓶口时，瓶内的水便停止外流。这种饮水器适用于平养的雏鸭。

成年鸭的饮水器，可以用无毒的塑料盆或陶钵，也可以用小水缸（斜放）。但必须注意，用口径较大的盆式饮水器时，必须在盆上方加盖罩子[用竹条或粗铁丝制成，见图 5-16(3)]，以防鸭子在饮水时窜入盆中洗澡，污染饮用水。

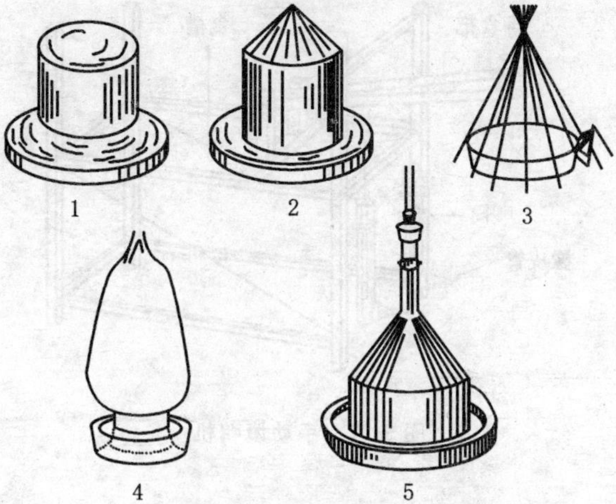

图 5-16　各种不同式样的饮水器

1. 广口瓶和瓶子；2. 铁皮饮水器；3. 陶钵加竹圈；
4. 塑料饮水器；5. 吊塔式饮水器

(二)填饲机具

肉鸭饲养以往都有填饲阶段，以加速增重，促进脂肪积累；目前生产的鸭肥肝，也需强制填饲 2～3 周。鸭的填饲都用机器填饲，这种机具分手动填鸭机和电动填鸭机 2 类。

1. 手动填鸭机　手动填鸭机（图 5-17）结构简单，操作方便，适用于小型鸭场和缺电的地区使用。这种填鸭机规格不一，主要由料箱和唧筒两部分组成。填饲嘴套上橡胶软管，其内径 1.5～2 cm，管长 10～13 cm。

2. 电动填鸭机　电动填鸭机根据所用饲料的不同，又可分为 2 类。生产鸭肥肝时，多用整颗的玉米粒填饲，一般采用螺旋推进式填饲机，将饲料置于料斗内，以电动机带动螺旋杆运转，螺旋推

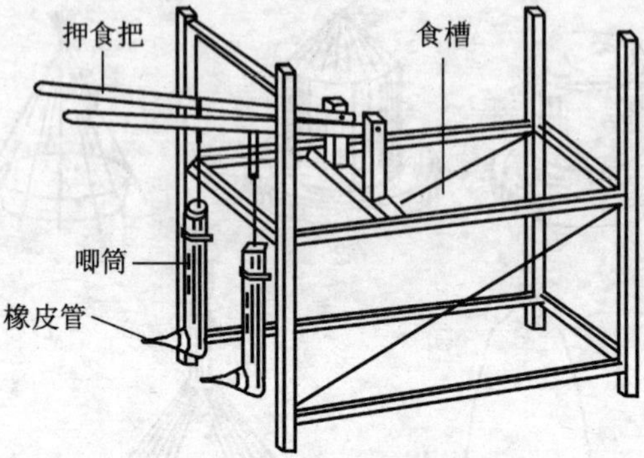

图 5-17　手动填鸭机

进器为一条螺旋形的弹簧，转动时将玉米以填饲管推出后进入鸭的食道内（图 5-18），填饲烤鸭用的填鸭机，因用粉状饲料加水调成糊状，多采用压力泵式的填饲机，利用唧筒的压力，把饲料从填饲管口压出进入鸭的食道内（图 5-19）。

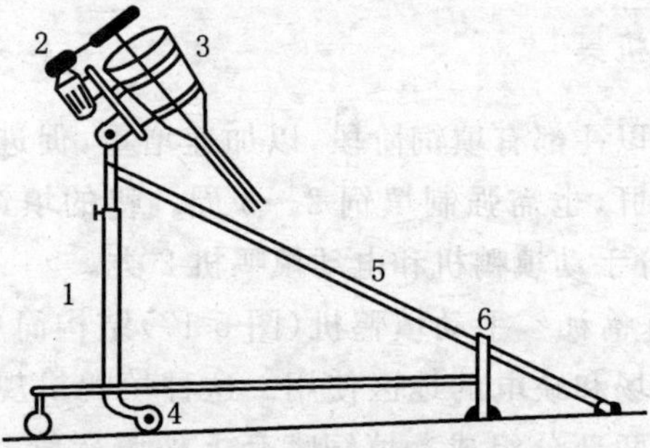

图 5-18　电动填饲机（填饲颗粒玉米）

1. 机架；2. 电动机；3 饲料斗；4. 电动开关；5. 滑道；6. 坐凳

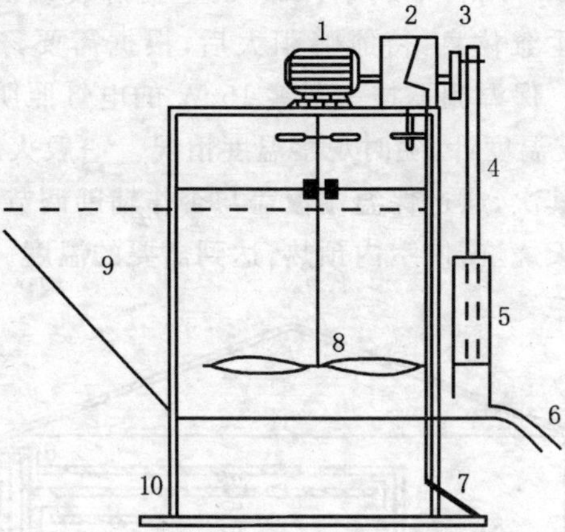

图 5-19　电动填鸭机(填饲糊状饲料)

1. 电动机;2. 减速器;3 偏心轮;4. 活塞杆;5. 唧筒;6. 填饲管;7. 离合器;8. 搅拌器;9. 贮料箱;10. 支架

(三)加温设备

育雏过程中,需要较高而稳定的室温环境,因此需要配备加温设备,通常采用的加温方法有火炕(火墙、烟道)加温、红外线灯泡加温、煤炉加温和电热育雏伞加温。

1. 火坑(火墙、烟道)加温　火炕加温是家庭养禽常用的加温方法。火炕的结构与北方农村中人睡的土炕一样,把炕直接建在育雏室内。炉灶的火口设在育雏室北端的墙外,一个炕设一个烧火口。火炕的大小一般是 6～8 m^2(4.5 m×1.5 m),可饲养初生雏鸭 200～250 只。根据育雏室大小,可以每间建 1 个炕,也可以一间屋建 2 个炕(走道在中间),烟囱建在另一端的墙上,烟囱要高出屋顶,使出烟畅通,火炕构造见图 5-20。火炕一般用干燥的土坯砌成,利于吸热和保温。火炕在靠近烧火口的一端设置保温棚,棚高 40～50 cm，用竹竿或木杆做架，上盖麻袋或帆布，棚下温度较高，可供初生雏休息，待雏鸭稍大后，根据需要，选择合适的温度，自由进出。保温棚下挂一两盏 15 W 的电灯照明，并在离炕面 5 cm 处挂 1 支温度计，随时观察温度情况。一般火炕加温在早晚各烧火 1 次；其次，通过保温棚覆盖与否作辅助调节温度。进雏以前，要提早 1 天烧炕，使室内预热，达到需要的温度。

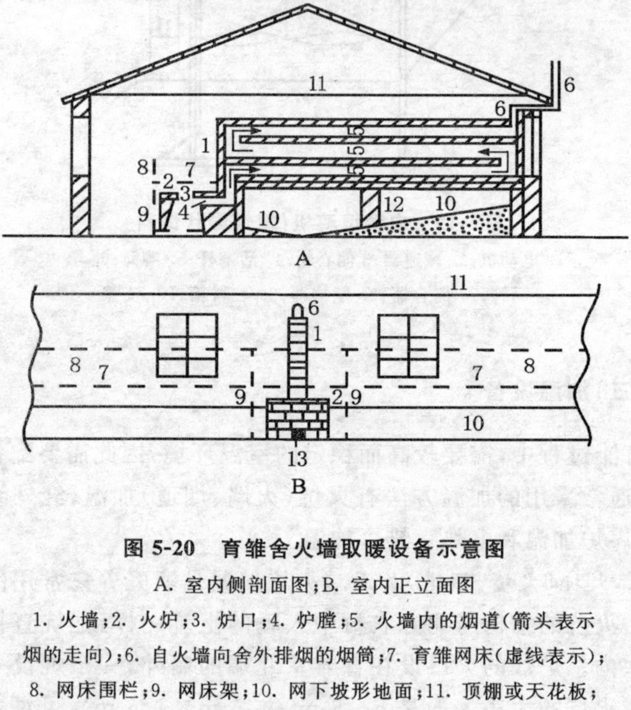

图 5-20　育雏舍火墙取暖设备示意图

A. 室内侧剖面图；B. 室内正立面图

1. 火墙；2. 火炉；3. 炉口；4. 炉膛；5. 火墙内的烟道(箭头表示烟的走向)；6. 自火墙向舍外排烟的烟筒；7. 育雏网床(虚线表示)；8. 网床围栏；9. 网床架；10. 网下坡形地面；11. 顶棚或天花板；12. 火墙下支墩；13. 火炉进气出碴口

烟道育雏与火炕育雏原理差不多。沈阳地区大多数养鸡单位多采用此法加温育雏，养鸭育雏也可采用此法。具体砌法：将加温的地炉砌在育雏室的外间，炉子走烟的火口与室内烟道直接相连。室内的地上烟道靠近墙壁 10 cm，距地面高 30～40 cm，由热源向烟囱方向稍有坡度，使烟道向上倾斜。烟道的砌法：上下宽为一砖，两侧高为一砖，上面覆盖保温伞，控制棚下达到育雏温度，育雏效果也很好。用这 2 种方法加温，热量从地面上升，非常适于雏鸭卧地休息的习性，整个育雏室内，前后左右、角角落落都有一定温差，使体质强弱不同的雏鸭都可以自由地找到适合自己的温区。这 2 种方式加温的育雏室地面干燥，室内空气好，在没有电源的地方使用尤其方便。育雏效果令人满意。它的缺点是浪费空间，房舍利用率不高。

2. 红外线灯泡加温　利用红外线灯泡发热量较高的特点，把它悬挂在育雏室内，提供育雏所需的热量。利用红外线灯泡加温，保温稳定，室内干净，垫草干燥，管理方便，节省人工，但耗电量大，灯泡使用率高、易损坏，成本较火炕加温、煤炉加温要高，也不能在未通电和经常停电的地区采用。

利用红外线灯泡加温时，第一周灯泡离地面 35～45 cm，由第二周起，随雏鸭日龄的增大，逐渐提升灯泡高度。一般每周将灯提高 7～8 cm，直到离地面 60 cm 高为止。常用的红外线灯泡是 250W，使用时可以等距离排列，也可以两盏连成 1 组。5 日龄以内的雏鸭。因感觉不灵敏，应在灯泡周围用围篱围住，以免雏鸭远离热源（图 5-21 和图 5-22）。在外界气温较低的情况下育雏，第一周时室内还要有升温设备，而且还要将初生雏围在灯下 1.2～1.4 m直径的范围内。料槽和水槽不要放在灯下，以免污染。

3. 煤炉加温　这是农村最常用、最经济的加温方法之一。采用类似火炉的进风装置，将进气口设在底层，把煤炉原有的进风口堵死，另外装一个进气管，在管的顶部加一块小玻璃，通过玻璃的开启来调节火势大小。炉的上侧装一排气、烟管，向室外排气、排烟（图 5-23）。为使炉温保持在一定范围内，通常在炉子外围加一

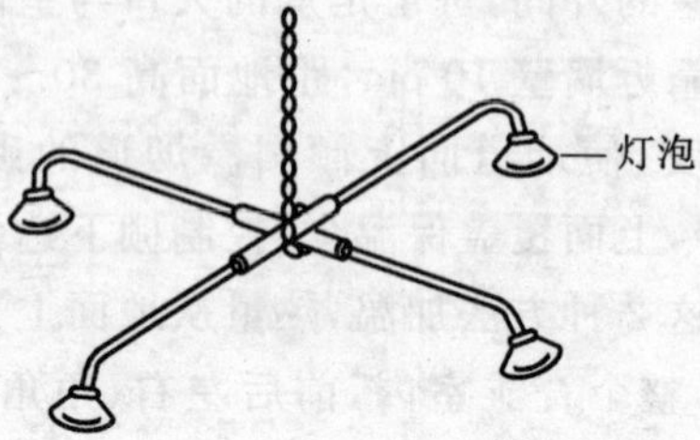

图 5-21 红外线保温图

图 5-22 红外线围篱育雏图

个木制保温伞。保温伞四边长度均为 1.2～1.3 m，高 1 m，向下倾斜。这种保温伞一个可育初生雏鸭 200～300 只，使用煤炉加温要注意室内通风、经常开启门窗，否则易引起一氧化碳中毒。

4. 电热育雏伞加温　育雏伞呈圆锥塔或方锥塔形，上窄下宽，直径分别为 30 cm 和 120 cm，高 70 cm，采用木板或纤维板或金属铝薄板制成伞罩，夹层填充玻璃纤维等隔热材料，用于保温。伞中央下部装一圈红外加热器，并与自动控温装置相连，可人为调

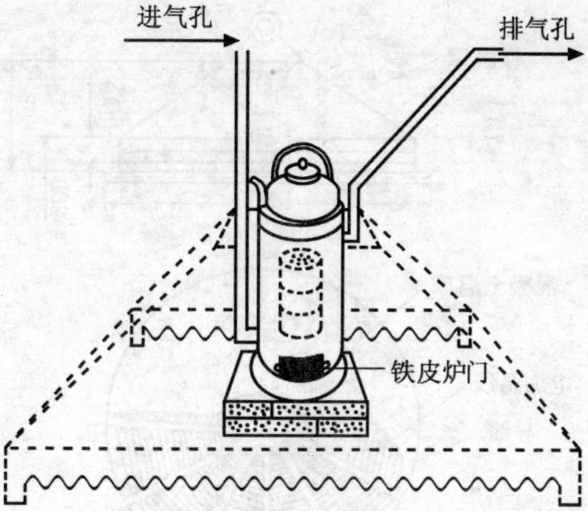

图 5-23 煤炉加温及其保温伞

节和自动控制调节温度。伞的最下边缘留 10 cm 空隙，钉上三角形的厚布条，便于雏鸭自由出入（图 5-24 和图 5-25）。利用电热育雏伞加温节省劳力，管理方便，空气好，育雏舍清洁无污染，育雏效果好。缺点是耗电较多，无电或经常停电的地方使用受限制，而且没有剩余热量升高室温。因此，冬季使用时还需要炉子辅助保温。

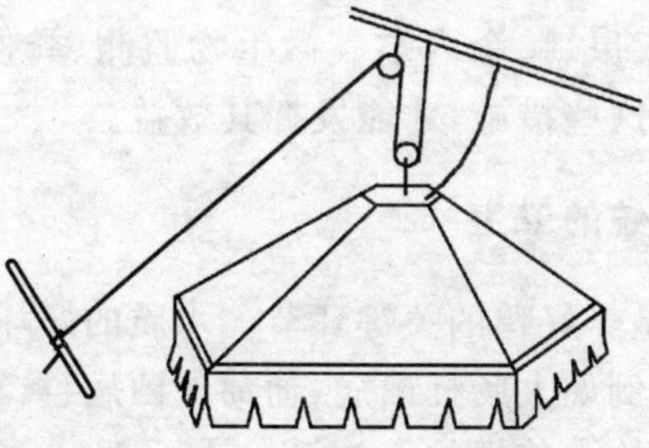

图 5-24 电热保温伞平面图

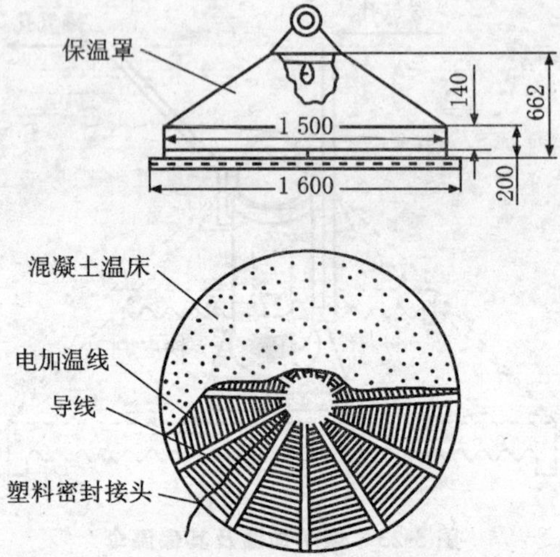

图 5-25 9YD-2 育雏电热保温伞示意图(mm)

五、鸭舍环境卫生的控制

控制鸭舍环境卫生的措施主要包括饮水系统卫生、清洁消毒、垫料管理、灭虫灭鼠、鸭舍内空气微生物监测、粪便的处理等。只有综合全面执行这些措施,才能发挥其效益。

(一)饮水系统的卫生

水质、水源是养好鸭的关键环节。水质的好坏,关系到鸭群的健康。很多疾病例如大肠杆菌病、葡萄球菌病、禽霍乱和其它肠道菌病等就是通过饮水传播的。

饮水系统的管理包括以下几点:

一是尽量使用自来水或深井水。

二是每月监测水质1次，测定大肠杆菌指数和含菌量。

大肠杆菌指数：1 000 mL水中测定的大肠杆菌数，按卫生规定不能大于3。

含菌量：每毫升水不能超过100个。

矿物质：水的矿物质含量亦要符合饮用水的要求。

三是经常检查水池、水源，防止污染。

(二)鸭台的清洁与卫生

一般情况下，按下列程序进行清洗和消毒。

①鸭舍运动场每天用高压水彻底冲洗。

②鸭舍每周用百毒杀喷雾消毒1次。

③用具每周用2%～3%氢氧化钠溶液或者其它消毒药喷洒，最好浸透、洗干净。

④种鸭完成一个生产周期，淘汰种鸭后，鸭舍要全面彻底的消毒，清除粪便和垫料，喷洒消毒药。空置1个月后再进鸭苗。

(三)垫料的管理

①材料要求干燥，无霉变，无污染，不含硬质杂物，鸭用垫草、干稻草，不应有一点霉变；刨花不含硬质杂物。

②垫料量根据具体情况不断增加。

③垫料使用前，先经彻底曝晒，利用阳光中的紫外线杀灭其中的微生物。

④随时注意产蛋箱内的垫料，保证量足质好，尽量减少种蛋污染。

(四)鼠、蚊蝇、鸟类的控制

消灭蚊蝇及其它昆虫。可使用敌敌畏、敌百虫等药物喷洒鸭舍周围蚊蝇滋生地，要注意这些药物对鸭有毒害作用，因此不要让鸭群接触药物，以防万一。经常堵塞老鼠进出口，及时清除鸭舍内饲料槽旁的饲料，以免招来老鼠，注意使用杀鼠药。

（五）鸭舍内空气微生物的监测

有条件的地方，可对肉鸭网上饲养鸭舍（特别冬季和初春）空气微生物进行监测。通过微生物的监测，可评定鸭舍环境卫生的质量。

监测方法：首先制备普通球脂平皿或血琼脂平皿培养基，然后取数个，分别放在鸭舍的不同地方（周围、中央），打开盖放置5 min后盖好，经 37℃温箱培养 24～48 h，取出观测每个平皿的菌落数。微生物数越小，说明卫生状况越佳。

（六）鸭场粪便的处理

一只鸭平均每天排出鲜粪 100 g，每万只鸭每天产粪达 1 000 kg。按肉鸭饲养周期 50 天计算，每万只鸭就要产粪 50 t，一个年上市量 100 万只鸭的鸭场，每年就要产粪 5 000 t。这些源源不断排出的粪便的处理，是现代化鸭场必须探讨的问题。

传统的粪便处理方法，带来诸多问题：①需要大量积堆场；②需要大量垫草；②散发臭气，滋生蚊蝇，影响鸭场防疫；④鸭粪雨淋流淌，污染周围；⑤增加粪便往返运输量，影响经营效益。

规模化鸭场粪便处理，首先必须对传统的养鸭棚舍设施、饲养工艺进行改革，增加饲养密度达到集约化生产，创造鸭粪机械收集条件，提高经济效益。改革的途径可以设想为：一是将开放式舍外散养改为关闭式舍内饲养，把鸭粪集中于棚舍内，便于搜集，同时又能减少冲洗污水的处理量，减轻对环境的污染；二是饲养中由容器喂水或长流水给水改为全方位乳头式饮水，保持棚舍干燥，降低粪便含水量，是鸭粪机械收集的重要前提；三是由传统的地面垫草饲养改为全网饲养。

根据各地实际情况，鸭粪处理，可以设想 3 个方案：

1. 用做生产沼气的原料　鸭粪一直被认为是制取沼气的好原料，据报道，每千克鸭粪可产沼气 0.094～0.125 m^2。

鸭粪经过沼气发酵，不仅能生产廉价、方便的沼气，而且发酵后残留物是一种优质有机肥料。

2. 用做水产养殖饲料　在草、鳊、鲤鱼等饲料中搭配一定比例鸭粪，可降低饲料成本 30％左右，这是鸭粪再利用中最简便有效的出路之一。

3. 用做肥料　鸭粪中 N，P，K 含量丰富，是迅速见效的优质肥料，用于农田能起到改良土壤，增加有机质，提高土壤肥力的作用。在种植业日益现代化情况下，能解决鸭粪的堆集、粉碎和机械撒施的技术，其应用前景和效果会更显著。这一技术能把鸭场定期收集的纯鸭粪运至田头堆场，用塑料薄膜密封，发酵灭蝇，于夏种秋播前用机械粉碎，然后用施肥机撒施于大田，作为水稻和麦子的基肥。

第六章　肉用鸭的饲养管理

肉用鸭的代表品种是北京鸭，对北京鸭的饲养管理已达到相当高的水平。目前各地的肉鸭生产发展比较快，为了减少投资，降低成本，提高经济效益，现将肉鸭的饲养管理技术以及几种主要肉用鸭(番鸭、骡鸭、樱桃谷鸭、绿头野鸭)科学饲养管理作一系统介绍。

一、雏鸭的饲养管理

(一)雏鸭的特性

要养好雏鸭，必须先了解雏鸭的生理特点和生活习性，才能给予符合其本身需求的正确的饲养管理措施。概括起来，雏鸭有以下几个方面的特点：

①雏鸭体温低，绒毛属于针形胎毛不保温，神经和体液系统功能发育尚不健全，调节体温能力弱。因此，雏鸭难以适应外界环境温度的急剧变化，出壳雏鸭体温随环境温度的下降而降低，不能保持其正常体温，处于“变温动物”状态。当外界温度低于25℃时，会冷得发抖，堆叠成堆，互靠体温取暖，俗称“烧堆”，易引起感冒或低层雏鸭受压窒息死亡。故对雏鸭保温十分重要，15～20日龄后，雏鸭体内温度调节机能日趋完善，体温开始处于恒定状态。

②刚出壳的雏鸭，在其肠道中段外侧有一个5～7 g的卵黄囊，其剩余卵黄越小体质越强，反之越弱。出壳后的雏鸭如果腹部得到适宜的温度及雏鸭入舍后及早饮水，将大大有助于剩余卵黄

的迅速吸收，从而增强雏鸭体质和抗病能力，提高成活率。卵黄的生理作用是给雏鸭出壳后 48 h 内提供营养物质，这也是出壳雏鸭在温度适宜和保持体内水分不过分散失而进行长途运输的基础。

③雏鸭嗉囊和肌胃容积小，每次采食和贮存的饲料量有限，消化机能尚未发育完全，消化能力弱。雏鸭为了满足自身快速增重需要，必须从饲料中摄入足够的营养物质，因此要求饲料养分浓度大，营养全面，易于消化。

④雏鸭消化道总长平均约 60 cm，只有成鸭的 40%，消化器官短而小，对饥渴比较敏感，因此需勤给料和频繁的饮水。任何时候都不可少水，这是养鸭的一项基本原则，夏天更应注意。

⑤雏鸭调节采食能力差，且贪吃，出壳头几天喂得过饱易发生胀嗉，引起消化不良、便秘或拉稀等消化系统疾病。故对雏鸭要注意少喂勤添。

⑥雏鸭敏感性强，对饲料中的各种营养成分缺乏或有毒药物的过量，都会很快反映出病理症状，特别对维生素 D 缺乏及钙磷比例不合适引起的骨软症非常敏感。

⑦雏鸭抵抗力弱，免疫器官发育尚不完善，容易受到病原体侵袭，生产中应重视消毒、防疫。

⑧雏鸭胆小，群体性强，容易受外来惊扰（噪声、颜色、陌生人等）而精神紧张，兴奋不安，惊叫，奔窜，造成食欲减退，体重下降，重者鸭群骚动和混乱致大批相互践踏或压死压伤。因此必须注意保持鸭舍及周围环境的安静，开放式鸭舍的电灯应避免风吹摇晃。

⑨鸭代谢快，消化谷粒须 12～14 h，其它食物通过消化道经 4～5 h 就有半数从肛门排出，全部通过食物仅需 18～20 h 可完成。而水分只需 0.5 h 便可通过。由于饲料通过肠道快，因此排粪率甚高，而残留于粪便中的有机物含氮物质多。由于氮物质腐烂分解，常使鸭舍中氨过量，氨能麻痹或破坏呼吸道黏膜上皮细胞而使病菌易于侵入鸭体内，引起疾病。因此，必须注意鸭舍的通风

换气、干燥和空气清新。

（二）育雏的基本条件

肉用雏鸭与蛋用型雏鸭育雏的基本要素差不多，主要区别在于：一是育雏温度比蛋用雏鸭高；二是饲料的营养水平要求比蛋鸭高。

1. 温度　控制温度是肉鸭育雏的关键技术措施之一，它直接影响到幼雏的体温调节、运动、采食、饮水、饲料的消化吸收以及抗病能力等。雏鸭代谢旺盛，但胃的容积小，采食量有限，产生的热能不足以维持生理热的需要，不能较好地适应外界温度和气候的变化，因而须做好育雏阶段的保温工作。在最初几天，当天气寒冷或多变时，还须适当供给外源性热量。育雏温度的标准应根据雏鸭的日龄、品种、健康状况、具体表现及气候等因素而定，如第一日龄温度最高（可保持在 33～35℃），以后逐渐降低；弱雏的保育温度比强健雏要高些等等。若温度过高，雏鸭远离热源站立，精神不振，张口喘气，大量饮水，食欲减迟，正常代谢受影响，体质较弱，发育缓慢，容易感冒、脱水、虚脱和感染各种疾病；温度太低时，雏鸭挤在一块取暖，或靠近热源处相互挤压，有时爬作多层，堆叠起来，造成下面的鸭被压闷而死伤，上面的鸭因长时间过热或过冷，容易失水和感染各种疾病。温度适宜时雏鸭采食，饮水正常，分布均匀，舒适安静，活泼好动。一般开始时保持较高的育雏温度，以后随着雏鸭的长大，羽毛和皮下脂肪逐渐丰满，体温调节机能不断加强，温度可逐步降低，每天可降低 1℃，直至和环境温度一致。

应经常仔细观察雏鸭群的动态。雏鸭的行为是对温度要求的最好反应；据此做出相应的调整和决定是最佳的。例如，有的专业户根据经验，在天气暖和时不再启用热源，约 1 周龄后就搬出舍外圈养，育雏效果很好。

一般来说，采用较低温度育成的雏鸭比较健壮，但温度太低时雏鸭在热源处密集挤压，影响采食和运动，饲料报酬低，且易发生消化不良等各种疾病，弱雏数目增加，应着重注意避免。常用的育雏保温方法有3种。

(1)局部保温伞育雏器　在一张木制或铁制的伞下装一个热源(红外线灯泡等)。在最初几天，保温伞和围篱结合使用，开始时围篱区域小；以后慢慢扩大，通常每个保温伞可育雏鸭400～1 000只。此法在太寒冷时单位保温鸭数较少，否则效果不好，一般多应用于不太寒冷的地区和较好的天气状况下。

(2)温室或全舍保温　即采用供热量大的煤炉、电热器材、热烟道或蒸气管道等热源来提高整个育雏舍的温度，使其达到育雏要求。在最初几天，应根据雏鸭群的大小，将育雏舍分隔成一定区域，用保温性能好的编织袋、麻布或棉胎封闭好，防止热量散失，雏鸭育于其中，这样保温效果好，但不可封闭得太严，应适当通风透气。若采用煤炭燃烧供热时，须重点注意防火、防煤气中毒等，应定期将舍内有害气体排除出去。

(3)自温育雏　即利用雏鸭群自身产生的热能进行保温。方法是将雏鸭放入低矮的小容器内，例如，垫有垫料的木箱、竹筐、纸箱或塑料筐等，上面和四周适当覆盖厚布或棉毯，雏鸭在里面采食饮水。此时要注意提供光照和适当通风换气，并根据天气情况加减覆盖物和变更鸭群大小来调节温度。随着月龄的增加，逐渐将部分鸭移出另养。此法于炎热、温暖天气，在停电多和供热设施无法使用时经常使用。

不论采取何种保温方法，都应注意温度的逐渐降低过程和供热成本问题、温度不能大幅度下降或忽冷忽热。测量温度以雏鸭背高水平线为准。

2. 通风　只有保持育雏室中空气的新鲜，才能保证雏鸭的正常代谢和健康生长。雏鸭饮水、溅水多，粪多，所以雏鸭舍很潮湿，而潮湿的粪和垫料会分解发酵，产生大量的氨和硫化氢等有害气体,煤炉保温时还会产生大量的一氧化碳和其它废气,雏鸭呼吸产生的二氧化碳也多,因此舍内空气易污浊。若不注意通风,这些越来越严重的污浊空气将影响雏鸭的正常生长发育和健康,有时有害气体会使雏鸭中毒和感染疾病而引起不同程度的死伤。但通风时应注意以下几个问题:

(1)通风时注意保温　在保温育雏时,要像重视保温一样,重视通风,并且须注意通风方法。例如,设一个预热通道让风经过,或将新鲜的空气适当预热后送进舍内等,也可采用动力通风及缩短通风时间等。最简单的办法是,在中午天气较暖和的时候打开高处部分窗户,利用舍内、外温度差进行适当通风。必须注意,不可使舍内温度有明显变北,不能让贼风直接吹到鸭身上。

(2)适宜通风　通风是否适宜,除通过专用仪器测定舍内二氧化碳和氨等气体的含量来判定外,主要是靠人自身进入育雏舍内的感觉,如感觉空气良好清新,不刺眼鼻,不觉闷气,则较好;假如雏鸭表现精神不安,行为迟缓,羽毛污秽零乱,食欲不振,发育不良,夹杂有啰音或咳喘等时,说明污浊的环境已严重危害鸭群健康,要赶快改善通风和其它环境条件。

(3)防贼风入内　目前绝大多数开放式鸭舍是以调节舍内的温度和湿度为主要目标来进行通风换气的,靠开闭门窗的多少和开闭时间的长短来控制通风。窗户应设在高处,既使风吹不到鸭身,又利于排除较热较轻的废气;也有的安装一定通风设备,采用动力通风,这样可同时控制好温度和通风。

3.密度　密度大小关系到雏鸭的生长发育和健康。适宜的密度是提高育雏效果的措施之一。密度小,群体小,相互干扰小,舍内环境好,育雏效果最好,但鸭舍设备利用率相对较低。密度太大时,群体内相互拥挤,极易造成大的应激反应和伤残,以及采食、生长不均等问题,因而雏鸭生长缓慢,发育不整齐,易感染疾病,死亡率升高。饲养密度应根据育雏舍构造、饲养设备、通风情况、管理水平以及当时的气候等条件来决定。如笼养和网养的密度应比地面平养大些，保温和通风等条件好的密度可大些，饲料营养水平特别是维生素类水平高时密度可大些。通常雏鸭地面平养时，第一周龄每平方米 20 只左右，第二周龄 14 只左右，第三周龄以后不应多于 10 只；网面平养和池网结合饲养密度可大些，最多可多养 1/3。但是不管群体大小和密度如何，都要适时进行雏鸭强弱分群，弱雏单独饲养，精心护理，以减少残、次成鸭数量。

4.湿度　一般认为，育雏时的相对湿度标准是：1～3 日龄为 80%，3～7 日龄为 60%～80%，2 周龄以后保持在 50%～60%。3 日龄 80%的相对湿度和雏鸭出孵时机器内湿度接近，可避免雏鸭因呼吸干燥空气而散发体内大量水分，影响机体正常功能。如湿度过低，鸭易出现饮水过多，食欲减弱，羽毛生长不良，脚胫干瘪，群体生长发育不均，下痢，卵黄吸收不良，不眠，灰尘刺激诱发呼吸道疾病等。如湿度过大，为细菌病毒和寄生虫的滋生繁殖创造了条件，容易导致球虫病、呼吸道病、腹泻和消化不良等疾病流行。虽然常温下各地湿度基本上都在 50%～70%范围内，但当保温热源开启后，空气被加热，空气中水分就会减少，湿度随之降低，空气变得干燥，这对鸭群是不利的。因此，在刚孵出的最初几天应注意加湿，增加湿度可通过增加饮水器和水盆的数量或适当调整其位置来进行。育雏 2～3 天后，雏鸭饮水量大大增加，排粪多而湿，呼吸也大大加快，呼出水分增多，因此不需要再考虑加湿的问题，反而要十分注意防止湿度过大，保持舍内干燥，给雏鸭创造一个干净、清洁的生活环境。此时须勤清除粪便，勤换勤添垫料，保持良好的通风，饮水器和水盆上面最好盖有铁丝网，只让雏鸭头颈能通过而不让其它部位进入。饮水器和水盆应放置在离地网上，下面设有排水良好的沟承接溢出的水，或饮水器和水盆周围设有排水良好的、不妨碍雏鸭行走的浅水沟或漏缝水沟。若无此等设备，可将饮水器和水盆放置在鸭舍的一边，而将饲料桶放在另一边，这样，放置饮水的一边潮湿脏污，但其它地方较清洁干燥，不会影响鸭舍的正常湿度，不影响鸭群的生长和休息。夏天适宜的湿度还可防止雏鸭中暑，因为温度越高，湿度越大，会觉得闷热，而不善散热的鸭在脂肪层长出后是最怕热的。

5.光照　雏鸭开食后，采食量小，采食速度慢，为了保证雏鸭有足够的采食和饮水时间，晚上增加人工光照，以后每天光照23 h，8天后每天减少1 h，直至采用自然光照。一般在最初3天采用全天24 h光照。光线强度以雏鸭能看见饲料和饮水为宜（每平方米1～2 W）。有时有意熄灯0.5 h，以利于雏鸭适应突然停电的影响。若用红外线灯泡保温时，可不另加照明灯，这需要视光亮具体情况而定。3日龄后通常不再增加人工光照，只利用自然光照，在天气晴朗时将门窗适当打开，或将雏鸭逐渐放出室外进行运动，接受阳光照射，增强体质。

6.环境卫生　大群高密度饲养时，鸭所处环境易脏污，易使疾病暴发流行，所以应严格执行卫生防疫制度。鸭粪多而潮湿，易腐臭和滋生蚊蝇、微生物，须常清扫，最好冲洗地面，清除积水，勤换地上垫料，减少粉尘和垃圾污染；饮水器和水盆放在适当位置，保持舍内干爽清洁；垫料厚薄均匀，保持地面平整；经常检查饲料和饮水卫生，鸭喜欢溅水理毛，饮水器和水盆易受粪便污染，所以每天须多次清洗，更换清洁饮水；所有饲养工具应酌情清洗；人进入鸭舍要更换鞋靴和工作服，经适当消毒，不同饲养场的人员不要随便串门，外来的车辆和人员须严格消毒，不能随意走动；执行严格的免疫接种计划；在疫病发生时应带鸭消毒。减少有害微生物的数量。此外，还须进行经常性的灭鼠、灭蚊等工作。

因雏鸭对外界动静反应灵敏，易受刺激，所以须保持舍内环境安静，不随便更换饲养人员，不突然改变饲料品种，饲养人员工作动作要轻巧，不大声喧哗，不让噪声和其它动物干扰鸭群。

7.免疫接种　免疫接种的程序和种类在各地区是不同的，这取决于当地传染性疾病的发生状况。最好由禽病专家进行调查，制定好免疫接种计划并严格执行。

8. 适时淘汰　应当适时淘汰健康状况差、生长不良的鸭，因为饲养它们会浪费饲料和药物，增加疾病的威胁性。而对生长稍微不良的弱雏，应选出分开饲养，精心护理，使其追上生长良好的鸭。通常整个饲养期的淘汰数不应超过 0.5%。若观察到大量的鸭不符合强健鸭的要求，应当仔细检查饲养管理方法，找出原因，采取补救措施。当然也不排除鸭苗的质量问题，应该从种鸭优良、质量可靠的孵化场采购鸭苗。鸭群生长不整齐的问题大都与育雏期的管理和鸭苗质量有关，特别是育雏温度太高或太低都极易使雏鸭生长不均，参差不齐。鸭群的健康成活率不得低于 97.5%。

9. 建立健全管理规程　在饲养过程中应当建立健全养鸭管理规程，严格按照管理规程进行饲养管理工作，如饲喂、换水、铺垫料、清洁卫生等。有一个固定的规程，将会减少工作遗漏和鸭群的应激，使鸭群按生活规律在舒适的环境中生活。大多数管理工作应选择在凉爽的傍晚或清晨进行，特别是在炎热季节更应如此。

(三)季节对育雏的影响

肉用商品鸭一般是全年都可育雏，特别是采取舍饲和集约化饲养时更是如此；而种用雏鸭则通常在 3～5 月份育雏，到秋季开始产蛋，直至第二年 5～6 月份才停产。但由于各地气候条件、鸭的品种、各自的育雏及饲养设施、地方消费习惯、风俗民情及市场价格波动规律等的不同，育雏的季节须仔细考虑，尤其是种用雏，应选择最佳的育雏季节，以取得最好的经济效益。

1. 春季育雏　指 3～5 月份进行育雏。春季气候逐渐回暖，阳光充足，对雏鸭生长有利，成活率和强健率高，到中鸭阶段，由于气温适宜，舍外活动时间长，体质好，生长增重快。春雏作种鸭的成熟期早，到第二年夏天才换羽停产，产蛋时间长，经济价值高。

因此，种雏鸭常选用春雏。不过早春育雏须注意做好保温工作，北方春季少雨干燥，疾病容易发生，所以管理须仔细认真，把各方面的工作做得充分和完善。

2. 夏季育雏　指6～8月份进行育雏。此时高温高湿，雏鸭食欲差，生长发育受影响，成鸭的生产力降低，且防暑降温工作量大。不过，夏雏一般不需供热保温，作肉用商品鸭时只要适当做好防暑工作，饲养成本一般较低。处于炎热夏季的育成期要做好防暑遮荫等工作。

3. 秋季育雏　指9～10月份进行育雏。由于秋季天气较干燥，日照逐渐缩短，鸭的体质较春雏弱，而到育成后期自然光照逐渐延长，因而母鸭成熟早，开产早，停产也早，产蛋量低，蛋重小，产蛋持续性差，所以秋雏不作种用，多作商品肉用，此时气候暖，鸭增长快，育肥容易。

4. 冬季育雏　指11～12月份进行育雏。由于此时天气寒冷，保温费用高，但鸭的体质好，生长快，而种用时育成期处于自然光照逐渐延长的阶段，种母鸭性成熟晚，开产迟，生产力较低，产蛋量少，常不作种用。作商品肉用鸭时只要育雏时保温良好，即能生长发育快，增重快，肉用价值高。

冬季育雏比较麻烦，特别是要做到既保温又通风，满足育雏的适宜环境，使育雏达到良好效果，必须从以下几方面着手：

(1)选雏　挑选绒毛光亮、腹部柔软有弹性、肛门清洁、腿粗、嘴大、眼睛有神、活泼有力的雏鸭；剔除歪头、瞎眼、破脚和血脐雏鸭。

(2)保温和通气　雏鸭出壳后7天内室温保持在27～30℃；7天后，每天可降温1℃，15天后保持在15℃左右；20天后即按常温饲养。育雏前期若气温低，可在箩筐内厚垫切短的干稻草，做成平底窝。每箩放雏10～20只，上盖旧衣、棉絮，使雏鸭互相依偎保温，特别注意透气。

(3)开食 雏鸭出壳20～24 h即可开食。开食时先饮水后喂料。可将水盛入中央加盖的浅口水盘中，只露出有水的盘边，让雏鸭围盘学饮。饮水后及时用煮得半生半熟、不软不硬的米饭，经清水浸泡，除去黏性，沥水后拌入1.5%～2%的白糖，撒在垫有塑料布的摊盘或漏筛内，让雏鸭学啄吃，边吃边撒。开食的当天，每隔1.5～2 h饮、喂1次，每次只喂八九成饱，防止胀食。

(4)饮水和喂料 自开食第2天起至第4天，每天饮水、喂食各5或6次，第5～15天为4或5次，15天后为3或4次。饲料仍用半生半熟、不软不硬的米饭，但从第4天起不加白糖，改加配合饲料，数量由少到多，至第10天时全喂配合饲料。参考配方：玉米45%，碎米10%，小麦5%，麦麸5%，炒黄豆17%，菜籽饼7%，蚕蛹7%，贝壳粉2.7%，骨粉1%，食盐0.3%。同时，雏鸭还要加喂青饲料，第4～10天，青饲料可占日粮的20%左右，10天后占日粮的30%～40%，单喂、混喂均可。

(5)浸水 雏鸭出壳2～5天后即可用漏筛装雏浸入水中5～7 min，先湿脚，再徐徐下沉，洗绒，以后便可每天定时浸水。7天后，即可每次喂料后放入8～10 cm深的浅水围中；15天后，围内水深增至15～20 cm。

(四)育雏方式

肉鸭育雏可采取多种方式。具体方式有以下几种：

1.地面育雏 这是使用最多最普遍的一种方式，即直接在鸭舍地面上铺厚垫料(如刨花、粗木屑、干禾草、干沙等)，在其上育雏，定期清理更换垫料，使之保持清洁干燥。此法简单易行，成本不高，但清洁卫生工作量大，对雏鸭造成应激大，且不易控制疾病，特别是通过粪便污染传播的疾病，育雏效果一般。

2.网上育雏 即在离地面50 cm处用铁丝网、塑料网或竹木条板等铺设成平面，再往网上铺麻袋、编织袋等垫料，雏鸭育于其上。这种方法一次性投资大，成本高，但易于清洁管理，雏鸭受应激和疾病影响小，育雏效果好。

3. 半地半网育雏　即鸭舍 1/3 地面铺设离地网面，另外地面不铺网，只铺垫料。饮水全部放置在网上，这样舍内地面保持干燥。注意斜面坡度须小于 25°。此法成本适中，且利于清洁工作，效果较理想，所以比较常用。

4. 层叠笼式育雏　将鸭舍分隔为若干层或若干层叠的笼，雏鸭育于其中。此法投资大，清洁管理工作繁杂又不方便，不过空间利用率高。

5. 纸箱育雏　利用大一点的硬纸箱，将雏鸭养于其中。此法在暖和天气时不用热源供温。可自温育雏，大大降低保温费用，且简单易行，投资小、但须注意保持干燥、卫生和通风，常在纸壁凿孔以通气，需适时分群转移，随着雏鸭逐渐长大，逐步将部分鸭移出至其它纸箱或育雏舍，使其饲养密度适中并逐渐脱温。此法受天气影响较大，工作繁杂，育雏数量有限，所以集约化饲养时较少采用。

6. 塑料大棚育雏　它是结合应用塑料大棚饲养肉鸭而采取的育雏方式，其具体方法是在大棚内用塑料薄膜帘子隔出一部分空间用来育雏，优点是容易保温，不需专门设置育雏室，投资少，成本低，易于管理，成活率高。

7. 保温离地小空间育雏　将每层长 5 m，宽 1.8 m，高0.5 m 的四层育雏笼(网孔 1 cm×1 cm)放在一个比笼稍大的小房间内，四周用透气的塑料薄膜围成一个小空间，以便保温，前 4 天每层每 1.5 m^2 吊一个 60 W 灯泡，温度可达 33℃，以后逐渐减少灯泡，直到 8 日龄。保持内环境 1～3 日龄温度达到 30～35℃，4～6 日龄时为 28～30℃，7～10 日龄时为 25～28℃，11～15 日龄时为 20～25℃，16 日龄后逐渐脱温。密度：1～7 日龄为16～20 只/m^2，8～14 日龄时为 10～15 只/m^2。湿度在育雏期间保持无水珠凝集。

保温离地小空间育雏的优点为：

①供温保温相结合的离地小空间节能育雏方法，能减少雏鸭与粪直接接触的机会，增强鸭抗病力，降低用药成本，提高成活率，有利于肉鸭的后期生长。笼中网上育雏8日龄时成活率达99％以上。

②供温保温相结合的离地小空间育雏，提供一个保温性能较好的小空间，便于保温，可达到既提供适宜的育雏温度，又节省能源的目的。

③保持适宜的育雏温度、湿度和密度，可提高饲料利用率。

因为鸭粪多水、潮湿，所以无论采取何种育雏方式，都必须注意给雏鸭提供一个清洁干爽的环境休息。因此，地面垫料需及时清理更换，网面育雏在3～7日龄可将麻袋等垫层逐渐移走。这些工作安排须视天气和鸭舍具体情况而定。鸭群饲养区域也必须有一个由小到大的逐渐扩大过程，以达到既保温和又有合理的密度。

若条件许可，可不设育雏室，雏鸭可在鸭舍中培育到上市或开产期，即先将鸭舍适用的一部分圈起来，用塑料布或竹篱等材料隔开，雏鸭育于其中，以后随着雏鸭的生长而逐渐将此范围扩大，直到整个鸭舍都利用起来。也可设育雏舍，雏鸭在育雏舍饲养至21日龄后，搬至肥育舍、育成舍或户外圈养。育雏要遵循“全进全出”制，并且雏鸭不能同中鸭、大鸭混养，种雏鸭不能同商品雏鸭混养，必须设有隔离带，以免传播疾病，影响育雏效果。

（五）育雏前的准备工作

育雏前，要对鸭舍进行检修、消毒、垫料等一系列的工作。

首先检修鸭舍，使育雏舍保温良好，干燥，光亮适度，便于通风换气等。并对所有育雏器具，喂料、喂水设施进行检修。同时进行灭蚊、灭鼠等工作。

对育雏舍应彻底进行清洁消毒。先将舍内使用过的垫料全部清除出舍外，在远处集中严格处理（如深埋消毒等），清扫舍内，地面和网上的积粪要刮干净，并用水冲净。然后彻底消毒，舍内舍外面面俱到，不可遗漏。消毒方法有喷洒法、熏蒸法、灼烧法等，视具体情况而定。要使用高效广谱、未过期的消毒药水，且不腐蚀舍内设施。消毒后让育雏舍空置1周以上，以便晾干和消除异味。

将所有设备、用具洗净并且消毒。小件的可浸于消毒水中（3%克辽林或1%苛性钠等），大件的可用喷洒法。用温热水稀释消毒药，提高消毒效果。育雏舍利用熏蒸法消毒时，可将所有洗净的设备、用具放入舍内，关闭门窗，每立方米空间用甲醛溶液15 mL和高锰酸钾7.5 g，加少许水混合后，密闭1天以上。消毒后空置几天，以便全部彻底地杀灭细菌和病毒，加强消毒效果。

雏鸭进舍前2天，应在舍内地面和网上铺设好干净的垫料和垫层。常用的垫料有刨花、粗木屑等，有时也用干禾草、麦秸、干沙、谷壳等。同时要将其它育雏设备准备好，特别是保温设施，须反复检查试用，以确保工作正常。

雏鸭到达前，应在育雏舍内安放好充足的饮水器和浅水盆，并开启热源使室内空气和饮水的温度达到要求。饮水器须在育雏区域内均匀分布，勿太靠近热源，且高度与鸭背平，正好适合鸭群饮用。要保证雏鸭有足够的饮水点，一般最初几天每100只雏鸭需有1个5 L大的饮水器，每群中再加放1个浅水盆。水深以1 cm为好。饮水中最好放有水溶性的多种维生素、葡萄糖、抗生素等。

（六）雏鸭的运输

雏鸭出雏后24 h之内应运到目的地，如果时间过长，雏鸭开饮开食过迟，会影响正常的生长发育，特别是对卵黄吸收不利。运输时最好选用特制的纸箱装运，如用竹筐、塑料箱装运时，底部须垫好柔软的垫料如干禾草、布或纸等，天气冷时还要用厚布或毯子等盖好顶部和周围，但要注意适当通风换气，以防雏鸭呼吸困难，甚至闷死。装运时要注意密度，密度太大时雏鸭互相挤压，应激多，死伤多；密度太小时箱内温度低，运输车摇晃时雏鸭到处跌撞滚动，应激大，受伤多。天热时密度可小些，天冷时密度可大些。运输途中要注意防寒、防晒、防热、防淋、防颠簸摇摆。雏鸭运到后，应立即搬进育雏舍，减少外界环境的影响。

（七）雏鸭强弱分群

刚孵出的雏鸭，毛干后应立即从出雏机中捉出，进行去劣选优，将残次鸭苗淘汰。雏鸭 0～3 周龄不作雌雄鉴别，因为肉用商品鸭在 50 日龄左右时雌雄的生长、增重和肉的品质没有明显的差别，而分开饲养对种用雄鸭不利，会出现同性求偶的倾向，到成熟时无法补救。

雏鸭品质的好坏直接关系到雏鸭的生长发育、饲料报酬和以后的生产性能，影响其成活率和经济效益。不同健康程度的雏鸭饲养管理措施应有不同，因此应将雏鸭进行强弱分群，将弱雏放在室内温度较高的地方养育，进行高水平的饲养管理。强健雏鸭的标准是：

①在正常孵化条件下，28 天出壳，并在 24 h 之内出壳完毕，脱壳迅速。

②富有活力，活泼好动，对周围环境反应敏感，眼大有神，绒羽整洁光亮，柔软致密，腿结实，站立行走姿势正直有力，脚胫油亮，富有光泽，肛门周围没有粪便等沾污。

③卵黄囊收缩良好，脐部正常，无出血痕迹和突出现象，腹部柔软，大小适中。

④叫声清脆响亮，手握时挣扎有力。

⑤体重基本一致，且符合品种标准。

弱雏的表现与上面相差较大，具体表现在出壳延迟至 28 天以后，活力低，嗜睡，脚干瘪无力，眼无神，脚胫发暗无光，绒羽稀、薄、蓬松,有粪便等沾污,畏寒,食欲差或不采食,脐部收缩不良,脐口封闭,卵黄囊吸收差,腹部膨胀,或硬或松软波动,手握时无力挣扎,叫声微弱,体重不均,大小不一等;对严重弱雏,如畸形、过小、腹太大太硬、扭头、盲眼或歪腿的,应予淘汰。雏鸭强弱分群应在运到后休息片刻再进行,然后分为400～1 000只雏为一群进行饲育,群体越小越好,特别是种雏更应如此,须视鸭品种、栏舍设备等具体情况而定。

(八)肉雏鸭的饲喂技术

饮水和喂料是肉雏鸭饲养的重要技术。

1. 饮水　雏鸭阶段是鸭一生中相对生长最快的阶段,也是最重要的阶段,因此,饮水和饲喂是关键工作之一。当然,雏鸭具有补偿生长功能,雏鸭时期稍有生长不足,只要没有严重影响发育,到以后可慢慢追补回来,并达到标准体重,所以雏鸭的营养和饲喂工作,不必像对待雏鸡那样精细和高要求,营养水平可低些。

运来或购来的雏鸭,应马上搬入育雏舍,让其稍安静片刻,然后放入保温区域内,设法让其尽快学会饮水。一般做法是,将雏鸭放入1 cm深的浅水盆中几分钟,让雏鸭湿脚和饮水,即通常所说的“点水”。“点水”有利于雏鸭排除胎粪,增强食欲,刺激尾脂腺的分泌等。雏鸭在出壳后24 h内一定要饮到水,以防出现虚脱和脱水现象。水质必须新鲜、清洁,水温接近室温,饮水器数量要足够、分布均匀且高度要适中,这些都需随雏鸭日龄的增加而加以调整。高度应同鸭背持平,若水位过低,鸭在饮水时会反吐饲料,而且用水来洗身、理毛。饮水器数量不够或摆放位置不均匀时,弱雏和部分雏鸭难以饮到水,对生长不利。对不会饮水、呆立的雏鸭,应采取人工摄取的训练方法,让其学会“点水”。随着日龄的增加,雏鸭的饮水量加大,而且嬉水性充分表现出来,这时需逐渐增加饮水器数量,或改用大饮水器和大水盆,水深以从鸭鼻孔到喙端距离为准,并经常清洗饮水用具和换掉脏的饮水,装入新鲜的水。水质要求酸碱适度,细菌含量符合要求,含盐量低。若鸭舍装有自动饮水器,须待1周龄后才逐渐换用,并视鸭的适应情况采取相应措施。如果饮水量突然下降,往往预示着雏鸭群开始发生异常,可能有疾病感染或饲料问题,须马上调查,找出原因,加以补救。

2.喂料　等全部雏鸭饮到水后,马上将饲料放入育雏区域内,让雏鸭采食。要保证供应完善的营养,尤其是蛋白质、维生素和无机盐等。开食时间主要取决于雏鸭胃肠的发育情况,若开食过早,雏鸭胃肠较软弱,不利于消化器官的健康发育;开食过晚,会大量消耗雏鸭体力,影响其生长发育和成活率。在雏鸭出壳后24～28 h内让其开食,最迟也不能超过36 h。为便于雏鸭学会采食,最初几天可采用浅平的饲料盆,饲料放于其中,或直接将饲料撒在干净的编织袋或深颜色塑料布上,也可将饲料拌湿喂,等雏鸭都会采食后,再逐渐换用5 L的饲料桶饲喂。饲料桶下面一定要放有干净的塑料布或稍大于饲料桶的面盆,用来承接雏鸭采食时撒出的饲料,然后定期将撒出的饲料再放回给雏鸭采食,并适时清洗更换此塑料布或面盆,以减少饲料浪费。对于不知道吃食的雏鸭,应对其进行训练,采取人工强饲的方法,反复调教,直至学会吃食为止。雏鸭开食后的最初几天,应采用"少喂多餐"制,即每天喂7或8次,每次喂量很少,但须保证雏鸭吃饱,其中晚间应喂2或3次,这时须实行全天光照,只在晚上熄灯0.5 h左右,让鸭能适应突然停电熄灯的应激。雏鸭饲料宜用新鲜、清洁、营养全面、颗粒大小适中、适口性好、易于消化的颗粒饲料。饲料也可自行配制,利用当地已有资源或剩饭等制成混合饲料,但必须符合雏鸭饲料要求。饲料放置在干燥处,均匀分布,料位高度应同鸭背平,这样鸭采食时既方便又不致浪费。

(九)影响雏鸭成活率的主要因素

1. 温度　一般而言,育雏温度可分高温、低温、适温3种类型(表6-1)。

表6-1　3种育雏类型温度范围　℃

日龄	高温育雏	低温育雏	适温育雏
0～3	32～35	21～24	30～32
4～6	30～32	20～21	27～30
7～10	27～30	18～20	25～27
11～15	24～27	17～18	22～25
16～20	21～24	14～17	16～22
21～25	18～21	14以下	16以下
25以后	18以下	脱温	脱温

注:表中温度指离地面6～8 cm或雏鸭背高温度。

①高温育雏　雏鸭成活率高,生长发育好,饲料报酬高。缺点是鸭体质较弱,对房舍和保温条件要求高,燃料耗用较多,成本较大。

②低温育雏　常常由于雏鸭早期怕冷而挤压成团、"扎堆"取暖。由于在低温环境中雏鸭体温丧失较多,需要较多热能来满足生理需要,因而耗用饲料较多,雏鸭生长发育较慢,饲料报酬低。但雏鸭受低温环境的锻炼,体质较为强健,能较早适应外界温度环境。同时,育雏期耗用燃料较少。

③适温育雏　处于高温和低温之间,从饲养效果看,较为理想。温度适宜,雏鸭感到舒适,活泼好动,食欲旺盛,羽毛紧凑而有光泽。

以上3种育雏温度,饲养者可根据育雏季节及自身实际情况灵活运用。

2. 饲料 雏鸭入舍饮水后即可开食喂料，若是粉料可撒放一些在雏鸭身上以诱其觅食。颗粒料也可均匀撒放于鸭群周围，以增强雏鸭觅食行为。商品肉鸭饲养全程采用自由采食，以保证肉鸭多吃饲料，增重速度快。

3. 免疫 为预防雏鸭大肠杆菌和鸭疫巴氏杆菌（传染性浆膜炎）的发生和流行，于 7～9 日龄每只雏鸭皮下注射大肠杆菌＋鸭疫巴氏杆菌二联苗 0.5 mL，能较好地防止疾病发生和减少疾病的流行。

4. 体重 对种雏鸭的育雏，还需控制饲喂量保持标准体重。以樱桃谷鸭为例，其喂料量如表 6-2 所示。

表 6-2 1～28 日龄饲喂标准

日龄	g/只	累计	日龄	g/只	累计
1	5.1	5.1	15	75.8	606.3
2	10.1	15.2	16	80.8	687.1
3	15.2	30.3	17	85.9	773.0
4	20.2	50.5	18	90.9	864.0
5	25.3	75.8	19	96.0	960.0
6	30.3	106.1	20	101.0	1 061.0
7	35.4	141.5	21	106.1	1 167.1
8	40.4	181.9	22	111.2	1 278.3
9	45.5	227.4	23	116.2	1 394.5
10	50.5	177.9	24	121.3	1 515.7
11	55.6	333.5	25	126.3	1 642.0
12	60.6	391.1	26	131.4	1 773.4
13	65.7	459.8	27	136.4	1 909.8
14	70.7	530.5	28	141.5	2 051.3

注：以上为高温育雏条件下饲喂标准。在实际饲养中，应增加 10%～15%。

二、肉用仔鸭中雏的饲养管理

肉用商品鸭4～5周龄为中雏鸭阶段。此时鸭体各组织和器官迅速生长发育,胃肠容积增大,消化能力大大增强,代谢加快,绒羽慢慢更换为正羽,骨骼结构基本发育完全,肌肉迅速生长,皮下脂肪日益积累,机体各种功能加强,适应性和抗病力增强。饲养管理上可以粗放一些,应从育雏舍搬出移至肉鸭舍,减少饲养密度,改喂营养水平较低、粒度较大的中鸭料,随时注意观察鸭群动态,特别是清晨,依照鸭的行为采取相应的有效措施。

(一)过渡期的饲养

1. 饲料　从雏鸭舍转入中雏舍的前3～5天,将雏鸭料逐渐调换成中雏料,使鸭逐渐适应新的饲料。

2. 温度　除冬季和早春气温低时采用升温育雏饲养外,其余时期中雏的饲养均采用自温饲养方法。但若自然温度与育雏末期的室温相差太大(一般不超过3～5℃)会引起感冒或其它疾病,这时就应在开始几天适当增温。

3. 空腹转舍　转群前必须空腹方可运出。

4. 逐步扩大饲养面积　若采用网上育雏,雏鸭刚下地时,地上面积较小,待中雏鸭经过2～3天的锻炼,腿部肌肉逐步增强后,再逐渐增大地面活动范围。一般中雏舍的地面面积比网上面积大,雏鸭从网上到地上,活动量突然增大,一时不能适应,容易导致鸭子气喘、拐腿,甚至引起瘫痪。

(二)中雏鸭的饲养方式

中雏鸭的饲养方式与雏鸭略有不同,因为中雏鸭不再需要保温,饲养密度也小得多。中雏鸭可采用地面平养、离地网面平养、平面地网结合及笼养等方式。同时，中雏鸭也可以户外圈养和放养，或者舍内与运动场结合饲养、陆地与水面结合饲养，这样可大大节省鸭棚建筑费用。户外场地若无天然树木、竹木遮荫，则一定要搭人工遮荫棚，而且树木、竹丛应有铁网围护，以防鸭群啄食损坏。地面须排水良好，最好是水泥或砂石地等硬表面，地面要平整，倾斜度不得大于 25°，陆地跟水面连接处需渐渐倾斜，绝对不允许有陡坡突然高出水面。陆地跟水面应保持清洁，防止蚊、蝇、寄生虫和致病微生物滋生。

在中鸭的整个饲养过程中，要注意搞好清洁卫生，彻底消毒，检修荫棚和休息所，铺设垫料，及时供饮水和饲料等。搬移鸭时宜抓颈部，不宜抓脚，轻拿轻放。如需装箱转运异地饲料，盛放鸭的箱笼等物底部要垫软垫料，装的密度要适中，途中要防晒、防颠簸、防剧烈摇晃，行车速度要均匀，并要选择气候凉爽的傍晚或清晨搬动，尽量减少应激。

(三)中雏期的饲喂

1. 中雏期的饲料　这个时期要逐步加大粗料和青料的用量，适当加入精饲料和动物性饲料，并且满足其对无机盐饲料和维生素的需求。

应供给颗粒较粗和营养水平稍低的中鸭料，以方便采食，减少饲料损耗和营养浪费。变换饲料时须有 3 天的过渡时间，第 1 天用 2/3 的雏鸭料和 1/3 的中鸭料混匀后饲喂，第 2 天各用一半混匀饲喂，第 3 天则用 1/3 的雏鸭料和 2/3 的中鸭混匀饲喂，第 4 天全部用中鸭料。这样可以减少因饲料突然变化而引起的应激，避免饲料原料配比和营养水平突然变化而造成的消化不良、腹泻，甚至拒食。转料时前后 2 种料需由相对稳定的同样原料配合而成，最好为同一生产厂家所生产。中鸭胃肠容积大，采食量大，中鸭料颗粒较粗。颗粒太细或用粉料饲喂时，中鸭采食少，难吞入，常需洗口、洗鼻孔，浪费多。注意在鸭将食入的饲料消化完而又不特别饥饿时供料，这样既可减少饲料的浪费而又不至于抢食、暴食、饮水过多，造成应激。

2. 中雏鸭的采食方式　中雏阶段采取自由采食和自由饮水制，即全天 24 h 保持供应饲料和饮水，并经常保持饲料和饮水的清洁卫生，但晚上不一定增加人工光照，自然光照时间已经足够了。

中鸭采食和饮水时，应有适当的间隔距离，以防抢食和生长不均匀。建议标准如下：采食间隔距离每只不少于 10 cm，饮水间隔每只不少于 1.5 cm。饲料桶和饮水器应均匀分布。

3. 中雏鸭的饮水　中雏鸭饮水多，而且喜欢戏水，溅水理毛，所以需水量大，而且水易弄脏，因此需适当增加饮水器数量，水要常换，保持新鲜清洁。饮水器和水盆上最好覆盖有铁丝网，阻止鸭进入水中而又不妨碍其饮水和溅水洗理身体。水位高度应同鸭背持平，既方便鸭饮水，又不使饲料随鸭口中流出。采用自动饮水器的，要经常注意检查供水情况，适时修理和更换损坏的饮水器，同时鸭舍应适当放几个水盆，水深以从鼻孔到喙端的距离即可，有利于鸭用来溅水洗鼻理毛，不至于浪费太多的饮用水和弄湿地面。要清除地面的积水，以防鸭饮用，水池水也要保持干净。

4. 中雏鸭的日常管理

(1)及时调整密度　中雏鸭生长发育快，需注意其饲养密度的调整。使其适合肉中鸭的生长需要。如果密度过大，中鸭互相挤压，甚至相互啄毛，影响其正常生长发育，所以需及时扩大饲养面积，减少密度。通常舍外饲养每平方米 3～4 只，舍内地养每平方米4～6 只，网养为 6～8 只。中鸭性情好动，爱抢食，在大群饲养时，往往强者采食多、生长快，弱者采食少，生长慢，差异逐渐增大，应及时将弱雏挑出另养，否则其采食饮水不能满足需要，易被挤压、践踏，以至肉鸭上市时残次鸭数量增多，影响到经济效益。鸭群不可太大，以 500～1 000 只为宜，群体越小越好。

(2)适时通风　舍内饲养时要注意通风，保持舍内空气新鲜，氧气充足。若舍内通风不良，空气污浊，氧气不足，易造成鸭体新陈代谢障碍，生长发育受到影响；而且污浊的空气刺激鸭的眼、鼻、肺等部位，严重危害健康，甚至给疫病传染创造了条件，所以保持舍内通风非常重要。户外饲养的鸭不需要担心通风的问题，但要避免暴晒、严寒、贼风、冷雨的侵害。虽然肉中鸭的抗寒能力较强，但贼风对鸭体的强刺激会使鸭呼吸急促，生长不良，能量消耗加大。

(3)注意防暑降温　肉中鸭羽毛较为厚密，皮下脂肪日益增厚，而皮肤又没有汗腺，因此散热能力差而抗寒能力强。在炎热的天气下，应多设置水盆，让鸭多溅水洗身；装设风扇，用动力加强通风散热；直接向鸭身喷水和在舍顶、舍外多设遮荫棚等。这些措施会有效地防止鸭中暑，其中风扇通风结合水雾喷洒的方法作用很大。水面对鸭也有很大帮助，鸭并非一定要游泳才健康，但游泳对鸭的防暑散热作用很大。

(4)防止啄羽　如果鸭群密度太大，地面垫料潮湿；通风不好，或者饲料营养不全面，特别是含硫氨基酸缺乏，都会引起鸭互相啄羽。这在集约化饲养时尤须注意。啄羽使鸭的羽毛被动脱落，严重时容易使鸭受伤出血，影响屠体的外观，甚至胃肠内脏被啄出而致死。鸭是不断喙的，所以须在饲养管理特别注意，使其密度适中，地面和垫料保持干燥，舍内通风良好，饲料营养全面等。

(5)保持环境卫生　中鸭采食多，饮水多，粪多且潮湿，易腐臭和滋生蚊蝇，若不经常清扫冲洗，保持干净卫生，会使鸭群应激大，生长发育不良，甚至暴发疾病。因此，鸭粪须常清除。地面常扫，垫料常换，饲养工具也要常洗，保持清洁干净。执行严格的卫生防疫制度和预防接种制度，做好经常性的灭蚊、灭鼠和防兽害等工作，保持环境优良、安静。

(6)适时洗浴　定时让鸭子下水洗浴,这样不仅可促进中雏的新陈代谢,而且有利于中雏体质的锻炼和羽毛的生长。肉鸭下水的次数和时间应根据季节气温的不同而定。在夏季每天下水3或4次;春秋季下水2或3次;冬季下水1或2次,特别寒冷时不应下水。每次在水中活动时间为1 h左右,天热可长一些,天冷则短一些,然后让鸭子上岸理毛,待羽毛干后再赶进鸭舍。

(7)加入沙砾　为满足雏鸭生理机能的需要,应在中雏鸭的运动场上,专门放几个沙砾小盘,或在精料中加入一定比例的沙砾,这样不仅能提高饲料的转化率,节约饲料,而且能增强其消化机能,有助于提高鸭的体质和抗逆能力。

(四)中雏的冬季饲养

1.舍饲饲养　舍饲饲养主要适用于樱桃谷鸭、北京鸭、狄高鸭等白羽型品种。场地可选在塘库或河湾旁边,也可在庭院空处。圈舍要空气流通,舍内用竹条搭制60 cm高的分格鸭栏,每格5 m^2可养鸭20～30只。在靠人行道侧的栏外挂食槽和水槽。配合饲料参考配方:玉米62%,麦麸15%,炒豌豆6%,鱼粉7%,菜籽饼7%,骨粉2.8%,食盐0.2%。每天喂4次,边喂料边供水,让其尽量吃饱。同时要补充青料,一般青料与配合饲料的比例为(1～1.5):1。此外,舍饲中要加强中雏的洗浴,可放入塘、水库、河中洗浴。

2.放牧饲养　放牧饲养主要适用于高邮鸭、建昌鸭等麻鸭品种。可放入冬闲稻田、塘库、溪渠、河湾等水域。放牧时间一般上、下午各1次,上午在11时前,下午在4时后。同时每天补喂配合饲料2或3次,可按舍饲中雏的饲料配方配制。

三、肉用商品大鸭的饲养管理

6周龄至上市期的肉用商品鸭为大鸭阶段,俗称育肥阶段。

此阶段肉鸭采食量最多，消化代谢最快，生长增重也快，脂肪沉积多，生长十分迅速。育肥阶段是决定肉鸭的肉的品质、商品价值和养殖效益的重要阶段。由于鸭体各部分正充分发育，各种机能不断加强。因此饲养管理上可比中鸭粗放些，除饲养密度应小些、饲料营养水平相对低些和慎防腿病之外，其它饲养管理方法基本跟中鸭相同。

(一)饲喂技术

肉用商品大鸭一般采用自由采食和自由饮水制，这样做既节省人力，又对鸭应激少，还能收到良好的育肥效果。此期夜晚开灯与否应视鸭的肥育程度而定，一般是夜晚不需照明，只让鸭白天采食、饮水，采食量已能满足育肥需要；若大部分鸭达不到标准体重，或体重较轻的弱鸭群，可在夜晚增加人工光照，以增加采食饮水时间，加速育肥。肉大鸭料应比中鸭料颗粒粗，营养水平和原料口味等要求可适当降低。在大鸭阶段应尽快转喂大鸭料，转料过程应有 3 天过渡时间，具体方法同中鸭阶段转换饲料方法。大鸭料的颗粒应完整，无散碎粉状，方便大鸭采食；如果颗粒太细或呈粉状，大鸭采食困难，难吞咽，吃得少而浪费多，从口中随水流出的料多。料位高度应适当增加，保持与鸭背持平，以方便鸭采食又不致浪费太多。

大鸭饮水比中鸭多，溅水也多，所以需要供给更多的清洁水，提供更多的供水设备。水位高度应同鸭背持平，且供水设备下边的地面应排水良好，以防止积水和潮湿。采用自动饮水设备的应经常检查其性能情况，并加放水盆，供鸭戏水、溅水。

(二)饲养密度

大鸭个体大，生长发育和增重快，因此，密度应比中鸭小一些，并适当扩大饲养面积和圈养范围。建议舍外饲养每平方米为 2 或

3只，舍内地养为3或4只，网养为4～6只。若密度过大，鸭群会发生互相啄毛现象和生长、增重缓慢。大鸭肥胖，不喜动；腿部负担重，所以鸭群应适当小些，以免互相挤压致残，建议大鸭群以400～700只为宜，群体越小越好。

（三）肉鸭的育肥

1. 放牧育肥　放牧育肥与农作物收获季节紧密结合，是一种较为经济的育肥方法。通常一年有3个放牧肥育期：即春花田时期、早稻田时期和晚稻田时期。事先估算这3个时期农作物的收获季节，把鸭养到40～50日龄，体重达到2 kg左右，在作物收割时期，便可放到茬田内充分采食落地的谷粒和小虫。经10～20天放牧，体重可达2.5 kg以上，即可出售屠宰。

2. 圈养（舍饲）育肥　育肥鸭舍应选择在有水塘的地方，用砖瓦或竹木建成，要求舍内光线较暗，但空气流通较好。育肥时鸭舍周围保持安静，适当限制鸭的活动，任其饱食，供水不断，定时放到水塘活动片刻。这样经过10～15天肥育饲养，可增重0.25～0.5 kg。

采用自食育肥法，最好喂给全价颗粒饲料，把料倒入饲料箱内，一次加足，任其自由采用。颗粒料比粉料适口性好，采食时间短，采食量大，催肥效果明显。

3. 网上快速育肥

(1)饲养舍设置　鸭舍宜选择在离村庄较远，地势干燥、安静、水源充足、通风采光好、交通方便的地方。舍内网床下面设有半倾斜水泥地面或水沟，以利冲洗打扫鸭粪。鸭舍建筑面积按饲养量大小决定，如饲养1 000只肉鸭，育雏室需8 m^2（育雏室利用率为80%），育雏密度为每平方米网床15只；中成鸭舍240 m^2，饲养密度为每平方米网床5只。

育雏网床高70 cm，宽300～400 cm，长与鸭舍长度相等，可单列式，也可双列式。网床用木架，网用毛竹片(毛竹破成宽 2 cm，长与网床宽相等的竹片)铺钉。育雏网床的竹片间距 1 cm，中成鸭网床的竹片间距 2 cm，网架外侧设有高 50 cm 左右的拦鸭栅栏。在栅栏内侧设置水槽和食槽。若有条件，网床可用 8 号或 10 号铁丝编织，网眼直径均 1 cm。

(2)饲养与管理　肉鸭 6 周龄即长成为成鸭，最好的方法是进行成鸭填肥。填肥前，淘汰瘫、残、病鸭及体重过小的鸭，并按鸭体重分为大、中、小 3 类，平均饲养密度为每平方米 5 只。

4. 填鸭育肥

(1)开填的日龄　一般在 40～42 日龄，体重达 1.7 kg 以上的中雏就应当开始填饲。但在饲料条件差，鸭子生长慢的情况下，有时需延至 45～49 日龄，体重达 1.6 kg 以上时才开始填饲。

(2)填鸭前的准备　开填前将鸭子按体重和体质分群，挑选体质强壮，发育正常，健康状况好的鸭子先开填，淘汰病残鸭和过于弱小的个体。这样可以获得较好的育肥整齐度。此外，填鸭前应剪去爪尖，以免互相抓伤，影响屠宰体的美观，降低等级。

(3)配制填鸭专用日粮　填鸭的饲料应含有较高的能量(每千克含代谢能 12.55 MJ/kg 左右)，而粗蛋白含量 14%～15%即可。这种营养水平有利于快速提高体重和积累一定量的肌间脂肪。填料配方：①玉米 60%，麸皮 10%，草粉 4%，米糠 10%，豆饼 4%，菜饼 5%，鱼粉 5%，骨粉 1.7%，食盐 0.3%。②玉米 58%，大麦 8%，高粱 5%，豆饼 10%，鱼粉 5%，麸皮 7%，骨粉 1.7%，草粉 3%，松针粉 2%，食盐 0.3%。在上述 2 种饲料配方中，每 100 kg 还要加沙砾 2 kg。

由于人工填饲填入的饲料量，比自由采食多得多，产生热能也高。所以，一定要供应充足的饮水。

填鸭的饲料中需加入一定量的维生素和微量元素。这是维持填鸭生长发育、维持健康所不可缺少的，主要有维生素 A、维生素

D_2、维生素E、维生素K、维生素B_{12}、核黄素、泛酸钙、氯化胆碱、尼克酸；微量元素，如铁、铜、锌、锰、碘、锌等。还要特别注意钙和磷的数量及比例。以免因无机盐不足或钙磷比例失调，影响增重或引起瘫痪。

(4)填料方法　采用人工或机械填料均可。填料时要轻赶、慢捉、慢放。填料采用水拌料，水料比为1.2∶1。一般开食量每只每天0.25～0.3 kg，填食后期每只每天0.4～0.5 kg。日填4次，每隔6 h填料1次。填料前，要停水30 min，其余时间要供给充足的清洁饮水。夏季填食时，夜间多填，白天少填，对个别食量小和消化不良的鸭要少填或停止填料，以免发生“填鸭病”(即瘫痪或病死)。

白天自然光照，夜间除填食补光外，其余时间黑暗。填鸭阶段通风尤为重要，鸭舍门窗要经常打开，夏天还要作好防暑工作。网床每隔2天打扫1次鸭粪，网床下粪便5～7天打扫1次，鸭舍外每周用石灰消毒1次。

填饲的操作要点：首先，将调好的饲料装入填饲机的贮料箱内，转动搅拌器以免饲料沉淀。然后，将鸭慢慢赶入待填圈内，等候填饲。接着操作人员先用脚踏填鸭机的离合器，检查唧筒的出料情况，并调整出料量，达到规定数量后即可捉鸭填饲。有经验的填饲人员都采用抓嗉(嗉囊的部位)的方法，即四指并拢握嗉部，拇指握颈的底部。这种方法既可将鸭捉稳，又不会引起挣扎伤残。填左侧小圈的鸭子时，用左手提鸭子头部，掌心靠着鸭的后脑，用食指和拇指打开鸭喙，中指伸进喙内压住鸭舌，将鸭喙送向填饲胶管，让胶管准确地插入食道膨大部，同时，用右手托住鸭的颈胸接合部，将鸭体放平，使鸭体和胶管在同一条轴线上。这样，才不至于损伤食道。插好管子后，用左脚踏离合器，启动唧筒，将饲料压进鸭的食道后，放松开关，将胶管从鸭喙退出。填饲操作在技术上的要领是：鸭体平，开嘴快。压舌准，插管适，进食慢，撤鸭快。

(5)填饲的时间和填饲量　通常每天填饲4次，每隔6 h填

1次，每次的填饲量(指带水饲料的重量)约为鸭体重的1/12，以后每天饲量可增加30～50 g湿料，1周后每次可填300～500 g。在凉爽季节，鸭子消化好可适当多填，应根据具体情况灵活掌握。填饲时要注意观察，发现嗉囊内有未消化的积食，应考虑少填或不填，以防消化不良或"撑死"。

(6)填鸭的管理

①填鸭体重大，行动笨，赶鸭要慢、不可惊吓鸭群，道路及运动场要平整，防止摔伤鸭脚。

②下水洗浴，可清洁鸭体，帮助食物消化，促进羽毛生长，炎热天，可延长下水时间。

③填鸭栖息的场地要卫生清洁，并保持干燥。饮水充足，解热降暑，以助消化。

④要保持鸭舍安静，闲人不得进出。饲养人员要细致耐心，不要粗暴驱赶，以免影响消化和增重。

⑤要做好防暑降温工作。鸭没有汗腺，填鸭的皮下又沉积了大量脂肪，过于闷热能使呼吸加快，影响育肥，甚至造成死亡。因此，在高温、高湿情况下，应采取加强通风除湿，植树遮阳等防暑降温措施，为填鸭生长创造较好的环境条件，以期获得最佳的生产效益。

5. 冬季快速育肥

(1)品种选择　冬季快速育肥的肉鸭可选择樱桃谷鸭、康贝尔鸭、上海白鸭、北京鸭、高邮鸭、建昌鸭、淮鸭等。这些品种耐寒性强，生长发育快，育肥性能好，屠宰率高，适宜冬季快速育肥。

(2)快速育肥　主要是为了提高肉鸭体重和肥度，使肉质更加鲜美细嫩。当中雏养到50～55日龄时，开始育肥最为适宜。育肥期间要使用"高能量、低蛋白"的配合饲料。参考配方：玉米35%，面粉30%，米糠25%，高粱6.5%，贝壳粉2%，骨粉1%，食盐0.5%。

实行填喂育肥，最简单的方法是：将配合饲料加水调成干糊状，用手搓成直径 3.3 cm、长 5 cm 的圆条。操作者坐在小凳上，双腿夹住鸭体下部、左手拇指和食指撑开鸭嘴，中指压住舌头；右手把圆条先沾水使之润滑，然后从口腔向食道填入。每天填喂 3 次。育肥第 1～3 天，每次填喂 3～4 根圆条；第 4～8 天，每次填 4～6 根；8 天以后，每次填 6～8 根。填喂后供足饮水，每天进行几十分钟的水浴，以利消化育肥。管理上注意鸭舍光线要暗，使鸭少活动、多休息。育肥期一般为 10～15 天。当肉鸭体重达 2～3 kg、用手摸到皮下脂肪增厚、翼羽的羽根呈透明状态时，即可上市出售。

四、种用育成肉鸭的饲养管理

种鸭的育成期是指 4 周龄至开始产蛋这段时间，也称后备期，育成鸭也称后备鸭。这一阶段种鸭迅速生长发育并达到性成熟和体成熟，是决定成年鸭生产性能最重要的时期。这一时期最重要的工作是限制饲喂、控制体重和控制光照，饲养管理方法要科学化，这跟肉用商品鸭有很大的不同。如果饲养管理不当可导致成年种鸭生产性能低下，经济价值低，甚至失去种用价值。

(一)后备种鸭舍的准备

后备种鸭进舍前，应对鸭舍进行仔细检修，保持舍内不漏雨、无贼风、干燥、光亮适度、便于通风换气等。运动场和圈养场地须平整，无积水现象，遮阳设施完好，树、竹等要设置铁丝网保护，使其与鸭隔离，以免被鸭损伤。对所有饲喂工具和设备进行彻底检修，同时做好消毒、灭鼠等工作。

在后备种鸭入舍前 2 天，应在舍内地面和网上铺好垫料和垫层，垫料和垫层切忌霉烂结块，要求颗粒适中、干燥、清洁、柔软，吸水性好、粉尘少、无尖硬杂物。然后安放好饲料桶和饮水设施，调整其至恰当的位置和高度。

迁入后备种鸭舍时，应有专门的清洁消毒过的箱或笼盛装后备种鸭，这些箱和笼的底部应柔软，铺有软垫料。捉鸭时应小心，轻拿轻放，最好双手捧鸭身，或者抓其颈部，不宜抓脚，要轻放于笼底，不能甩丢。盛装密度要适中，密度太大或太小都不好，途中要注意通风换气，防霉防震，行车速度要均匀。笼中的鸭捉出时也要轻拿轻放，不要让鸭碰伤，不要把鸭甩丢在地上。搬迁前后最好给鸭各补充 1 次维生素 C 和葡萄糖水，以减轻应激反应。同时将不合乎种用要求的鸭，如盲眼、扭头、拐脚等畸形鸭及瘦病鸭等淘汰掉。

也可以在育成舍育雏，先将所需的育雏区域用保温性能好的塑材围住，以后随雏鸭的生长逐渐扩大育雏区域。这样，可避免搬迁的应激反应。

(二)后备种鸭的饲养方式

后备种鸭的饲养方式主要有以下 4 种：

①在地面上铺干燥清洁垫料的地面平养。

②在离地 50 cm 处用铁丝网、塑料网、木条板或竹条板铺设地面的网面平养。

③前 2 种方式结合的半地半网平面饲养。

④层叠式或笼式饲养。

另外，后备种鸭的饲养应当舍内舍外结合，即需设有户外运动场或圈养场地。

(三)后备种鸭的管理

1. 后备种鸭的饲喂技术

(1)常规管理饲喂法　必须供应清洁、新鲜的饲料和饮水。育成鸭饲料可用于鸭料，也可另行配制，但最好颗粒比小鸭料粗，后期饲料颗粒同大鸭料一样粗；转料过程需有 3 天的过渡时间。

(2)育成期的饲喂　一般从 50 日龄至开产(180 日龄)称"育成期"。种鸭在育成期间，各器官系统进入旺盛的发育阶段，向健全和成熟阶段发展。因此，这阶段的肌肉系统、骨骼系统、生殖系统能否打好基础，关系到将来产蛋性能高低的问题。

育成期间鸭的相对增重降低，但绝对增重增加。因此，表现为食欲旺盛、消化能力提高、爱活动，饲养种鸭的目的不是指望它们增加体重，而是在获得正常体重的前提下，将来有良好的产蛋性能，产蛋量高，蛋重个大，饲料转化率高，所产后代雏鸭的育肥效果好，此期的饲养特点主要是对鸭子进行限制饲养。

限制饲养的目的，不是让鸭吃料不够，而是防止青年鸭吃料过多而增加脂肪积蓄，从而保证鸭的正常生长发育和满足种鸭对营养物质的合理需要。

限制饲养在育成期的主要作用是使鸭生长略受抑制，防止过早性成熟(过早开产)；控制体重增长，维持标准开产体重，减少采食量，从而节省饲料，降低体内脂肪积累，以免体重过大鸭体过肥。

限制饲养的具体方法：

①限时　限时饲喂，或减少饲喂次数，或缩短饲喂时间。喂 2 天隔 1 天的方法，更符合育成鸭的饲养需要，效果最佳。

②限质　控制营养水平，降低日粮中粗蛋白和能量的含量，增加纤维素。但钙、磷、微量元素和维生素，仍保证满足需要，以促使鸭体骨骼和肌肉的正常生长发育。

③限量　在日粮营养水平较高的情况下，适当减少其采食量，限喂前应根据出雏日期、体重标准、饲料及饲养方式等条件制定限喂计划。

无论采取何种限饲方法，必须注意以下几点：

第一，育成种鸭的日粮应为营养全面的颗粒饲料，特别是维生素类和限制性氨基酸不可缺少，必须由经验丰富的营养专业人员来配制，通常不能只供应单一的粗劣原料。因为鸭喜食颗粒料，所以一般不采用自动喂料机，自动喂料机的传送系统易使饲料颗粒散开，也不方便限饲，站在料槽旁边前后位置不同的鸭，采食量会不相同。不管何种喂料设施，均应做到既不浪费饲料，又利于限饲均匀。如采用饲料桶喂饲时，可在其底下套一个稍大的盆，以承接漏出的饲料，然后将这些漏出的干净饲料再倒回给鸭采食。

第二，隔天饲喂的饲料应在 4～6 h 内吃完，隔 1 天喂 2 天的饲料应在 3～5 h 内吃完。若饲料投喂量没变而采食时间发生变化，则需检查原因，是否投喂量过多或过少。

第三，一定要保持适当的饲槽间隔，使每只鸭获得其定量饲料的机会均等。育成期种鸭的采食间距每只应不少于 15 cm，饮水间距每只不少于 2 cm。除了保持采食和饮水的足够外，饲料和饮水的分布应当均匀，饲料放置的高度应与鸭背持平，而饮水位置也应差不多高或稍高，并尽可能使鸭舍保持干燥。也可将饲料铺撒到干燥清洁的地面或编织布上。

第四，称量饲料要准确，使配给的饲料量正确无误；要定期抽样称量鸭体重，通常每 1 000 只鸭中抽称 50 只，须随机抽样、称量准确，而且必须在非饲喂日或在饲喂之前称量，即统一用空腹体重衡量。这样可比较客观地评定其体重是否符合品种标准，并适时做出饲喂量的调整。

第五，调整饲喂量，应在准确称量鸭体重，表明鸭群不符合品种体重标准以后再进行。饲喂量增加或减少的幅度应按每 100 只鸭 0.5 kg 的比例来掌握，不要超过这个比例。

第六，在母鸭开产前一段时间，需渐渐增加饲喂量，一般是每周增加 2 或 3 次,每次按每 100 只鸭增加 1 kg;到刚开始产蛋时,须改为每天饲喂,并更大地增加饲喂量;至母鸭产蛋量达 5%左右时,应采取自由采食制,这样既能供给其足够的营养,用于蛋的形成,刺激开始产蛋,又能很好地控制其体重,并且尽量减少应激。隔 1 天喂 2 天的方法更符合育成鸭的饲养需要,效果最佳。

育成种鸭的饮水量比肉用鸭少,因为采食量少。供水情况与肉用商品中鸭相同。若运动场放置有饮水,则一定要保持饮水清洁,并且及时排除溢出的水。如果设置有水池,水池的水应清洁,无病菌污染。

2. *后备种鸭的体重标准* 通过限制饲喂的手段来实现控制体重的目的,但绝不是体重控制得越小越好,要求达到标准体重。而限制饲喂的体重标准因品种的不同而不同,因此,限饲的结果必须通过抽样,进行体重测定来与标准相对照。

称重必须在同一时间进行,而且必须是空腹。体重测定应该从第 4 周龄开始,并且每周定期进行,直到开产。具体抽样称重方法是:先随机抽取所有母鸭的 5%和所有公鸭的 5%,分别称量其公、母鸭的总重,算出平均数;再将这部分鸭的个体重逐只称出;如果平均数特别高或特别低,则需重称和增加抽样数量的 10%,并且再测量其个体重。将公、母鸭体重平均数分别与其品种标准比较,如果相同或很接近,则饲喂量正常;若两者不同,就要相应改变饲喂量,如体重比标准轻,则需适当增加饲喂量,如体重比标准重,则需适当减少饲喂量。如果样本鸭的体重个体差异大,则要改善饲喂方法,如增加饲喂设备、改变饲喂时间、避免贼风等,同时将弱残鸭淘汰掉。

抽样必须完全随机,使样本具有代表性,绝对不能有意选择鸭来称重。几种肉用鸭的体重标准,见表 6-3 至表 6-5。

表 6-3　北京肉用种鸭的体重标准　kg

周龄	母	公	周龄	母	公
4	1.60	1.65	14	2.50	2.60
5	1.80	1.85	16	2.55	2.65
6	1.90	2.00	18	2.60	2.75
7	2.00	2.10	20	2.68	2.80
8	2.10	2.20	22	2.75	2.85
9	2.20	2.30	24	2.80	2.95
10	2.30	2.40	26	2.85	3.00
12	2.40	2.50	28	2.90	3.10

表 6-4　狄高肉用种鸭的体重标准　kg

周龄	母	公	周龄	母	公	周龄	母	公
4	1.70	1.75	13	2.45	2.60	22	2.75	2.90
5	1.80	1.85	14	2.50	2.65	23	2.75	2.90
6	1.90	2.00	15	2.50	2.70	24	2.80	2.90
7	2.00	2.10	16	2.55	2.75	25	2.80	2.95
8	2.10	2.20	17	2.60	2.80	26	2.85	2.95
9	2.20	2.30	18	2.65	2.80	27	2.85	2.95
10	2.30	2.40	19	2.70	2.85	28	2.90	3.00
11	2.35	2.45	20	2.70	2.85			
12	2.40	2.55	21	2.70	2.85			

表 6-5　樱桃谷肉用种鸭的体重标准　kg

周龄	母	公	周龄	母	公	周龄	母	公
4	0.97	1.11	12	2.44	2.77	20	2.89	3.24
5	1.34	1.53	13	2.52	2.86	21	2.92	3.27
6	1.76	2.01	14	2.60	2.94	22	2.96	3.31
7	1.95	2.22	15	2.68	3.03	23	3.00	3.35
8	2.13	2.44	16	2.76	3.11	24	3.04	3.39
9	2.21	2.52	17	2.79	3.14	25	3.07	3.42
10	2.29	2.61	18	2.81	3.16			
11	2.37	2.69	19	2.85	3.20			

3. 后备种鸭光照控制　限制饲养，控制体重应同光照控制结合起来，才是控制种用育成鸭的性成熟和开产期的最有效的方法。三者应相辅相成，相互配合，统一安排，认真执行。

光照刺激鸭的新陈代谢，影响性成熟和开产期，并影响早期种蛋的受精率和孵化率，育成期是鸭的一生中易出问题的阶段，光照太多或太少都会引起经济损失。如果在育成期光照时间过长，会导致早熟和早开产，蛋小，受精率低等；如果光照时间过短，可导致延迟成熟，产蛋较迟。即使在雏鸭 1 周龄时，光照也能影响未来的生产性能。

开放式鸭舍应根据出雏日期、当地太阳出没时间规律来制定光照制度。从开产前 8 周左右起，可在日出前或日落后提供适当的人工光照，每周增加 0.5 h 或 1 h。应该在产蛋高峰期光照时间达到最长；从开始增加光照时间开始，每天光照时间可保持恒定，也可以逐渐增加，但绝对不能减少，因为在产蛋期间，正常的光照制度被中断或光照时间被减少，将引起产蛋量降低并难以恢复。每天 11～12 h 或以上的光照即会刺激产蛋，但产蛋高峰时每天至少需 14 h 的光照，最好每天光照总量为 18 h。人工光照最好设计在早上日出前，因为这样将促进所有母鸭在早上日出前产蛋。

全封闭式鸭舍的光照比开放式鸭舍好控制，可以全部采用人工光照来控制，但其建筑成本和光照费用将增加很多。全封闭式鸭舍与开放式鸭舍两者的光照长度及光照变化规律类似，都采用渐减渐增法和恒定光照法 2 种光照制度。

(1)渐减渐增法　即在育成阶段要逐渐减少光照时间，产蛋前和产蛋期间逐渐增加光照时间。具体方法是：出雏后最初 2 天给予全天 23 h 光照，以后逐渐递减光照时间，到 10 日龄为 15 h 左右，以后每周递减 0.5 h，到开产前第 8 周左右每天光照只有 8～9 h，然后逐渐递增光照时间，每周增加 0.5～1 h，直到产蛋高峰时每天光照时间达到 16～18 h，维持至产蛋结束。

(2)恒定光照法　即在育成期采用固定的光照时间，产蛋前和产蛋后逐渐递增光照时间。具体方法是：出雏后最初 2 天给予全天 23 h 光照，从第 3 日龄开产前第 8 周左右每天固定 8～9 h 光照；然后每周增加光照 0.5～1 h，到产蛋高峰时光照达到 16～18 h，维持至产蛋结束。例如，樱桃谷种鸭和狄高种鸭的光照制度见表 6-6。

表 6-6　光照时间递增表　h

出雏	周龄																
月份	18	19	20	21	22	23	24	25	26	27	28	29	30	31	32	34	36
3	1/2	—	1/2	—	1/2	—	1/2	—	—	1/2	—	—	1/2	—	—	1/2	—
4	—	1	—	1/2	—	1/2	—	1/2	—	—	1/2	—	1/2	—	—	1/2	—
5	1	—	1/2	—	1/2	—	1/2	—	1/2	—	1/2	—	1/2	—	—	1/2	—

注：18 周龄之前一般为自然日照长度，“—”表示不增加；本表是以北半球的日照为基础制定的；本表只列举了 3，4，5 月份孵出的雏鸭采用的光照，对其它月份孵出的种雏鸭应采用的光照则可按本表作相应的改变。

4. 后备种鸭的日常管理

(1)调节密度　育成期地面平养每平方米不超过 5 只，网养不超过 10 只，半地半网养不超过 7 只，具体饲养密度需视房舍设计、天气情况、饲料和饮水设备以及通风情况等来决定。在运动场和户外饲养的种用育成鸭，应保证每平方米不超过 1 只，而且场地地面应排水良好，有遮阳设施，最好为水泥地面或沙地。

(2)注意通风　必须保持通风良好，以排除污浊空气，使鸭得到新鲜的空气和足够的氧气，感觉舒适，以维持健康和正常新陈代谢，促其生长均衡。要避免贼风入侵和使温度突然大幅度变化。

(3)控制垫料　育成种鸭最好采用离地网养或半地半网平养，地面平养时需用水泥地面，且每天保持垫料干燥清洁，大部分地面应干燥，供鸭休息睡眠。良好的通风、排水及饮水器位置的合理放置等都可帮助保持垫料和地面干燥。运动场最好为沙地，而且有一定的坡度，使多余的水能排除出去，保持场地干燥。垫料厚薄均匀，最好用抛撒的方式撒铺垫料。种鸭不一定需要游泳，但水面对种鸭的防暑散热和提高蛋的受精率有一定的帮助，而且可节省陆地，综合利用水面，因此可充分利用水面饲养种用育成鸭。

(4)适量喂沙　禽类的共同特点之一是无牙齿，靠肌胃内的沙磨碎食物。因此，从第 6 周龄开始，应该提供给鸭不溶的、颗粒大小适当的沙砾。沙砾应稍粗但直径不应大于 0.5 cm，用量为每 6 周每 100 只鸭加 500 g，盛于盆中，放在地面上供鸭采食，沙砾不宜与饲料混合饲喂。有运动场的鸭舍养鸭时不需要喂沙砾，因为鸭能采食到运动场里的沙砾来满足自身的需要。可溶性的颗粒如贝壳粉、石粉等，只有在产蛋期间，当饲料中的钙、磷不能充分满足生产需要时，才适当饲喂。若供给育成鸭，可能因采食太多而引起营养不均衡和相互拮抗，甚至导致钙中毒。

5. 肉鸭育成后期的管理

(1)公鸭的饲养及选择　在整个育成期，公鸭和母鸭都混合饲养，限制饲喂初期，公鸭一般较瘦，但到育成后期 18 周龄左右，随着饲喂量的逐渐增加，公鸭的体重将逐渐增加，到母鸭开始产蛋时，公鸭的体重会达到品种标准。如果在限饲初期让公鸭超重，它们将在母鸭开始产蛋时超重，从而使蛋的受精率降低。在公、母鸭混养时，会因公鸭强壮而抢食较多或行动不如母鸭那么轻便而采食较少，因而引起体重过重或过轻，这时必须采取措施加以纠正，将体重较轻的公鸭挑出来另养，额外补加连续两次的隔天饲喂成隔 1 天喂 2 天的饲料，然后再与鸭群混养；而对体重过重的肥胖公鸭挑出来减 2 次料量。此种方法只能在 10～20 周龄期间使用，而在其它阶段使用时容易出问题。

在限制饲喂开始，即 4 周龄时，应将一些公鸭挑出来另养，不留作种用。挑选后的公、母比例应为每 100 只母鸭配 22 只公鸭，此为第 1 次公鸭选择。留作种用的公鸭必须是体重、形态、健康状况均符合品种标准的，而将体重过轻或过重，形态不正常，健康状况不良，有变异的公鸭淘汰出种群。

第 2 次选择公鸭应在母鸭开始产蛋前 2～4 周进行，再次将种鸭群中公鸭的数量减少，使种鸭群中每 100 只母鸭配 16～18 只公鸭。选择标准和方法同第 1 次。

(2)就巢训练　肉用种鸭经过长期的选育和驯化，已失去就巢的本能，所以在母鸭开始产蛋前，需要很好地练会就巢活动并养成习惯，使母鸭习惯于在巢箱中产蛋，从而减少破蛋脏蛋率和简化集蛋工作。

巢箱主要用来让母鸭在其中产蛋，所以也称产蛋箱，通常 6～8 个巢箱连成一个整体。巢箱不要太重，在搞清洁卫生时一个人要能够搬动；而且要与外面有一定程度的隔离，使母鸭在产蛋时不受外界干扰；箱底应柔软，保持清洁干燥，使蛋保持完好，不弄脏种蛋。箱下的势料需常更换，将旧垫料移出铺在鸭台其它地方，再将新鲜垫料铺入箱下。每 4 只母鸭应有 1 个产蛋巢窝，巢窝必须放置在鸭舍或栏的边上靠墙，不能靠近饮水器(距离 1 m 以上)和潮湿的区域，也不能放置在鸭通往运动场的路上和门口。

另外，要详细记录好育成鸭的只数、雌雄比例、饲喂量、体重、死亡淘汰数及天气变化等，做好防暑降温、免疫接种、防止啄羽、卫生与环境管理等工作。

五、种鸭的饲养管理

种鸭经训练后，能适应一定的饲养规程，而且一经形成习惯就不轻易改变。产蛋种鸭更是如此。所以，要严格执行正常的饲养管理规程，如定期饲喂、定期集蛋、合理光照、准时赶鸭运动和就巢等，让种鸭发挥最大的生产潜力。

(一)一般饲养管理

1. 从育成舍到种舍的适应　种鸭在开始产蛋前至少2周,应从后备舍迁移至产蛋种鸭舍,使种鸭有一个适应新环境及其管理规程的过程,并且由限制饲喂逐渐到增加饲喂,并慢慢转为自由采食。所有的饲料和饮水必须新鲜、清洁、杜绝霉变和脏污现象。

2. 划分生活区　要训练种鸭习惯于将饲喂和饮水活动区域与就巢和产蛋活动区域分开,饲料和饮水位置应离巢箱10 m以上,或者将鸭棚分为"日区"和"夜区"。所设计的"日区",设置饲料桶和饮水器,饮水器的下面要设计有排水沟,上面要有铁丝网围住,以防止溢出更多的水,并能将溢出的水排除掉,有一个小的干燥垫料区;"夜区"全部铺有垫料,沿墙壁边缘放置有产蛋巢箱,始终保持干爽清洁。"日区"和"夜区"最好隔离开,只设小门让鸭通过。"日区"可以是在户外运动场、围栏内,也可以是在棚舍内,但面积需符合密度要求;"夜区"应在棚舍内,所有地面应平整,坡度不得大于25°。每天早上在固定时间(通常为7时)将鸭从"夜区"赶到"日区","在黄昏固定时间再将鸭从"日区"赶回"夜区",这样经过反复一段时间的训练后,种鸭会养成习惯,白天在"日区"活动,不留在巢窝;晚上则在"夜区"休息和产蛋。

3. 防止鸭啄羽和吃蛋　为了防止鸭啄羽和吃蛋,除保持地面和垫料干燥外,还需注意饲养密度,尽快集蛋,特别是运动场上的蛋,以及注意营养的均衡性。种鸭每群不能超过250只母鸭,每只母鸭至少需供给0.5 m^2 的"夜区"和1 m^2 的"日区"(即运动采食场所)。运动场最好为40～50 m宽,跟鸭棚一样长。运动场四周的围墙应不低于2 m高,以隔离外来动物的入侵和干扰,棚舍内或运动场内的间墙高应为0.75 m左右。做好灭蚊、灭鼠等卫生工作。避免犬、猫等动物对鸭的捕食和惊吓,防止产蛋量急剧下降。

4. 管理好巢箱和垫料　产蛋巢箱必须配足数量，质量良好，方便母鸭出入，在产蛋时可避免外界的干扰。每 4 只母鸭应有 1 个，其内的垫料必须柔软、清洁、干燥，比其它地方的垫料好，使鸭感到巢箱内最舒适，只喜欢在巢箱里产蛋。若见巢箱里有粪便和破蛋等脏物，应立即除去。巢箱内的垫料最好是刨花，其次是谷壳。木屑和干稻草最好不用。每周至少更换 2 次，将旧垫料取出铺在鸭舍其它地面，再将最新鲜、柔软的垫料铺进巢箱。下雨天若鸭在户外活动多而易弄湿地面和垫料时，则需天天更换全部巢箱垫料。垫料必须防霉，不宜采用花生壳及已经霉变的垫料、地面上的垫料也必须经常保持干燥、清洁、柔软，若其变脏变湿，不仅影响种鸭的产蛋性能，而且会影响巢箱卫生，从而影响蛋的清洁和孵化结果。垫料潮湿不洁还会引起腿病和寄生虫病，从而影响公、母鸭交配及受精率，导致其它疾病流行。

5. 适量喂沙补钙　像后备种鸭一样，要给种鸭提供不溶性的、颗粒适中的沙砾，使鸭的消化功能加强。这些沙砾应装在单独的盆或槽中，供鸭任意采食。如果鸭舍设有沙地运动场，鸭能在运动场上采食到足够的沙砾，可不必补喂。

当饲料中的钙、磷满足不了产蛋生产需要时，必须补充钙磷制剂，如贝壳粉、磷酸氢钙粉、石粉等，颗粒应稍粗，使鸭不致采食过多，而供其慢慢消化吸收利用。在鸭产蛋高峰期或饲料粗劣时，尤应特别注意补充钙磷。

6. 淘汰病次鸭　鸭群中无生产力的或有病的鸭，应该尽快地予以淘汰，以免浪费饲料或使疾病蔓延。母鸭每个月的淘汰和死亡总数不应超过全部鸭的 1%，超过此标准时，要彻底检查饲养管理方法和免疫程度等。公鸭的淘汰，则着眼于维持合理的公、母鸭比例。

7. 其它注意事项　另外，舍内应通风良好而无贼风侵袭；夏天做好防暑降温工作，减少热应激；冬季注意防寒，控制好光照，即从增加光照时间开始至产蛋结束这段时间不可减少光照时间；严格执行接种计划，搞好卫生和隔离消毒工作；保持环境安静以及做好各项记录等，以确保种鸭处于完善、舒适的条件下，发挥最佳的生产性能。

(二)种母鸭的饲养管理

1. 提高日粮的营养水平　种母鸭在接近性成熟时，要停止限制饲养，按产蛋期的要求，提高日粮中的营养水平(详见本书后面附表肉用鸭的饲养标准)，充分满足产蛋的营养要求。在配制饲料时，应按较高一级产蛋率的标准给予必需的营养物质，除蛋白质满足需要外，还要使各种必需氨基酸保持平衡，其中色氨酸对提高种蛋受精率和孵化率作用较大，这种氨基酸在豆饼和鱼粉中含量丰富。各种维生素也要合理添配，不可缺少，特别要适量增加维生素E，以提高种蛋受精率和孵化率。有条件时，尽量补喂青绿饲料。总之，提供充足的营养是保证种鸭产蛋的关键，多年试验研究表明，种鸭冬季产蛋营养，要求粗蛋白17%～19.5%，代谢能48.95～50.63 MJ/kg。

2. 适当增喂无机盐饲料　种鸭产蛋期内，无机盐的需要量大，特别是钙。鸭体内代谢快，贮存不多，需要从饲料中不断吸收，应尽可能补充小颗粒的钙质，放在小盆里，摆在运动场或鸭舍的一角，任其自由采食。常用的是碎石或碎蛤蜊壳。使种鸭肌胃内经常保持有钙质颗粒，以满足产蛋母鸭对钙需要量的要求。

3. 定时喂料　种鸭产蛋期内，代谢机能旺盛，对营养物质的需要量大，应适当增加饲喂次数，一般每昼夜喂4次(白天喂3次，晚上1次)，休产期的种母鸭每昼夜喂2次即可。

(三)种公鸭的饲养管理

种鸭的饲养不仅只是母鸭而且还有公鸭，不但要养好种母鸭，还要养好种公鸭，才能提高受精率。

1. 适当控制体重　经过后备期的限制饲喂，公鸭的体重得到适当控制。到育成后期，鸭群饲喂量将迅速增加，到母鸭产蛋时鸭群将改为自由采食。如果这个过程开始太早，则公鸭的体重将超重，这对种蛋的受精率将产生一定的负面影响。通常将限制饲喂改为自由采食是在母鸭已经产了最初几枚蛋以后，即在预定的开产期（即鸭群产蛋率达到15%时）的前2周（此时鸭群产蛋率为5%）开始实行。这样可以防止公鸭体重超重而又不会妨碍母鸭开始产蛋。

2. 公、母配比适当　在刚开始产蛋时，每100只配18只公鸭是必要的，这可以保持种蛋有良好的受精率，但不要超过20只公鸭，因为公鸭的生活力强，过多的公鸭或新增进的公鸭会扰乱鸭群的秩序，需要立即剔除过剩的公鸭。如果全部公鸭是健康和精力旺盛的，每100只母鸭配16只公鸭就足够了。

3. 保持高的受精率　公鸭要求体质强壮，性器官发育健全；性欲旺盛，精子活力好，才能有高的受精率。公鸭的出生年龄要比母鸭早1～2个月，使它在母鸭产蛋前已经性成熟。育成阶段，公、母鸭最好分群饲养。在有放牧条件的地区，尽可能采用放牧为主的饲养方法，使其能充分采饲野生饲料。并且，放牧也能使其骨骼、肌肉得到充分锻炼，从而增强体质。性成熟初，尚未到配种期的公鸭尽量少下水，以减少公鸭之间互相嬉水，形成恶癖；配种前20天，将公鸭放入母鸭群中，此时，应多下水活动，创造条件，促使其性欲旺盛，增加有效的配种次数。

管理良好的种鸭群中，蛋的受精率应超过人工入孵蛋的90%，孵化率应超过入孵蛋的80%。在种鸭群中实行人工授精技术也是可行的，但目前种鸭场还很少实行。采用人工授精后可大大减少公鸭的饲养量，减少鸭群中的追逐应激，节省饲料成本，提高经济效益。

4. 种鸭的利用年限　种鸭的产蛋年限一般可达 4～5 年，母鸭开产后的第一年度内（相当于 18 月龄），产蛋量最高，2 年以上的鸭子产蛋能力逐渐下降（比第一年度降低 30％以上），3 年以上的老鸭产蛋量则更少（比第二年度降低 35％以上）。也就是说，母鸭越老，产蛋量越低，而且受精率与孵化率也随之下降。因此，种鸭以利用一个产蛋年最为经济，即种鸭自出雏至养到 17～18 月龄淘汰最合算。育种鸭群的使用年限，可根据育种需要适当延长，不受上述条件限制。

（四）种鸭的人工强制换羽

1. 人工强制换羽的作用和条件　母鸭开产后，在达到理想的产蛋高峰后逐渐回落，直到产蛋结束，历时 8～9 个月，为第一个产蛋年。到夏季天气炎热时，鸭群由于受热应激的影响，食欲减退，新陈代谢减慢，加上其它因素，产蛋量明显下降，很多母鸭出现换羽停产。

自然换羽需 4 个月左右的时间，换羽期间产蛋率很低，甚至不产蛋，蛋小，品质不良，受精率低，换羽不一致，换羽后再次产蛋参差不齐，第二个产蛋年的产蛋率要比第一年低。为了使鸭群在秋季能尽早恢复产蛋，缩短休产期，常采用人工强制换羽的方法。

人工强制换羽只需要 2 个月左右的时间，换羽一致，换羽后产蛋整齐，蛋的品质好，受精率高，蛋重会明显增加，能再次达到较高的产蛋高峰。而经人工强制换羽后，第二个产蛋年的产蛋率要比第一年高。

人工强制换羽主要是通过对水、饲料与光照时间的控制，使鸭的生活条件和习惯突然改变，营养供应不济而实现的。当鸭群产蛋率下降至 30％以下及蛋形变小甚至有畸形蛋、受精率降低时，即可进行人工强制换羽。

2. 人工强制换羽的方法

(1)关养限饲　是限食停产,制造应激环境。开始的第 10 天将鸭子紧逼驱赶到控制鸭舍(不回原圈),驱赶时有意惊扰,结合环境改变,使鸭群受到强烈的刺激,夜间控制照明,只给予特暗的光线。舍内不铲粪不垫草。同时限制饲料,第 1,2 天精料减半,一次投给,夜间不喂,到了第 3,4 天不喂料,只喂水;原来放牧的停止放牧来“关栏扎堆”。

(2)人工拔羽　经过以上 10 多天的种种措施的刺激,鸭子体重已减轻,体内脂肪消耗殆尽。翼肌收缩,此时可试拔主翼羽。拔时注意观察和感觉,若羽根干枯,羽轴与毛囊易脱离,就是所谓已经“脱壳”,即可开始人工拔羽,先拔主羽翼、后拔主尾羽,一次全部完成。如果试拔很费劲。拔出的羽根甚至带嫩尖或带血液,说明拔的时间太早,应延迟几天再拔。

(3)恢复饲养　拔毛完毕后,要逐步改变饲养环境,提高饲料质量,增加饲喂量,使之尽快恢复体质,待小毛都脱完后,要及时供给营养水平较高的饲料,以满足种鸭所需,促使早开产。在拔毛后的 1 周,饲料中的粗蛋白含量应提高到 15%以上,并在这个基础上逐步增加,直至达到种鸭产蛋高峰期的标准。此外,还要适量加喂多种维生素和微量元素以及钙、磷、硫等元素。进入恢复期以后,鸭群要放牧游泳,勤洗浴,增加运动,促进新羽生长,不使之过于肥胖,以免影响产蛋。在恢复期内,舍内要多垫柔软的垫草,并保持干燥,同时要有足够的水盆和食槽。加强饲养管理,一切按产蛋种鸭正常饲养管理方法进行,一般在拔毛后 25 天左右长出新羽,产蛋逐渐回升。

3. 人工强制换羽期间应注意的问题

①人工强制换羽前,先要对鸭群进行个体检查,及早淘汰病、弱、瘦小的鸭子,以免在人工强制换羽的过程中造成过多的死亡和不必要的经济损失。

②人工强制换羽期间，除最初8～10天部分或全部限制鸭群饮水和给料外，以后就应恢复正常的饲料和饮水供给，尤其是富含蛋氨酸、胱氨酸等含硫氨基酸的动物性蛋白质饲料，增加鱼粉、羽毛粉等的供给。

③人工强制换羽期间至恢复产蛋前，公、母鸭要分群饲养，以免公鸭骚扰母鸭，影响母鸭的正常换羽和饮食，同时也可保持公鸭精力，以利于母鸭恢复产蛋后的自然配种。

④人工强制换羽期间由于鸭体质下降，抵抗力降低，容易发生疾病，因此应该特别注意做好饲养管理和防病工作。

六、几个重要肉鸭的饲养管理

(一)番鸭的饲养管理

番鸭，又称“瘤头鸭”、“麝香鸭”、“洋鸭”，为著名的肉用型鸭。是原产于中美、南美洲热带地区的森林禽种，迄今墨西哥、巴西和巴拉圭等国仍有野番鸭存在。经驯化的番鸭体质健壮，体躯长宽，与地面呈水平状态；头颈中等大小，眼周围和喙的基部有皮瘤，头颈部有一排纵向长毛，受惊时会逆立呈刷状。胸腿肌肉特别发达，翅较长(30～50 cm)，有一定的飞翔能力。尾较长而窄，胫短而结实，步态缓慢而平衡。羽毛有黑、白、褐等色。黑羽鸭的羽毛泛绿色光泽，皮瘤黑红色，较单薄，喙红色带黑斑，虹彩浅黄色，胫、趾、蹼多黑色。白羽鸭的喙呈粉红色，皮瘤红色，肥厚，虹彩浅灰色，胫、趾、蹼橙黄色，叫声低哑。繁殖季节公鸭散发出麝香气味。

我国饲养的番鸭由海外引进。在长期饲养下，已驯化成为适应我国南方生活环境的良种肉用鸭。番鸭虽有飞翔能力，但性情温顺，行动笨重，不喜在水中长时间游泳，极适于陆地舍饲，故福建、江西、台湾、广东、广西、浙江、湖南等地均大量繁殖饲养。

番鸭的饲养价值在于：耐旱、耐粗饲、易肥育、瘦肉多，体型肥大，生长迅速，肉细、味美，雏鸭成活率高等。民间素来视其为补壮身体的珍品，多饲养以供自家食用。据国外报道，成年公鸭体重4.5～5 kg，母鸭2.5～3 kg；饲养至8周龄，公鸭体重可达3 kg，母鸭可达2 kg。国内亦有公鸭体重5 kg，母鸭体重2.5 kg，以及120日龄一般体重可达4～6 kg的记录。

公番鸭与母家鸭杂交所生的第一代，无繁殖力，专供肉用，叫做“半番鸭”或菜鸭。这种杂交鸭体格健壮，适于放牧，增重快。因此，番鸭不仅本身可供肉用，而且为生产半番鸭提供种公鸭。

1. 番鸭的常规管理

(1)保暖和防潮　雏鸭一出壳，全身潮湿，特别怕冷，要放在干燥的鸭笼里保暖。雏鸭爱挤在一堆相互取暖，应时常用手拨开，以防压死或闷死。垫草要勤换，以防潮湿引起脚病。

(2)试水　刚出壳的雏鸭于喂食前2～3 h，应先“试水”，即用盆盛水约2 cm深，把雏鸭放至水中，只使鸭脚浸到水，任其在水中吞吐和洗涤。这样有助于清除肠粪，预防干热和刺激食欲。但试水时间不宜过长，以免弄湿羽毛受凉。

(3)饲喂　试水2～3 h后，即可开食。古田、福州等地多用半生半熟的米饭，闽南一带多用碎米或稀饭给雏鸭开食。每天喂5或6次。3～5日龄起喂切碎的蚯蚓、泥鳅、小鱼虾和蛆虫等动物性饲料。喂到30日龄时，它的食量大大增加。因为番鸭最喜吃动物性食物，食量很大。动物性饲料不宜在晚餐喂给，以防食量过饱涨死或影响翌日食欲。7～10日龄开始喂青饲料，1月龄以后，每天喂3次，多用青菜、糠麸拌稀饭、米汤或熟地瓜喂给，还有掺喂一些稻谷的。

(4)限饲　8周龄时公鸭体重可达3 kg，母鸭2 kg，每千克体重耗料不超过2.8 kg，但此时屠宰率低，屠体品质不佳。胸肌的增长，主要在8～12周龄。目前认为，较适宜的屠宰期是，母鸭10

周龄，公鸭 11 周龄。此时公、母鸭的主翼羽都已长成。如延长饲养2～3 周，由于增重缓慢，耗料量增加，饲料报酬降低，而影响经济效益。

由于番鸭具有特殊的补偿生长的能力，国外采取控制饲养（或称节制给食）的方法，公鸭从 7～8 周龄开始，母鸭从 6～7 周龄开始，一种是按自由采食量的 95%喂给，即减少 5%的饲料，不影响生长，料肉比可提高 5%～10%，这种叫轻度控制方法；另一种是按自由采食量的 80%喂给，生长速度有所减慢，料肉比不增加，胸腿肉无明显改变，但屠体肥肉明显减少。故目前认为，在雏番鸭的生长后期，降低光照强度，按自由采食量的 90%～95%喂料，即采取轻度控制饲养的方法，可改善屠体品质，提高饲料报酬。

（5）管理

①公、母分群饲养　番鸭异性间差别较大，3 周龄以后，公母之间的体重距离拉大（达 50%左右），公鸭性情粗暴，抢食强横，如公、母混群饲养，若按公鸭的要求，则造成浪费；若按母鸭的要求，则影响公鸭的生长或使部分母鸭受到压制。正确的方法是从初生雏进行性别鉴定，公、母分群饲养。

②切喙防止啄羽　番鸭啄羽一般发生在 4～5 周龄（尾蜕和背部羽毛发生时）和 6～7 周龄（翼羽发生时）。预防的办法主要是喂给丰富的含硫氨基酸饲料；控制正确的饲养密度；限制照明强度，缩短光照时间；此外，可在 2～3 周龄时进行一次切喙，以防啄羽。

切喙最好用鸭子专用的切喙器，或用剪刀代替，切喙前先将剪子烧灼。在鸭嘴豆的中部切去。为防止出血，切喙前喂少量维生素 K。也可以同时进行断爪。

2. 雏番鸭的成活率及其控制

（1）影响雏番鸭成活率的因素

①种鸭质量不高　导致原因是选种不严格，饲养管理欠科学，栏舍卫生消毒意识差，禽群免疫预防措施不全面甚至空白，使得其

后代雏先天性营养不足、发育不良或从母体感染病原。

②种蛋品质不良 导致原因除种鸭素质差外，还包括产下的蛋收集不及时，未执行必要的清洁、消毒和适当的储存措施，经过激烈的运输颠簸及过长时间的储存等。

③孵化技术滞后 目前相当一大部分番鸭种苗场采用桶孵或炕孵等孵化方式。这些土办法如技术掌握不好特别易使胚蛋受热不均，发育不良，出雏时间不统一，尤易孵出较多弱雏，另外土法孵化过程很难执行规范的卫生、消毒制度，孵坊空气污浊、潮湿，易滋生细菌、霉菌，使雏禽出生就受感染。某些孵坊，在种苗销售旺季，为了增加出雏数量，擅自提高孵化后期温度，促使雏鸭早出壳，而在种苗销售淡季，又不及时将破壳出雏鸭取出饮水，尤其与未出雏胚蛋混杂，长时间饥饿脱水，造成衰竭。

④育雏期饲养管理欠科学 番鸭的生活习性是喜温暖、好干爽，对卫生的要求比其它饲养鸭的条件要求高，而下述一些情况是不利于雏番鸭正常发育成长的：垫料不足、潮湿、温度过低、温度过高、腹内残留蛋黄、在育雏室温度不均、雏群受应激因素作用、育雏室空气污浊；饮水不及时、营养不足、没有及时正确地调教下水或冬天下水过早等。

⑤疾病因素 疾病是影响雏番鸭成活率的又一重要因素，对雏番鸭危害较大的常见疾病有雏番鸭细小病毒病、小鹅瘟、雏鸭病毒性肝炎、鸭疫里默氏杆菌病、大肠杆菌病、沙门氏杆菌病、禽霍乱、球虫病、“新羽症”等。

(2)提高成活率的措施

①加强种鸭的饲养管理，保证获得高品质的种蛋 选种时严格挑选，留优去劣，做好免疫接种，注意卫生消毒工作，及时收集种蛋，严格挑蛋及清洁消毒，提供优质种蛋。

②改进孵化条件，提高孵化技术 改良孵化方法，采用机孵，保证稳定的温度、湿度，种蛋的保存时间不能超过 5 天，入孵前做

好种蛋与孵化器、室的消毒，控制适当的温度、湿度、翻蛋、凉蛋等。出雏后及时拣出雏鸭并挑出脐部收缩良好、绒毛干的雏鸭分筐放置。

③做好育雏环节工作　入雏后及早进行调教饮水，保证在24 h内开饮开食。可在饮水中加入适量的补液盐、多种维生素，还可使用抗生素饮水以预防沙门氏杆菌病及大肠杆菌病等；为加强棚舍的保温性能可以采用保温性能好的材料构建温室，使用保温伞或煤炉保温。约20.25 m^2用一个炉，但必须把废气排出舍外，同时在棚舍的南边开高窗，保证舍内通风良好。1周龄内温度保持28～32℃，以后逐渐降低，要注意保持舍内温度的均一。采用竹、木板等材料搭成棚架，使鸭群与地面上的粪便分开；5～6日龄时(冬季应延长几天)，选择晴朗天气对雏鸭进行下水调教。在全价饲料的基础上添加适量的维生素、鱼肝油等，特别是在免疫接种前后及发生疫病时添加3～5天。加强场地的卫生消毒工作。

④做好免疫防制工作　针对常发病，结合实际情况，进行科学合理的免疫接种：3日龄内皮下注射细小病毒与小鹅瘟高免血清每只0.6～1 mL，如发病初期注射每只1.2 mL；平时适当投喂抗生素或磺胺类药以预防细菌病，特别是在有不良因素存在时，应提前应用药物预防，于5日龄与15日龄时各接种1次鸭疫里默氏杆菌灭活菌苗；大肠杆菌病常发场可分离本场菌株制成菌苗进行免疫接种；对鸭霍乱的防疫可于20日龄注射禽霍乱亚单位菌苗等。

3. 番鸭的填饲　3月龄以后，不作种用的番鸭体重达到1.5 kg左右即可开始填肥，正如群众“三月大，四月肥”的说法。填肥必须适时，太早会影响生长发育，甚至引起死亡；太迟增重缓慢，使饲料转化率降低。填肥的饲料，一般是米糠和熟地瓜各半，用米汤或稀粥调成糊状，搓成团填喂。填喂的饲料量应由少到多。可在第二天清早用手触摸食道扩大部，以没有积食为适度。当番鸭体重达到4 kg左右，皮下、腹内脂肪形成时即可宰食或出售。

4. 种番鸭的饲养管理

(1)种鸭的选择　公番鸭应选择肌肉发达,体质健壮,羽毛华丽的。体重3～4 kg,体躯和脚不宜太长,以利于人工辅助配种。阴茎色白,皱纹细密的公鸭,配种能力较强。

母鸭应挑选羽毛细密而光亮,体躯紧凑而呈椭圆形的。颈、喙较短的善于觅食,抓在手上有反抗力的母鸭宜留作种用。

(2)公、母配比　自然交配公、母比例为1∶7;人工授精,可按公、母1∶10的比例留足公鸭。公鸭的年龄应比母鸭大1个月。

公番鸭的睾丸无论是绝对重或是按占体重的比例,都比普通鸭小50%以上,睾丸功能低下。公鸭每日平均自然交配5～8次,比普通鸭少一半。交配时间大都集中在下午3～5时,故每天下午定期放水,可提高受精率。

公、母鸭前期分群饲养,至22周龄时将公鸭放入母鸭群中,互相适应熟识,有助于提高受精率。

(3)种鸭的利用期　公鸭只利用1年;母鸭可利用2～3年。第4年必须淘汰,因母番鸭随年龄增大,就巢性增强、产蛋力下降。

国外母番鸭只利用2个产蛋期,第1期有22周(5个月),产蛋高峰出现在开产后的第7～13周。第1产蛋期结束后进行人工强制换羽,约需13周(3个月)。接着第2个产蛋期,约22周,然后淘汰,此时母番鸭的肉用价值尚好。

(4)种鸭舍的要求　种鸭舍要求保温性能好,地面保持干燥,可补充光照,有产蛋巢箱,运动场上有配种池。

番鸭耐热能力强于耐寒能力,所以夏季对产蛋率没有影响,而低温对产蛋影响很大,室温低于15℃时,受精力就要降低。因此,在建造种鸭舍时,要重视保温性能。

鸭舍的地面可采用一半垫草,一半用塑网,可保持鸭舍干燥。

鸭舍在靠墙一面设置产蛋巢,高和宽均为28 cm,长35 cm。每6只母鸭准备一个产蛋巢。巢底铺木屑或切短的垫草。

鸭舍的大小按每平方米种鸭 3～4 只计(根据品种的大小而定),每群不超过 500 只,每一单间 30 m^2 左右。

(5)种鸭的饲料和饲养 种鸭的饲料分产蛋期和休产期饲料 2 种。产蛋期的饲料营养水平高一些,每千克含代谢能 11.30～11.72 MJ/kg,含粗蛋白质 16%～17%,休产期饲料能量不变,粗蛋白质降为 14%。配制成的粉料,最好加工成直径 5 mm 的颗粒饲料,任其自由采食。母鸭每日耗料量 120～130 g,公鸭每日耗料量 200 g 左右。种鸭产蛋期,舍内需另加无机盐盆、添置沙砾和牡蛎粉,任其自由采食。

番鸭最爱吃蚯蚓、昆虫等动物性饲料,适当增喂这类饲料,仔鸭生长快,母鸭开产早,产蛋多。

(6)种鸭的管理

①逐渐补充光照 光照和温度对母鸭的产蛋影响最大,一般从 26 周龄开始补充光照,每周照明时间增加 15 min,直至达到 16 h 不再增加(表 6-7)。补充光照用普通白炽灯泡,照度按每平方米 15～20 lx。补充光照结束后,只要在走廊上留暗灯照明即可,亮度比一般鸭舍更弱些。

表 6-7 种番鸭不同周龄光照时数表

周龄	光照时数	周龄	光照时数
26	13.00	33	14.45
27	13.15	34	15.00
28	13.30	35	15.15
29	13.45	36	15.30
30	14.00	37	15.45
31	14.15	38	16.00
32	14.30	39 至淘汰	16.00

②保持适宜舍温 番鸭在我国长江以南各省,冬季很少产蛋,而夏季对产蛋影响不大。因此,保持鸭舍内的温度,尽可能不低于

15℃，是提高种鸭产蛋率的关键。缺乏人工加温设备的鸭舍，冬季要关闭门窗，堵塞东、西、北三面的通气洞，北窗外加塑料夹层。适当增加单位面积的饲养量，提高饲养密度，聚集鸭体本身散发的热量以提高舍内温度，饮水尽量用温水。缩短在运动场上的放牧时间，晴天出太阳以后，气温升高时，再将鸭放到外面活动，遇到下雪、下雨或大风天气，停止放鸭。

③保持清洁干燥　番鸭怕脏怕冷，舍(蛋巢)内勤加、勤换垫草才能保持清洁干燥，冬季尤应注意，因饲养密度提高后，垫草污秽、湿度增大。勤换清洁而干燥的垫草，对保持舍温，提高产蛋率有很大作用。

④固定产蛋巢位置　番鸭有定位产蛋的习惯，如家庭分散饲养，蛋巢不要随便移动，否则会产地蛋。搬动蛋巢位置必须待一窝蛋产完以后进行。产蛋初期，蛋巢内的蛋不要拣光，每天要保留一两个“引蛋”。

⑤创造安静环境　母番鸭性情温顺，平常很少争斗，但产蛋时(产蛋大都在上午7～9时)和孵化伏巢期间，警惕性很高，陌生人不要走近，以免产生应激；公鸭的性情较暴烈，常在抢食时发生斗殴，自卫能力强，陌生人干扰时，会与人对抗。因此，必须保持饲养环境的安静。为避免公鸭之间的斗殴，饲槽和饮水器要均匀地分散放置，这对提高产蛋率和受精率都有作用。

⑥种公鸭的饲养管理　种公鸭养到6月龄，体重达2.5～3.0 kg，有“嗞嗞”叫声的，标志将到性成熟，应立即上笼，分别饲养，以防相互打架，造成伤害。

公鸭夏季特别怕热，夏季应每天下水洗澡1或2次，冬季应每隔2～3天洗澡1次，以保持羽毛整洁。配种的公鸭补喂少量枸杞可以提高受精率，补喂红糖、猪油拌糠饭，可以保持旺盛的配种能力。配种期间还要控制适当的配种次数，在正常情况下，以每天早晚各配1次为宜。

(二)骡鸭(半番鸭)的管理

番鸭与普通家鸭之间进行的杂交,是不同属不同种之间的远缘杂交,所得的杂交后代虽有较大的杂交优势,但一般没有生殖能力,故称为骡鸭,我国福建一带叫"半番鸭"。

骡鸭的主要特点是性情温顺,耐粗饲,增重快而肉质好,适于填肥,能生产优质肥肝,填喂时间短,省饲料,生产费用低。近年来,国内外发展较快。

1. 杂交组合　杂交组合分正交(公番鸭×母家鸭)和反交(公家鸭×母番鸭)2 种,以正交效果好。

母本最好用产蛋率高的北京鸭品系,繁殖的骡鸭体型大,生长快,金定鸭或其它麻鸭品种也可作为母本。

2. 配种形式　一般都采用自然交配,每一小群 25～30 只母鸭,放 6～8 只公鸭,公、母配比为 1∶4 左右。公番鸭应在育成期(20 周龄前)放入母鸭群中,提前互相熟识,先适应一个阶段,性成熟后才能互相交配。增加公鸭只数,缩小公母配比和提前放入公鸭,是提高受精率的重要方法。

也可以采用人工授精,每周需要输精 2 次。目前受精率和孵化率都比较低,入孵蛋的出雏率只有 30%～40%。这除了远缘杂交的原因外,亲本的选择关系也很大,公番鸭不同个体间受精率差异较大,这方面还有待深入研究。

3. 饲养管理　骡鸭的饲养管理技术同番鸭。

(三)美国绿头野鸭的饲养管理

1. 美国绿头野鸭的生物学特性

①食性杂而广,耐粗饲。植物种子、根茎、叶菜、谷实、杂草、软体动物等均可食用。

②喜在河流、湖泊、沼泽地及水生植物较多的地带活动。

③喜群居生活，有群居习性，迁移时多结群而行，此习性有利于集约化饲养。

④胆小，警惕性高。遇见陌生人或畜禽，即发出惊叫，成群逃离。

⑤适应能力强，有较强的抗逆性和抗病力。

2. 饲养场地的选择与建设

美国绿头野鸭是水禽类动物，与鸟类有一共同的特点——会飞翔，因此，人工圈养时，必须考虑上述特点选择饲养场地、舍地和搞好必要的建设，重点应注意以下几点：

①鸭场、舍地必须建筑在背风向阳、能御寒防热、地势较高，并靠近水质好的河沟、水库、湖泊、池塘的边缘。水面宽阔、水深要适中(深度一般以 1 m 左右为宜)最好有活动水流。周围环境较僻静，与公路、村庄、工厂等嘈杂的地方保持一定的距离。

②鸭舍外应设有运动场，并有一定的缓坡到达水场，方便鸭群落水、入舍和活动。水面上应设有用竹子或木棍拼制的浮动食台，以利野鸭觅食。

③鸭舍应本着“因地制宜，就地取材，少花钱，多办事”的原则，建造砖瓦木结构或简易的草木竹结构，但必须坚固耐用。美国绿头野鸭除会飞翔外，还会潜水，因此其鸭舍不同于家鸭舍，运动场、水场都要建造天网，网高距水面或地面 2 m 左右。周围加围网，深至水底，与天网连成一个封闭体，以防野鸭逃失。天网与围网孔眼3 cm×3 cm。用尼龙网或经久坚固耐用的绳网均可。

④合理安排饲养面积。鸭群在饲养过程中，应保持各生长期的适宜密度，若过大则影响野鸭的活动与生长发育；过小导致成本高、经济效益低，达不到饲养目的。根据美国绿头野鸭的生活特性，经实践证明，如表 6-8 所列的饲养面积，可供参考。

表 6-8 每 100 只美国绿头野鸭饲养面积 m²

日龄(天)	舍面积	运动场面积	水场面积
1～30	5～7	10	10
31～70	10～15	20	15
71～130	15～18	20	15

3. 营养需要与饲料

(1)营养需要 美国绿头野鸭营养需求与家鸭基本相同。不同日龄、不同生长发育阶段和不同用途野鸭的营养需要有所不同,见表 6-9。

表 6-9 野鸭的营养需要

类型	日龄(天)	代谢能(MJ/kg)	粗蛋白(%)	粗纤维(%)	钙(%)	磷(%)	食盐(%)
肉野鸭	1～30	11.30～11.50	21	3	0.9	0.5	0.35
	30～49	11.51～11.92	18	1	0.8	0.5	0.35
	50～90	11.92～12.13	23	4	1.2	0.8	0.40
种野鸭	1～45	12.13	20	3	1.0	0.5	0.35
	45～100	11.72	19	10	1.0	0.6	0.35
	产蛋期	11.92	18	5	3.2	0.7	0.40

(2)饲料 美国绿头野鸭的食性很广,在一般情况下,用饲喂家鸭的专用饲料喂野鸭生长发育正常。如果没有专用的野鸭颗粒饲料,可根据野鸭的营养需要,用玉米、糠麸、豆饼(粕)、鱼粉、草粉或鲜草、蔬菜等原料自行配制。表 6-10 配方可供参考。

表 6-10 野鸭饲料配方 %

日龄	大米	玉米	稻谷	肉鸡浓缩料	米糠	麦糠	骨粉	贝壳粉	食盐
0～30	65.0			31.0	3.8				0.2
31～70	65.0		8.0	23.0	3.8				0.2
71～130	56.5		36.2	14.0					0.2
产蛋期		33.0	25.0	29.0		7.0	1.2	4.5	0.2

若没有肉鸡浓缩料，可用一般饲料，查阅各种饲料原料的营养成分，按营养需要配制成野鸭各生长发育阶段所需的饲料，其成本较低。饲料配方见表6-11。

表6-11　野鸭各生长发育阶段饲料配方　%

日龄	鱼粉	大豆饼	花生饼	小麦	玉米	麦麸	米糠	稻谷	贝壳粉	骨粉	食盐
0～30	4.0	22.0		15.0	47.6	10.0			1.5		0.2
31～70	4.0	13.7		14.8	40.0		17.5	8.0		1.0	0.2
71～130	2.0	10.0			35.0		15.0	36.8		1.0	0.2
产蛋期	5.0		21.0		24.0		7.0	37.0	2.7	3.0	0.2

原料准备好后，按说明书掺入禽用多种维生素添加剂和微量元素添加剂，后充分拌和。配制饲料时要注意如下几点：

①选择品质优良、适口性好、容易消化、没有霉变的饲料原料。

②原料最好就地取材，来源方便、保证质量、减短运输、降低成本。

③如果变换饲料，须逐步进行，特别在产蛋期，尤应注意饲料的相对稳定。

④有条件的可在饲料中加进一些新鲜切碎的蔬菜、青嫩草、水草等，其用量约占饲料的20%，以增加维生素等营养物质，增进食欲，帮助消化。

4. 饲养管理

(1)雏野鸭的饲养管理　育雏鸭(1～30日龄)入舍前，地面及用具应用10%石灰水或3%烧碱水消毒。铺垫料要做到无霉败，并放置阳光下翻晒。达到清洁、干燥、蓬松的要求。

①保温　雏鸭对温度变化很敏感，保温是育雏成败的关键。冬春育雏，可用煤球炉将室温保持在15～20℃。育雏开始时为30℃，以后每隔2天降1℃，20日龄后逐步过渡至常温。

②密度　10日龄内的适宜密度为每平方米40只，11～20日

龄为 30 只，21～30 日龄为 25 只。20 日龄后，天气晴朗时可做适度户外活动，以促进生长发育。雏鸭有堆睡习性，育雏期间(尤其夜间停电)应有专人值班，每 2 h 左右观察 1 次，分开堆睡的雏鸭。

③湿度　相对湿度 70%左右为宜。初期因室温较高，较干燥，湿度偏低，可在煤炉上置水壶产生水汽来提高湿度；后期因采食量、饮水量、排泄量增加，湿度超过 80%，应及时消除粪便，铺以干燥垫草，并及时更换。

④通风　雏鸭粪便稀、氨味重，舍内空气易污染，故应加强通风换气。不影响育雏温度时，通风换气量越大越好。育雏室前后均要装透气窗，有条件时可装换气扇。冬春育雏，透气窗白天开晚上关，窗上应设置铁丝网，以防鼠、猫等兽害。

⑤光照　雏鸭对光照敏感，有很强的趋光性，育雏期合理的光照尤为重要。10 日龄内为 20 h/天。可用普通白炽灯，强度每平方米 8 W 为宜，也可用可见光型红外线灯，保温、照明一举两得。11～20 日龄，白天不补充光照，逐渐减少夜间光照时间，21 日龄后过渡到自然光照。

⑥饮水　出壳 12 h 后绒毛已干，有啄食行为时，即可饮水，先用与室温相同的 0.1%高锰酸钾水，以清理胃肠。10 月龄以内忌饮冷水，以免引起肠道疾病，饮水应清洁，可适量加 B 族维生素。由于美国绿头野鸭没有唾液腺，因此，无论何时栏内均需备足清洁水，以便随时饮用。

⑦开食　饮水后即可开食。开食时，可将米煮至七八成熟，然后用水冲洗成松散的米饭粒，慢慢地撒在事先摊放的塑料薄膜上，做到边撒边食。在喂食时，旁边供给充足的与室温相近的清洁水，边食边饮。如果用粉状料，则应加水拌成半湿状后再喂。

饲喂次数，一般 10 日龄前每天 7 次(包括晚上 2 次)，10 日龄后，每天可减至 5 次(包括晚上 1 次)，育雏后期，每天可喂 4 次(包括晚上 1 次)。

⑧放水　野鸭为水禽，喜在水中洗浴、梳毛，但出壳后不能立即放水，待 1 周后视天气晴朗，气温、水温较高，方可试行放水，最初每天 1 或 2 次，每次 2～3 min，如果绒毛受湿粘连，应立即离水，让它晒太阳和理绒毛，毛干后便可入舍。随着野鸭不断长大，体质增强，对气温适应能力渐强，可增加放水次数和时间，但以安排在喂食后放水为佳。

在喂料和放水时，饲养人员可发出呼唤口令，形成条件反射，养成习惯，以便于管理。

(2)育成野鸭的饲养管理　31～90 日龄的野鸭称为育成野鸭，生长最快。骨骼、肌肉都迅速增长，活动能力和对水的适应性都不断提高。同时，羽毛逐渐丰满，管状羽毛也增加很多，抗寒能力大大增强，此时可以在常温下自由生活，此期的管理要点：

①饲喂　喂以全价饲料，日喂 3 次，日投饵量为体重的 5%，适当喂些蔬菜等，以补充维生素，60 日龄以后应适当增加饲料量和喂食次数，以利增加上市体重。

②防逃　50 日龄左右野鸭羽翼已基本长齐，开始学习飞翔。因此要注意检查栏、舍、围网是否牢固，以防其逃失。

③管理　育成野鸭排泄量大，易污染鸭舍，故应每天清扫鸭舍，勤换垫草，开窗透气，保持鸭舍清洁干燥。条件所限用小池塘作活动水面时，应及时换水，保持水质清洁。

(3)产蛋种鸭的饲养管理

①选种　公鸭的选择标准是头大，体壮，活泼，头颈绿色明显，交尾能力强；母鸭的选择标准是头小、颈长、眼大。公鸭以 1 年或 2 年为好，不宜超期留用。种公鸭的体重大于 1.25 kg，种母鸭体重应大于 1.0 kg。

②比例　种野鸭的饲养密度以每平方米 8～10 只，公、母比例以 1∶(4～6)为宜，这样种蛋受精率可达 85%以上。公鸭过多，影响母鸭健康；公鸭过少，交配不匀，降低种蛋受精率。

③光照　光能刺激种鸭的新陈代谢,促进脑垂体分泌促性腺激素,从而促进排卵。光照的时间和强度影响产蛋率,产蛋期每天光照15～16 h,每平方米配一只30 W灯泡,离地2 m,这样可延长产蛋期,增加产蛋量。

④饲喂　喂以全价配合饲料,日喂3或4次,喂料量以产蛋率的高低、气候情况而定,整个产蛋期的喂量和营养水平要相对稳定,不得骤然增减。同时,注意饲料中要有足够的钙、磷含量并且比例合理。在产蛋高峰到来前应调整蛋白饲料比例,增加蛋白质含量和喂料次数,以利达到高产、稳产。

⑤拣蛋　母野鸭习惯在有陷窝的泥地上产蛋。因此,在产蛋期可在地上人工造些陷窝,垫些松软干草。母鸭产蛋时间多在夜间1～4时,故白天应让鸭充分洗浴、运动、晒太阳和交配,以提高产蛋量、受精率和孵化率。为防蛋破损、污染和受冻,放鸭后应及时拣蛋。

⑥管理　要有良好的洗浴条件,因交配主要是在水中完成。故水面的大小和水质的好坏,直接影响种蛋受精率。交配旺期为每天早、晚,此期内应主动将种鸭轰下水促进交配。种鸭虽喜水,但忌舍内和运动场潮湿。故每天应清扫舍内地面,清除湿垫草和粪便。

夏季天气闷热,影响公鸭性活动,交尾次数减少,受精率下降。应在网顶遮草席或搭遮阳网,及时开棚放水,在舍内洒水降温。冬季应搞好防寒保温工作。放水前要噪鸭,即将鸭群哄起,缓缓驱赶在舍内做圆圈运动,每次3～5圈,以增加运动,产生热量,提高御寒能力,以免直接下水受凉而减产。

⑦环境　种鸭胆小怕惊扰,应保持舍内安静,尽量减少和避免环境骤变和惊吓等,防止应激反应。受惊1次,产蛋量就下降15%。此外,成年鸭善飞,夜间睡觉易压伤青年鸭;青年鸭好动,影响成年鸭产蛋。故不同日龄野鸭宜分开饲养,以防相互影响。

⑧关蛋　即人工强制鸭群停产,促进换羽。为使种鸭全年均衡生产,或因季节性词料缺乏,产蛋率自然降低时,即可采取人为的措施,使鸭群集中在短期内全部停产,再加强饲养管理,使之整齐开产。关蛋可缩短休产期和换羽过程,提前恢复产蛋,且蛋大质量好。

关蛋多在夏初进行,对象是 2 年龄的老鸭群。当产蛋率降至 70%左右,部分老鸭开始换羽时即可关蛋。先将母鸭关在棚里,停止放牧,减少精料。改喂粗料,停喂青料和荤料。经 5～6 天,多数鸭停产,逐渐消瘦,羽毛松乱,8 天后翅羽和尾羽开始长出,背、胸和腹部的羽毛大部分脱落,即可逐渐增加精料喂量,并开始放牧。当羽毛有光泽,体力恢复后,进一步加喂精料和荤料,一般关蛋在 20 天左右,鸭群会逐渐恢复产蛋。

(4)商品肉野鸭的育肥管理　仔公鸭和不作种用的仔鸭经短期育肥,可作商品肉鸭供给市场。

①放牧育肥　这是较经济的育肥方法。放牧前仔鸭应脱温、断翅。野鸭习惯于生食,逐日延长外放时间,使之有一个适应的过程。一般是立秋稻谷收割后,将野鸭放牧在茬田拣拾落谷。要选好放牧的路线、地段和水源,由近及远。在河网地带要充分利用河道放牧,以减少体力消耗。确保采食、饮水两不误,注意天气变化,防止农药中毒。放牧密度以每亩 10～15 只为宜,放牧前喂半饱,下午视采食情况决定是否补饲及其数量。经 1～2 个月的放牧,待放牧区落谷拣食完毕,肉鸭即可上市销售。

②圈养育肥　若放牧场地不足而饲料条件好时,可采用圈养方法育肥。要求有简易棚舍,舍外有水源和陆地运动场。主要用大麦、小麦、碎米、次稻、玉米、糠麸、块根、块茎类及一些动物性饲料做成配合饲料进行投喂,并添加适量青料。饲养肉鸭应多喂含碳水化合物的饲料,以促进增膘长肉。每次喂料后洗浴 5 min,然后在运动场理干羽毛,安静休息,并保证饮水,促进肥育。

养肉鸭不提倡“羽毛齐全”，不能以“羽毛齐全”作为出售标准。否则，每天采食的营养全耗在长毛上，而体重则有可能每天下降5～10 g，要复原需要多养30～40天。

（四）樱桃谷鸭的饲养管理

1. 育雏的基本要求

（1）合适的温度　夏季除外，一般采用高温育雏法。雏鸭进入育雏室后，维持室温35℃约48 h，以后每天下降0.5～1℃，直至脱温。保温育雏过程中，注意根据雏鸭的动态、饮食、叫声、粪便变化情况合理施温，以保证雏鸭不扎堆、不气喘。

（2）合理的密度　根据季节、禽舍的结构、通风条件等，将鸭舍的运动场设计为禽舍面积的1.5～3倍，并尽量做到有林木遮阳。育雏室为禽舍面积的30％～35％，密度可随季节的不同略有升降。密度过大时，可导致空气污浊，环境过湿，诱发生长不良、啄食癖等；密度过小，经济上又不合算。条件良好的禽舍，育雏室的隔墙可以移动，以保证合理的密度。

（3）良好的通风　鸭的排泄物随着鸭龄的增长而增多，鸭舍内的氨气、硫化氢、二氧化碳气体等有害气体会直接污染空气而影响雏鸭的生长发育，因而在雏鸭期内应坚持通风换气。在冬天可先将育雏温度提高1～2℃后再打开门窗，以保证室温稳定。

（4）适宜的湿度　勤换垫料，加强通风以保证相对湿度保持在65％～70％。主要做法是将水槽置于易排水的一侧，同时坚持及时添加垫料3或4次/天，在1周龄以后更要及时更换垫料。

（5）保证光照　育雏0～3天，连续光照以利雏鸭熟悉环境，保证生长均匀。以后每天光照23 h，使鸭适应停电的环境变化，防止挤伤。在气温许可的条件下让雏鸭多进行日光浴。

2. 加强饲养管理

①雏鸭孵出后24 h内，初次饮服0.2％的高锰酸钾水，并不要

中断饮水，3 天后改为清洁常流水。

②在初次饮水后，采用全价料开食，对于不会吃食的雏鸭，应加以人工辅助，防止“僵口”。

③供应全价配合日粮。日粮中应考虑各种营养全面，达到品种营养需要。采用二阶段饲料配方，其主要营养成分如表 6-12 所示。

表 6-12　樱桃谷鸭育雏、育肥阶段的营养需要

营养成分	单位	育雏阶段	育肥阶段
代谢能	MJ/kg	12.10	12.20
粗蛋白	%	22	17.5
蛋氨酸	%	0.5	0.4
赖氨酸	%	1.1	0.85
蛋氨酸＋胱氨酸	%	0.8	0.7
钙	%	0.9	0.9
磷	%	0.55	0.45
维生素 A	100 万 IU/t	12	9
维生素 D	100 万 IU/t	2.5	2.1
维生素 E	IU/t	20 000	15 000
粗纤维	%	4.0	4.4

同时在配方中还添加一些抗菌、促生长、防霉、增加食欲的添加剂。

④整个饲养阶段实行自由采食，保证采食量；少给勤添，槽内不剩料；保证鸭舍冬暖夏凉，不喂霉变、腐败的饲料。

⑤及时分群。雏鸭进入育雏室后就进行强弱分群，以后每周抽样称重 1 次，抽样数为 5%，同时进行再分群，对弱者进行营养补充。

3. 做好防疫控制疾病

①实行自繁自孵自养一体化，不外购鸭苗，减少交叉感染。

②采用全进全出制度。出售后及时对整个鸭舍内外进行彻底的清除、清洗，并进行全面消毒，切断病原微生物的循环途径，保持鸭舍卫生和鸭群健康。

③每周更换垫料 1 或 2 次，同时用 2%～3%的烧碱水喷雾消毒场地等，严格执行肉鸭卫生防疫制度。

④发生疫病时，做到及时诊治，并按要求做好相关处理工作。

4. 提高种鸭育成效果的措施

(1)加强育雏管理 除育雏的温度、饲料、预防用药、饮水等都必须达到技术要求外，另外还应注意：

①种鸭在开始采食时就采取定量、定时饲喂，使每个育雏圈内的鸭苗数一致，这样便于饲养人员在饲喂时操作，饲料投放量相对准确，鸭苗采食量相对一致。否则便会造成鸭苗采食不均而造成个体间生长速度差异。

②鸭苗在育雏过程中饲喂人员和技术人员应勤于观察，对一些个体较小或体质较弱的鸭苗应分开饲喂，适当增加饲料量，促使其体质尽快恢复，待其生长速度与鸭群达到一致后再合群饲养。

③购进种苗个体体质很差或个体特别小的鸭苗时，在确定其难以恢复且不符和种苗要求时应及早淘汰，避免由此而增加种鸭的培育成本。

(2)在限饲期间应保证足够的饲喂场地 种鸭育雏至 3 周龄后直至 20 周龄，因鸭苗生长较快，个体较大，一般都要将饲料撒在地面上饲喂。此时应注意：

①要保证有足够大的饲喂场地，使饲料分撒的范围大而均匀，便于每个后备鸭能均匀地采食。

②所用的饲料品质要好，饲料颗粒均匀且粒度要硬，粉料少，这样既便于种鸭采食而又能减少浪费。

③由于种公鸭一般生长较快、体质好，采食量也较大，因此不能把公鸭单独集中饲喂。最好每个饲养单元的公、母鸭比例一致，

这样既能保持鸭群均匀度又能防止公鸭在培育过程中因单独饲喂而产生性功能障碍。

④在培育过程中，如出现个别体质较差，生长跟不上大群的后备种鸭仍应分开饲喂，适当增加饲料，提高其体质和生长速度。

⑤种鸭在培育过程中，应从 4 周龄(28 日龄)开始至 26 周龄每周定期称重，并与肉用樱桃谷种鸭培育各阶段标准体重表进行对照，以确定饲料喂量。例如在 28 日龄早上空腹称重时，如体重符合标准体重，则维持原饲料量，即每天 140 g；如体重超过标准体重，则降低饲料量，即每天 135 g；如体重低于标准体重，则增加饲料量，即每天 145 g。这样的饲喂量维持 1 周，至下周称重再作相应的调整。种鸭在育雏期的饲料量和 4～26 周龄标准体重见表 6-13 和表 6-14。

表 6-13　樱桃谷鸭 0～28 日龄雏鸭的日耗料量　　g/只

日龄	日耗料量	累计	日龄	日耗料量	累计
1	5.1	5.1	15	75.8	606.3
2	10.1	15.2	16	80.8	687.1
3	15.2	30.3	17	85.9	773.0
4	20.2	50.5	18	90.9	864.6
5	25.3	75.8	19	96.0	960.0
6	30.3	106.1	20	101.0	1 061.0
7	35.4	141.3	21	106.0	1 167.1
8	40.4	181.9	22	111.2	1 278.3
9	45.4	227.9	23	116.2	1 394.5
10	50.5	277.9	24	121.3	1 515.7
11	55.6	333.5	25	126.3	1 642.6
12	60.6	391.1	26	131.4	1 773.4
13	64.7	459.8	27	136.4	1 909.8
14	70.7	530.5	28	141.5	2 051.6

表 6-14　樱桃谷鸭 4～26 周龄的标准体重　　kg

周龄	母鸭			公鸭		
	+2%	指标	-2%	+2%	指标	-2%
4	0.987	0.967	0.949	1.135	1.112	1.090
5	1.361	1.335	1.308	1.563	1.532	1.502
6	1.792	1.757	1.722	2.055	2.015	1.974
7	1.984	1.945	1.906	2.271	2.226	2.182
8	2.176	2.133	2.091	2.487	2.439	2.390
9	2.254	2.210	2.166	2.573	2.523	2.472
10	2.333	2.287	2.241	2.658	2.606	2.554
11	2.412	2.365	2.381	2.745	2.691	2.637
12	2.491	2.442	2.393	2.830	2.774	2.719
13	2.570	2.520	2.470	2.916	2.858	2.801
14	2.649	2.597	2.543	3.006	2.941	2.882
15	2.728	2.675	2.621	3.085	3.025	2.964
16	2.807	2.752	2.697	3.169	3.107	3.045
17	2.841	2.785	2.730	3.208	3.146	3.077
18	2.863	2.807	2.751	3.223	3.166	3.096
19	2.908	2.851	2.794	3.268	3.204	3.146
20	2.493	2.885	2.827	3.302	3.237	3.173
21	2.976	2.918	2.859	3.334	3.269	3.247
23	3.056	2.996	2.936	3.413	3.346	3.279
24	3.160	3.040	2.979	3.458	3.396	3.322
25	3.134	3.072	3.011	3.496	3.421	3.353
26	3.176	3.105	3.043	3.521	3.452	3.383

(3)重视种鸭群的系统防疫　系统防疫和卫生消毒及隔离措施在任何种禽场都是至关重要的，樱桃谷种鸭场也不例外。要做好种鸭场区的卫生消毒工作，杜绝外来人员进入种鸭饲养区，按防疫规程做好种鸭群的系统防疫，减少和降低种鸭群感染病原的机会和发病率。

对种鸭群中出现的异常反应的病鸭应及时隔离治疗，同时加强全场的卫生消毒和预防工作。对治疗无效的种鸭应予淘汰。

在种鸭场的日常管理中，应重视监测种鸭群的死亡率。过高的死亡率往往预示着饲料质量有问题或卫生条件差或鸭群潜伏着某种疾病。

除上述所述各项之外，影响种鸭育成均匀度和培育效果的因素还有很多，如不适当的饲喂方法，同一幢鸭舍不同单元之间光照的差异，是否都有充足清洁的饮水，鸭舍空气质量等，都会对种鸭的培育效果产生影响。

5. 种鸭育成期的限饲　集约化和半开放条件下的樱桃谷肉种鸭的生产和其它禽类一样，必须根据其生长发育规律，采取相应措施，才能培育出符合本品种特征的后备种鸭群，发挥肉种鸭的高产性能。其中限饲是一项重要措施。

(1)樱桃谷肉种鸭的育成限制饲养目标

①标准体重上下浮动2%。

②后备母鸭群具有良好的体重均匀度。

③后备公鸭符合本品种特征要求。

樱桃谷肉种鸭在育成期实行限制饲养能够推迟种鸭的性成熟，增加累积产蛋总量，降低产蛋期死亡率。提高受精率和孵化率，保证其最佳种用价值。

樱桃谷肉种鸭限制饲养方案很多，如限制采食时间、限制饲喂量、饲喂低营养(低能量或低蛋白)日粮、饲喂氨基酸缺乏日粮或高纤维素日粮等。在实践中通常采用限制日饲喂量，即每天供给一定的采食量，使其沿目标体重曲线生长。

(2)限饲所遵循的原则

①科学化、程序化的饲养管理方式　因为鸭是水禽，时刻离不开水，而且鸭有戏水(用喙铲水)和清洗残留食物并洁身的遗传特征。所以，饮水器或U形水槽应放置在运动场(或舍内)的一侧有

水沟的板条或竹排地面或网上。鸭群经常在饮水时排泄,因此可以将排泄物和鸭群溅出的水从水沟里及时排走,并且经常用水冲洗水沟和板条,保持运动场(或舍内)环境清洁。鸭的排泄物中含有大量水分,很容易使舍内环境潮湿,产生氨气,导致舍内空气污浊。所以鸭舍及时增换(添)垫料,确保舍内垫料清洁、干燥。定时进行通风换气,保持舍内空气清新。

②控制鸭群适宜的密度　当鸭群在垫料上饲养时,每只鸭在育成期至少有 0.45 m^2 的活动空间。如果鸭群密度过大,则容易造成饲料及饮水空间不足,后果是体重及体型发育差,整齐度差。鸭舍之间应分隔成栏,每栏以 200～250 只为宜,严禁鸭群串栏。群体过大,往往造成个体差异大和伤残率(特别腿部疾病)高。

③足够的采食面积和饮水空间　保证鸭群吃料均匀,饮水充足。在育成期,每只鸭采食面积(料槽)以 13～15 cm 为宜;饮水空间(U 形水槽)以 3.5～5 cm 为宜。特别要保证鸭群时刻供应充足且符合卫生要求的饮用水。在运动场上应设置 2 m^2 左右的洗浴池。供鸭群定期洗澡、保持种鸭清洁有利于种鸭的健康生长。

④及时调整鸭群　对鸭群随机抽样,定期周末称重。从第 4 周龄开始,必须在每周末随机抽取鸭群的 10%进行称重,计算其平均体重和整齐度及变异系数,根据体重大小来确定下周的饲喂量,并及时调整分群,缩小群体内的个体差异。

⑤每周加料幅度不要过大　一般每次加料 2～4 g 为宜,否则,造成体重曲线不能沿着目标体重生长曲线生长。

⑥准时加料　将应加饲料准确称量,并在早上一次性投入料槽。料槽在运动场(或舍内)分布均匀,尽可能地使鸭群在同一时间吃到饲料,保持吃料均匀。

⑦准确称重　在对鸭群称重时,要使用同一计量器,以保证其准确度和灵敏度,一般用 10 g 为最小感量的千克秤。

⑧必须考虑应激因素　如不良通风、称重、调群及免疫接种对

鸭群的影响,特别是在免疫接种时。在饮水中应添加适量的电解质和多种维生素。

⑨在育成期应实行公、母分开饲养 这是因为后备公、母鸭的采食速度、喂料量及目标体重均有所不同,所以实行公、母分饲既有利于控制后备母鸭的体重和性成熟时间,也有利于控制公鸭的体重,提高其种用价值。但在公鸭群中应配备相应的“印记母鸭”(1∶4.55),促进后备公鸭的生殖系统发育。

另外,科学的光照制度、严格的卫生防疫制度,也是影响鸭群生长发育的重要因素。总之,使用目标体重标准,定期监测和调控后备种鸭群的生长,使其协调发展,才能培育出整齐度好、高产、稳产的后备种鸭群。

(3)限制方案 第4周末,在喂饲前即空腹时,对鸭群随机抽取该群的10%进行称重并计算其平均体重,将平均体重与鸭群第4周龄末所推荐的目标体重进行比较。如果鸭群平均体重在目标体重范围之内,就可以采用该周龄所推荐的饲喂量进行饲喂;如果平均体重低于目标体重,则每天饲喂量在所推荐的喂料量基础上略加2~4 g(最好不要超过5 g);如果平均体重高于目标体重,则每只鸭每天饲喂量等于或略低于第4周末饲喂量。总而言之,将平均体重同目标体重相比较,及时调整日饲喂量,调节鸭群的生长,使其达到预期理想体重。

6. 种鸭四季管理要点 由于季节的变化和环境气候条件的不同,对樱桃谷肉用种鸭的影响不同。因此,在管理上要根据不同季节采取相应的措施,才能取得较好的生产成绩。樱桃谷肉用种鸭四季管理要点如下。

(1)春季 春分后,气温逐渐转暖,日照时数逐渐增加,气候条件对种鸭产蛋很有利。但南方进入雨季,空气潮湿,容易滋生各种细菌。因此,开春时要做好全面的清洁卫生工作,定期消毒,保持鸭舍内干燥、通风。春季是樱桃谷种母鸭产蛋的旺季。要注意用全价料作日粮，以满足种母鸭的产蛋营养需要；严格遵守饲养管理操作规程，延长产蛋高峰期，提高产蛋率。管理要点是：

①日粮中增加粗蛋白质　要求粗蛋白达19%～20%，同时适当添加蛋氨酸+胱氨酸，要求含量在0.68%以上。

②要适当补充矿物质和微量元素　在日粮中补足钙磷，并拌入维生素A、维生素D和鱼肝油、多种维生素等，也可在日粮中加入骨粉或在运动场上堆放贝壳粉，让种鸭自由采食。

③适当投喂青绿饲料　增加青绿饲料可增强种鸭食欲，提高产蛋率。

④保持环境安静，避免应激影响种蛋品质。

⑤供给充足清洁卫生的饮水。

⑥勤拣蛋，减少污染蛋、破壳蛋等。

(2)夏季　夏季管理工作重点是防暑降温和注意饲料、饮水卫生。此时管理不好，不但产蛋率下降，而且种鸭死亡率高。具体做法是：

①调整日粮配方　适当降低能量水平，代谢能11.5～11.8 MJ/kg，相应增加蛋白质、钙、磷、多种维生素。在饲料中添加一些预防应激作用的药物，如补充维生素C等。

②改变饲喂方法　加强夜间饲喂，同时采用凉水拌料，现拌现喂。每次上料不要太多，防止过剩变质。

③防暑降温　保持有足够的水槽，供给清洁的常流水，最好是地下水；保持水槽清洁，每天至少清洗2次，防止饮水浑浊和掺入杂质；鸭舍顶层刷白，可周围种丝瓜、南瓜，让藤蔓爬上层顶，隔热降温；运动场内搭设凉棚，避免日光直接照射；加强通风，提高鸭舍内气流流动速度；鸭舍内可合理配备一定数量的电风扇，有利于鸭体热量的散发。

④严防饲料发霉变质　饲料要保存在通风干燥处，运输途中要防止雨淋，发霉变质的饲料绝不可喂用。

(3)秋季　一般9～10月份是樱桃谷种母鸭的产蛋次旺季，也是冷暖空气交替的时候，气候多变。母鸭经过大半年的产蛋，身体疲劳，既有保持80%以上产蛋率的可能。也有急剧下降停产换羽的危险。此时管理要点是：

①适当增加营养，补充动物性蛋白质饲料。

②操作规程和饲养环境尽量保持稳定，避免大的变动。

③适当补充无机盐饲料。最好另置无机盐盆，任其自由采食。

④克服气候变化的影响，使鸭舍内的小气候变化幅度不要太大。

⑤加强卫生防疫。可在日粮中拌入适量抗菌药物(禁用磺胺类药物)和多种维生素，以提高种鸭的抗病能力。

(4)冬季　种母鸭冬季不产蛋原因是“冬”，不是“冷”，主要是冬季日照和营养不足，改善冬季条件就可提高生产率，管理要点是：

①调整日粮配方　提高能量水平，降低粗蛋白质。要求代谢能11.7～12.1 MJ/kg，粗蛋白18%～19%，提高种鸭的御寒能力。

②加强光照　一方面要适当延长光照时间，采取人工补充光照，每天的光照时数达16 h；另一方面增加光照强度，防止种鸭采食量及种蛋受精率下降。在同样的自然光照下，增加光照强度可使产蛋率平均提高12%。

③加强夜间饲喂　寒冷的冬季，冬夜既长又冷，种鸭在此间消耗能量较多，但由于惧寒而很少到舍外采食，因此夜间宜将食槽放在舍内，并适时驱赶，使其适当活动。

④防寒保暖　在鸭舍及运动场的风口处用茅草、小竹子等搭建挡风墙；加厚鸭舍内的垫草，防止鸭蛋直接产在阴冷潮湿的地面上；适当缩短放水时间等。

⑤适时放水　早上和傍晚种鸭交配较频繁，要注意驱赶鸭群

在一定水面上聚集，以提高受精率。

7. 种鸭高产期的管理　樱桃谷父母代种鸭平均产蛋率达80%以上时，进入高产期。由于高产期间种鸭所需的营养要求更高、更全面，因此，在饲养管理上应视情况做必要的营养补充，进行一些特殊管理。

(1)提高饲料质量　高品质、高质量的饲料是种鸭高产、稳产的关键。夏季高温季节，由于高温应激，采食量有所下降，免疫力相应下降，机体对维生素需求将大大增加。为了继续维持种鸭高产，必须在全价料的基础上适当添加一些优质蛋白和补充足量的维生素，以及根据实际需要，每月使用一次抗生素添加剂，达到防病、治病、促进生产、提高机体免疫力的目的。特别在产蛋高峰期，平时更要注意对种鸭的采食、活动、产蛋以及蛋形变化等情况的观察，不失时机地补充种鸭所需的各种营养物质，最大限度地延长产蛋高峰期，充分发挥种鸭的产蛋潜力。

(2)及时调整光照时间和强度　在一定时间内，稳定的光照时间和光照强度是维持种鸭高产、稳产的必要条件，但随着季节变化，应根据日照的时间和强弱，适当调整补充光照时间和强度，以满足种鸭卵泡发育对光照的需要。

(3)保持棚舍清洁、干燥、通风透气　在寒冷的冬季，做到既能透气，又能保暖，特别是晚间产蛋的地方不能有贼风，这对保证冬季种鸭健康、高产至关重要。在早春、晚秋同样要考虑这个问题。因为种鸭在产蛋时，机体免疫力处于最低状态，这时鸭子如受凉或受寒，不但容易发病，而且产蛋高峰期会缩短。在炎热的夏季，除了保证棚舍充分通风外，室外应搭建一些遮阳凉棚，夏天让种鸭露宿在外面，产蛋时再进棚。

(4)调整喂料时间　早、晚凉爽时或夜间进行补喂，靠近料槽旁放置饮水盆，使种鸭吃料后能及时喝到水，并在饮水中加入一定量的维生素等抗应激添加剂，这样即使在炎热的气候下，也能维持种鸭高产。

七、"稻鸭共作"生产新技术

(一)"稻鸭共作"技术的含义

"稻鸭共作"技术是日本继承和吸收我国传统稻田养鸭技术精华而发展起来的一种全新的农业技术。它是利用役用鸭旺盛的杂食性,吃掉稻田内的杂草和害虫,鸭不间断的活动刺激水稻生长,产生中耕浑水效果,同时鸭粪作为肥料。而稻田为鸭提供劳作、生活、休息的场所以及充足的水、丰富的食物,两者相互依赖,相互作用,相得益彰。稻米和无公害鸭肉供人食用。所以,"稻鸭共作"技术是一项生态型的综合农业技术。它与稻田养鸭有着明显的区别:稻田养鸭,鸭子白天放,晚上收,鸭子的功能不能充分发挥;稻鸭共作,鸭白天、夜晚、清晨都在活动,役用效果大大增强。稻田养鸭还停留在原始阶段;"稻鸭共作"则融入了生态学、动物行为学、育种学、环境学等现代科学知识,有比较系统的操作规程。"稻鸭共作"是原始和现代农业的结合,在环保农业、有机农业、可持续农业中,有着旺盛的生命力和广阔的发展前景。

(二)"稻鸭共作"的应用效果

1. 除草效果　"稻鸭共作",鸭在田中的60～70天期间,特别喜食阔叶杂草,对发芽或未发芽的禾本科杂草种子甚喜采食。不仅采食杂草植株,还采食籽实、块茎、根茎。鸭不停地在稻田里运动导致的浑水现象,也是抑制大部分杂草种子萌发的重要原因。

2. 除虫效果　鸭除了对穗期螟虫危害控制效果较差外,对其它水稻害虫、苗期害虫均有很好的控制效果。除少数危害稻株上部叶片及穗部的害虫如稻纵卷叶螟、穗期危害的三化螟外,鸭对其它水稻害虫，特别是对栖息在稻株中下部的稻飞虱、稻叶蝉均有较好的控制作用。

3. 施肥效果　鸭粪是养分含量较多、质量较好的有机肥。在“稻鸭共作”时期内，据测定1只鸭排粪约10 kg，随排泄随搅拌随吸收，肥料利用率高，肥效显著。根据试验，在不施用追肥和穗肥的情况下，“稻鸭共作”水稻的产量接近常规种稻的产量，这与施入鸭粪有密切关系。

4. 中耕浑水作用　“稻鸭共作”，通过鸭不间断地活动，解决了稻田中耕松土的难题，耘耥彻底，达到了松、均、透、熟。中耕松土对人来说，异常艰辛，对机器来说，难以办到，而“稻鸭共作”，则轻松解决难题。

5. 刺激生长效果　水稻经鸭刺激后，独有的抗逆表现是分蘖多、开张角度大、茎秆粗壮、植株变矮、根系发达、穗形变大，这些变化，有利于水稻的抗病、高产。

6.“稻鸭共作”的产量和收益　“稻鸭共作”其产量能接近常规种稻的产量，由于不施用化肥、农药(杀虫剂、除草剂)，生产出无公害大米，米价比常规稻米高出20％～30％；虽然增加了鸭苗、鸭饲料、围网等养鸭的投入，但鸭在完成稻鸭共作任务之后，用很少的饲料投入，换来了优质的鸭肉，增收效果明显。

(三)鸭苗的选择及驯水

1. 鸭的活动时间　从深夜到黎明这一段时间是鸭采食最多的时间段。不分昼夜地放养更符合鸭的活动规律，更能发挥各项作业功能。

2. 役用鸭的选择　现有家鸭品种直接应用于“稻鸭共作”役用功能不够理想。应选育并选用体型小、抗逆性强、生活力强、田间活动时间长、嗜食野生植物等役用功能较强的役用鸭。

3."稻鸭共作"中鸭苗的准备

(1)确定苗鸭品种　开展适合于"稻鸭共作"的役用鸭品种选育,专门选育的役用鸭体型小,役用性能比较理想。没有役用鸭的地方,可以订购当地的中小型麻鸭品种。

对刚出雏的鸭苗大致可以从鸭的大小、毛色、喙色、脸色来判别。体型较大、初生雏体重 60 g 左右,毛色纯黄、黄喙、黄脚的雏鸭多为白羽肉鸭;体型较小、初生重 35～40 g、毛黑黄相间、乌灰喙、褐脚者多为麻鸭品种。而野鸭雏鸭的特征是自上喙基部至枕上部有一条暗褐色相连,即有贯眼纹。

(2)确定需要苗鸭的时间　从水稻作业来看,播种至栽秧的时间(即秧龄)为 1 个月左右,栽秧后 5～7 天,此时水稻已活棵,可放鸭苗。适宜放入稻田的鸭苗一般以 7～10 日龄为宜。鸭的孵化期为 28 天,所以 28 天的孵化期加上 7～10 日龄的育雏期即为鸭蛋入孵期。"稻鸭共作"农户只要大致确定了栽秧日期、放鸭日期,即可以此向前倒推 35 天确定为种蛋入孵期,并依此向孵坊、鸭场订购苗鸭。鸭出雏后 7～10 天,经育雏和提前驯水,即可放入稻田。

(3)确定订购苗鸭的数量　订购苗鸭的数量主要根据每公顷"稻鸭共作"放鸭的数量以及"稻鸭共作"的面积来确定,根据近年实践,以每公顷投放 225～300 只鸭苗为宜。

5. 雏鸭的驯水　鸭的驯水是"稻鸭共作"中鸭育雏的一个重要环节,也有别于普通鸭育雏驯水。鸭驯水的要求:一是早驯水,以便雏鸭尽早放入稻田,开始"稻鸭共作";二是驯好水,达到水不湿毛。

6. 雏鸭的管理要点　掌握适宜温度,合理分群饲养,建立良好的人、鸭关系,搞好清洁卫生,保持鸭舍干燥,驯水池的水要清洁。

（四）"稻鸭共作"的田间工程

1. 稻田的准备　一般来说，适合种植水稻的稻田都可以用做"稻鸭共作"。"稻鸭共作"除了考虑水稻外，还必须考虑鸭这一重要角色，所以对稻田又有了一些新的要求：

（1）水源充足、灌溉方便　栽秧后应始终保持水层，水源不足和灌溉不便，均不利于"稻鸭共作"的实施。

（2）田块平整、面积适宜　考虑到"稻鸭共作"的生产特点、要求所选择田块应较为平整，能确保处处有水，这既有利于水稻生长，也有利于鸭子的活动。面积适宜，有利于提高劳动生产率，一般一个劳动力可胜任"稻鸭共作"2～3 hm^2 的日常管理工作。

（3）田埂适当加高　可在秋季前茬水稻收割后的冬春季进行。田埂高 20～30 cm，宽 60～80 cm。加高加固田埂有利于适当提高稻田灌水层，发挥鸭的役用效果。做到涵、闸、渠、路等整体规划、综合治理，灌得进，排得出，旱涝保收。

2. 搭建简易鸭舍　鸭子放入稻田时，正值 7～10 日龄，这个时候鸭子还比较小，体重在 150 g 左右，仅身着绒毛，还不可能长时间呆在水中。因此，需在田边为鸭子搭建简易鸭舍，以避风雨、供鸭子憩息。

3. 设置初放区、对照区　鸭子刚放入水稻大田，需要一个适应过程，尚不宜让雏鸭满田跑。为此宜设置初放区，让雏鸭先在初放区生活 1～2 天，一个 2 600～3 500 m^2 的田块，初放区以 20 m^2 的面积为宜。初放区太小，鸭活动不开；太大，不便于早期管理。设立对照区的目的是为了便于和放鸭区进行比较，调查了解"稻鸭共作"的实际效果。

4. 设置电围栏　围栏是防御天敌、保护鸭子、确保"稻鸭共作"顺利实施的基本条件。在各种围栏中，又以电围栏的效果最好、成本最低。

电围栏的设置在“稻鸭共作”中有着十分重要的作用，是“稻鸭共作”中的关键设施。电围栏的作用有二：一是防止鸭子离开稻田；二是防御天敌、保护鸭子。鸭的天敌主要有犬、猫、黄鼠狼、水老鼠、蛇等。电围栏通常为 2 层结构，稻田里面的一层为塑料网围成，围孔以 1～2 cm 宽为宜，网高 80～100 cm；稻田外面的一层为脉冲电网，即电围栏。通常由电源、电脉冲器、绝缘子、细铁丝、竹桩、地线等部分组成。

(五)“稻鸭共作”的注意事项

1.“稻鸭共作”的时间表　从“稻鸭共作”的整个过程来看，在鸭放入水田前，水稻育秧和鸭孵化育雏是分开进行的。一旦在稻田放入鸭子，稻和鸭即结为一个密不可分的整体，相互依存、互生共利，这段时间达 60～70 天。

2.“稻鸭共作”的水稻育秧　移栽稻特别适宜于“稻鸭共作”，这当中以旱育稀植方式最为适宜。

3.“稻鸭共作”田水稻的栽植密度　进行“稻鸭共作”，水稻的栽植密度既要考虑水稻高产，又要考虑栽植密度适于鸭子的活动，密度应适当稀于常规种稻的密度，行距 26～30 cm，株距 20～24 cm，每公顷 150 万～180 万穴，基本苗 75 万～80 万株，这样的株行距配置，不仅有利于水稻的高产，也有利于鸭在株间穿行，稻鸭共作的各种效果就可以更好地发挥出来。

4. 放鸭入田的技术要点

(1)放鸭的时间　栽秧后水稻一活棵就要放入鸭子，最迟不超过 10 天。另外，宜选择晴天的上午 9～10 时放鸭入田。

(2)放鸭的数量　一般是每公顷地放 180～300 只。初期“稻鸭共作”，一群鸭以 80～100 只，面积为 0.3 hm^2 为宜，技术掌握得较熟练后，一群鸭以 200 只、面积 0.6 hm^2 为宜。

(3)鸭放入稻田后的饲喂管理　雏鸭在育雏时以人工饲喂为

主,放入稻田后即应逐步转向自由采食,适当补饲。

(4)“稻鸭共作”的水稻栽培策略　“稻鸭共作”中的水稻高产与现行水稻种植技术的高产要求途径基本一致。

(5)“稻鸭共作”的水浆管理　栽秧后一直保持适当水层,绝不将浑水排出,水少时适当添进新水,保持水层高度,在鸭子从田间撤出后,待水淀清后才渐渐排水或让水自然落干。以后可采用干干湿湿的灌水方法。“稻鸭共作”田中保持浅水,对鸭开展各项田间作业极为有利。

(6)“稻鸭共作”的肥料管理　“稻鸭共作”完全做到不施用化肥、农药、除草剂,应属有机稻米生产,这是最高标准,难度要大一些。如完全不用除草剂,大幅度减少化肥、农药的使用量,但这是切实可行的。

(7)“稻鸭共作”的病虫害管理　就水稻的苗期害虫、植株中下部害虫有较好的控制效果,但对螟虫这种钻蛀性害虫造成的白穗危害,防治效果不够理想。可采用调节水稻的抽穗期、频振杀虫灯诱杀等办法进行防治。

(8)鸭的捕捉和销售　水稻抽穗扬花时,就意味着鸭即将完成“稻鸭共作”的田间作业任务了,要将鸭子及时从稻田里收上来,以免对稻穗造成危害。

役用鸭的市场前景非常看好。随着人民生活质量的提高,消费者对鸭肉的品质要求会越来越高,役用鸭的出现,给喜食鸭肉的城乡广大消费者提供了一个新型的、优质安全的、美味的鸭源。

第七章 蛋用鸭的饲养管理

目前各地的蛋鸭发展较快，为了降低成本，提高经济效益，现将蛋鸭的科学饲养管理方法作一系统介绍。

一、雏鸭的饲养管理

4 周龄以内的小鸭为雏鸭，养育 4 周龄以内的雏鸭，称为育雏。这一阶段雏鸭有其特殊的生理特点，如体温低，嗉囊和肌胃容积小，消化器官短而小，对饥渴比较敏感，调节采食能力差，敏感性强，抗病力弱，胆小，代谢快等。培育出发育好的健壮雏鸭，不仅直接关系雏鸭本身的生长速度和成活率，而且还影响以后的产蛋率和健康状况。

（一）雏鸭对环境条件的要求

1. 温度　由于雏鸭御寒能力弱，初期需要温度稍高些，随着日龄的增加，室温可逐渐下降，3 周龄以内的雏鸭，可参考表 7-1 规定的标准保温。3 周龄以后，已有一定的抗寒能力。如气温在 15℃左右，就不必考虑人工保温了。

表 7-1　蛋鸭育雏期的温度

日龄	室温	
	℃	℉
1	28～26	82～79
2～7	26～22	79～72
8～14	22～18	72～64
15～21	18～16	64～61

注意育雏期间温度不可忽高忽低。如果表现三五成群静卧无声,有规律地吃食、饮水、排便、休息,说明温度正常。如表现缩颈耸翅,互相堆挤,或行走不稳并发出“吱吱”的尖叫声。说明温度过低或过高,需及时调整。

2. 湿度　鸭虽喜欢游泳,但不能让它整天泡在水里,特别在雏鸭时期,要严格控制下水时间。饲养的环境湿度不能过大,圈窝不能潮湿,垫草必须保持干燥,尤其在喂过饲料或下水游泳后回来休息时,一定要睡在干燥洁净的垫草上。如久卧阴冷潮湿的地面,不但影响饲料的消化吸收,而且还会造成烂毛。

出壳后第 3 天可让小鸭下水,先下小水,可采用竹篮或鸭笼下水,以打湿小鸭脚板为宜。每天 2 次,每次不超过 10 min。5 天以后下大水自由活动时就可以进行放牧。小鸭下水还要根据天气和气温而定,天气晴朗、气温较高时应坚持每天下水;下雨天,气温低时不下水或下水时间短一些,以免鸭子受冷生病。放鸭时间要由短到长,逐步锻炼。

3. 空气　雏鸭体温高,呼吸快,如果育雏室关闭太严,室内的二氧化碳量会迅速增加。据测定,每千克鸭每小时呼出的二氧化碳量为 1.5～2.3 L,如不适当通风,就会缺氧。尤其在室温较高,湿度较大的情况下,粪便分解快,挥发出大量的氨气和硫化氢等有害气体,刺激眼、鼻和呼吸道,严重时会造成中毒。因此,育雏室要定时换气,朝南的窗户要适当打开。以保持室内空气新鲜,但任何时候都要防止贼风直吹雏鸭身上。

4. 光照　雏鸭特别需要日光照射。太阳光能提高雏鸭的体表温度,促进血液循环,经紫外线照射能将存在于鸭体皮肤、羽毛和血液中的 7-脱氢胆固醇转变为维生素 D_3,促进骨骼生长,并能增加食欲,刺激消化系统,有助于新陈代谢。在不能利用自然光照或自然光照时数不足时,可用人工光照补充。育雏期内,光照强度可大些,时间稍长些。第 1 周龄,每昼夜光照可达 20～23 h;第 2

周龄可缩短至18 h左右;第3周龄起,要区别不同情况,若夏季育雏,白天利用自然光照,夜间用较暗的灯光通宵照明,只在喂料时用较亮的灯光照0.5 h。如晚秋季节育雏,由于日照时间较短,可在傍晚适当增加光照1～2 h;其余时间仍用较暗的灯光通宵照明。

5. 饲养密度　饲养密度因品种、日龄和环境而不同。雏鸭饲养密度可参考表7-2。

表7-2　雏鸭饲养密度参考表

日龄	每平方米饲养只数
1～7	15～20
8～14	10～12
15～25	7～10

除温度、湿度、空气、光照、密度等环境条件外,水质、噪声及鸭舍的环境卫生对雏鸭也有较大影响、随着雏鸭逐渐长大、排泄物不断增多,极易使小鸭绒毛沾湿弄脏,必须及时打扫干净,以保持干燥、清洁、卫生的良好环境。

(二)育雏期的选择

我国蛋用鸭的饲养多为家庭散养,数量不大,育雏期的选择带有很强的季节性。全年的育雏期不超过6个月,大都从3月底开始,至9月中旬结束。形成这种传统习惯的原因有2个方面:一是我国农村养鸭的条件比较差,设备非常简陋,大都没有专用的育雏室,缺乏保温设施,基本上依靠自然温度育雏。因此,在气温较低的秋冬季,很难培育好雏鸭。二是我国的农村养鸭,大都是采用放牧饲养,依靠江河、湖泊、稻田茬口的天然饲料,降低饲养成本,而不是采用全圈养、全饲喂的方式。所以,育雏季节的选择恰当与否,不仅关系到成活率的高低,也影响饲养成本和经济效益的大小。

根据育雏期不同通常分为春鸭、夏鸭和秋鸭等3个时期，这3个时期各有利弊，现分别介绍如下。

1. 春鸭　从3月下旬开始至5月份，即农历春分到立夏，甚至到小满之间饲养的雏鸭，都称春鸭。这段时期，天气逐渐转暖，气温、水温逐渐升高，天然水域中的螺蛳、蚯蚓及泥鳅等日渐增多。此时也正值农作物春播阶段，放牧场地很多，雏鸭生长快、发育好、成活率高、用料省，是育雏的黄金季节。一般春鸭在8～9月份就能开产，开产以后很快达到产蛋高峰。但春鸭御寒能力差，为使蛋鸭在冬季高产稳产，必须加强饲养管理。如果饲养条件和饲养技术水平达不到要求，则饲养春鸭一般都作为商品蛋鸭，或作为一般的菜鸭上市而不再留作种用。

2. 夏鸭　6月份至8月中旬期间出壳的小鸭都称夏鸭。此期内气温在一年中最高，而且闷热多雨，气候条件不适合雏鸭的生理需要，而且此期正值农作物生长旺期，放牧场地少。但优点是水温较高，不需保温措施，可以提早下水放牧。另外，早稻收割后，有10～15天的时间，放牧场地宽阔，天然饵料很丰富，经过强化培育，夏鸭一般饲养120天左右开产，进入冬季前即可达到产蛋高峰，只要饲养得当。产蛋高峰期可以保持半年左右。

4. 秋鸭　8～9月份出壳的小鸭，都称秋鸭。一般指立秋至白露期间饲养的雏鸭。此期气温逐渐下降，正适合雏鸭从小到大对外界温度的生理需要。在水稻产区，晚稻的生长期长，收获延续的时间也长，对正在生长的鸭群放牧觅食有利。若加强培育，则育成期较夏鸭缩短了60日龄，且产蛋高峰正适春孵季节，产蛋高峰期的种蛋价值高，同时对不能留种生蛋的鸭子淘汰期又正逢春节，经济效益可观。

(三)雏鸭的饲养管理要点

1. 掌握适宜的温度，切忌忽冷忽热　刚出壳的幼雏鸭，个体小、绒毛稀，抵御寒冷和调节体温的能力较差。所以，一定要保证供温均匀。出生后 2 周龄内的幼雏。特别要注意供温和保温。

蛋鸭育雏由于给温方法不同，分为自温育雏和加温育雏 2 种方式。

(1)自温育雏　自温育雏主要利用雏鸭本身要求的温度与外界环境温度差异不大，在自然条件下培育雏鸭的方式。这种育雏方式，节省能源，不需加温设备，但受环境和季节的影响较大，对于夏鸭和秋鸭适合这种育雏方式。

(2)人工加温　育雏主要利用育雏室和供温育雏器的保温条件，通过人工加温达到所需要的温度。这种育雏方法不分季节，不论外界温度高低，均可以育雏，但要求条件较高，需要消耗一定的能源。育雏费用较高，这种育雏方式适合于大规模饲养蛋鸭。

我国北方地区对蛋用鸭多为家庭散养，数量不大。选择气温适宜季节，进行少量饲养，不必单独搞育雏鸭的设备。一般习惯采用草篓柳条筐或厚纸箱等物装雏鸭，上边用布或棉垫盖上，放在热炕上。最初每箱可多装些，随着雏鸭日龄的增长，逐渐疏散只数。平时屋内要保持一定的温度，天气晴朗时，可利用中午时间把雏箱拿到室外让雏鸭晒晒太阳，能促进雏鸭对饲料的消化吸收，增强抗病力。

①红外线加温　采用育雏室育雏时，可采用红外线灯泡加温，电热伞加温及煤炉加温。利用红外线灯泡发热量高的特点，把它按一定的距离悬挂在育维室内。第 1 周龄时，灯泡离地面 35～45 cm(根据高低及雏鸭精神状态而调节)，随着雏龄增大，逐渐提高灯泡高度。若气温较低，第 1 周龄时室内还需有其它加温设备。用红外线灯泡加温的优点是：室内干净、空气好、保温稳定、垫草干燥、管理方便、节省人工。但耗电量大，灯泡易损坏，成本较高。

②电热伞加温　用木板、纤维板或铁皮、铝皮等材料制成伞状罩，直径 1.2～1.5 m，高 0.65～0.70 m。伞最好做成夹层，中间

填充玻璃纤维等隔热材料，以利保温。伞的下部周围装一圈电热丝，并连接自动控温装置金属膨胀饼或水银导电表。可人为调节和自动控制温度。伞的最下缘留 10 cm 空隙，钉上三角形的厚布条，便于雏鸭自由进出。每个保温伞可养雏鸭 200～300 只。这种加热方式的优点是管理方便，换气良好，育雏室内清洁，节省劳力，育雏效果好。缺点是耗电量较大，无电或经常停电的地方不能使用。

③煤炉加温　这是农村最常用、最经济的加温方法。采用类似普通火炉的进风装置，将进气口设在底层，将煤炉的原进风口堵死，另外装一个进气管，在管的顶部加一小块玻璃，通过玻璃的开合、调节进气量，控制火势，炉的上侧装一个出气烟管，烟管穿过育雏室通向室外，排除废气。为了使炉温少散失，可在炉子的周围加一个木制的保温伞，直径 1.2～1.4 m，正方形，高 1 m，向上倾斜。这种装置可将炉温聚集在伞罩的周围。

无论采用哪种保温方法育雏，都要注意温度的相对稳定性，切不可忽高忽低。温度要逐渐下降，直到离温时，育雏的温度和自然环境的温度应相差大不为适宜。

2. 及时开食　雏鸭出壳后第一次喂料称“开食”。雏鸭出壳后 24 h，可用大米或小麦煮成硬饭（或采用小鸭全价颗粒饲料喂），先用清水洗去饭的黏性，将小鸭围拢，在地上或盆中撒上料，让其自由啄食，经过 2 或 3 次调教，雏鸭即可“自食”。饲养员喂料要撒得均匀，撒得开，同时务必细心观察。要使每只鸭子都能吃进饲料，但也不能吃得太多，六七成饱就可以了。发现吃得较凶、较多的雏鸭，要提前捉出，关到鸭篓内，以免过饱。发现吃得很少，或没有进食的雏鸭，也要捉出，单独圈在一个地方，圈得密一点，专门喂饲料。对于个别仍不吃食的鸭子，要单独喂点糖水，或葡萄糖水，喂糖水的工具最好是注射器，注射器头上套一根细胶皮管（可用自行车气门芯），将它插入食道内，以免糖水流入气管致死，或者用滴管套上胶皮管代替注射器喂糖水。第2遍撒料时,要注意找空隙处投撒,使雏鸭采食时不拥挤,以免互相践踏,使体质较弱的雏鸭,也有机会吃到饲料。

“开食”的适宜时间,春鸭出壳后24 h左右,夏鸭出壳后18~20 h,秋鸭出壳后24~30 h。“开食”过早,雏鸭身体软弱,采食活动能力差,收不到“开食”的效果;“开食”过迟,不能及时补充所需的养分,使雏鸭体内养分消耗过多,过分疲劳,降低了胃肠的消化吸收能力,即成为“老口”雏鸭,比较难养。如果在“开食”前不知道雏鸭的准确出壳时间,或者将不同时间出壳的小鸭搞混了,这时要根据情况,进行一次分群挑选。挑选的依据有2条:一是看精神状态,雏鸭活泼好动、神态老练、并有求食行为者,可以先“开食”;二是看雏鸭脚上表皮,凡脚胫和蹼上的表皮干燥收缩,说明出壳时间已久,可以先“开食”。凡表皮细嫩,似在水中浸过一样湿润,说明出壳不久,可暂缓“开食”。

3. 适时开水、下水 刚孵出的小鸭,第一次饮水称“开水”。雏鸭有随吃料随喝水的习性,可用浅盘或饮水器饮水。水要保持清洁,并要避免溅湿垫料及小鸭身体。“开水”时将雏鸭连同鸭篓慢慢浸入水中,使水没过脚趾,但不能超过膝关节,让雏鸭在水中站立5~10 min(天热时站的时间久些,天冷时站的时间短些),这时,雏鸭受到水的刺激,十分活跃,一边饮水,一边嬉戏,使生理上处于兴奋状态,促进新陈代谢,促使粪便排泄,如果再在水面上撒点绿浮萍,则效果更佳。春末到秋初,当气温超过15℃时,可直接在冷水中“开水”,气温低于14℃时,要加点热水,适当提高水温。

“开水”的另一种方法是:将雏鸭放到已潮湿的苇席或塑料布上,塑料布四周的下边垫竹竿或木条,使水不外流,然后向雏鸭身上喷洒温水,这时雏鸭的绒毛上形成一颗颗晶亮的水珠,任其相互吮吸,这种方法适于在气温较低的早春或秋末进行。

出壳后第3天可让小鸭下水,先下小水,可采用竹篮或鸭笼端下水，以打湿小鸭脚板为宜，每天2次，每次不超过10 min。5天以后下大水自由活动就可以进行放牧。

蛋用鸭神经敏感，胆子较小，要从育雏期开始，进行训练调教，使其逐渐接近陌生人直到不害怕受惊。

下水要从小开始训练，开始1～5天，可以与小鸭"点水"(有的称"潮水")结合起来，即在鸭篓内"点水"。早春天气冷，晴天时可以在室外铺一张尼龙薄膜，四边垫高，中间倒上清水，水深2 cm左右，水倒好后让太阳晒一会儿，待水稍温后，再把鸭放进去。用这种方法锻炼下水。鸭不感到冷，连续几天后，雏鸭就习惯下水了。注意每次离开水，都要在无风温暖的地方，梳理羽毛，使身上的湿毛尽快干燥，千万不可带着湿毛入窝休息。下水活动，夏季不能在中午烈日下进行。冬季不能在阴冷的早晚进行。小鸭下水还要根据天气和气温而定，天气晴朗，气温较高时应坚持每天下水，天气下雨，气温低时不下水或时间短一些，以免鸭子受冷生病。放鸭的时间要由短到长，逐步锻炼。

4. 保证开素　鸭苗开食3天后，要增加一些动物性蛋白质饲料，把蚯蚓、泥鳅、蝇蛆、黄鳝等切碎喂鸭。并注意多放牧让其采食活食。

5. 搞好清洁卫生，保持鸭栏干燥　随着雏鸭日龄增大，排泄物不断增多。鸭篓和圈窝极易潮湿、污秽，这种环境会使雏鸭绒毛沾湿、弄脏，并有利于病原微生物繁殖，必须及时打扫干净，勤换垫草，保持篓内和圈窝内干燥清洁；换下的垫草要经过翻晒晾干，方能再用，但晒热的垫草要晾凉后才可关鸭，热草关鸭易引起雏鸭中暑。圈窝的垫草干燥松软，雏鸭才能得到充分休息，睡得舒服安稳。育雏舍周围的环境，也要经常打扫，四周的排水沟必须畅通，以保持干燥、清洁、卫生的良好环境。

6. 建立一整套科学的管理程序　蛋鸭喜集群生活，合群性很强，神经类型较敏感，极易形成条件反射。在雏鸭阶段培养的生活习性可保持终生。例如每天定时、定地饮水、吃料、下水游泳、上滩理毛、入圈歇息等。一旦形成习惯,不要轻易改变。如果需要改变,也要逐步改变,使雏鸭逐步适应新的生活秩序。饲料品种和调制喂养方法的改变,也要采取循序渐进的方式,不能随心所欲,频繁改变,使雏鸭有一个适应过程。如果频繁地改变饲料和生活秩序,不仅不能使雏鸭形成良好而有规律的生活习惯,而且还会影响生长,引起疾病,降低育成率。

二、青年鸭的饲养管理

(一)青年鸭的生理特点

蛋鸭 5～16 周龄,称为育成期,通常叫青年鸭阶段,在这个时期鸭子的肌肉、骨骼、内脏器官及羽毛都得到快速生长,为进入产蛋期做好各方面的准备工作。

青年鸭的生理特点,可概括为 2 个方面:

①生长发育迅速,活动能力很强,贪吃贪睡,食性杂且广,需要及时补充各种营养物质。

②神经敏感,可塑性较强,适于调教和培养良好生活规律。

(二)青年鸭的饲养管理方法

饲养人员应根据青年鸭的生理特点、饲养条件,采取相应的饲养管理方法。

1. 放牧饲养法　放牧养鸭是我国传统的养鸭方式,它既利用了鸭场周围丰富的天然饵料,适时为稻田除虫,同时又满足了育成期蛋鸭食性广,觅食能力强,易于驯化的生理要求。

(1)科学选择放牧场所　早春放浅水塘、小河、小港,让鸭觅食螺蛳、鱼虾、草根等水生生物。春耕开始后在耕翻的田内放牧,觅取田里的草籽、草根和蚯蚓、昆虫等天然动植物饲料。水稻栽插之前，将鸭子放牧在麦田，充分觅食遗落的麦粒。稻田插秧后 2 周左右，至水稻成熟期前这一段时间，可在稻田放牧。由于鸭在稻田中觅食害虫杂草，不但节省了饲料，还增加了野生动物性蛋白的摄取量，待水稻收割后再放牧，可让鸭觅食落地稻粒和草籽。

(2)放牧前的采食训练　在放牧青年鸭之前，首先要让其学会采食各种食物。

①吃螺蛳的调教　螺蛳品种多，分布广，在水稻田、江河、湖泊蕴藏量很大。螺蛳肉粗蛋白含量很高，无机盐也很丰富，营养好。是正长羽毛和骨骼的青年鸭非常理想的动物性饲料。但对于过去从未喂过螺蛳的青年鸭，第一次见到时都不敢采食，必须经过采食训练。调教的方法分 3 步：第一步，先将螺蛳放入开水锅里煮一会儿，使螺肉稍微收缩（肉色发白），然后放到轧螺机上轧一下，将硬壳轧碎，然后去掉大片的硬壳，再把螺肉和细螺壳捞起，放在浅水盆内，让鸭子自由采食，或将少量螺肉拌入混合粉料中，待鸭群处于饥饿状态时喂给，引诱其采食。第二步，螺肉喂过几次后，改成只将螺蛳轧碎后连壳投喂。第三步，轧碎的连壳螺蛳喂过几次后，就直接喂给过筛的小嫩螺蛳，培养它采食整只螺蛳的习惯。达到这个水平后，鸭子就可以在放牧时随便采食螺蛳了。

②采食谷子的训练　吃惯混合饲料的鸭子，初次见到谷子，不敢采食，要先进行训练调教。方法是：将谷子洗净后，加水于锅里用猛火煮一下，直至米粒从谷壳里爆开，再放在冷水中浸凉。然后将饥饿的鸭群围起来，垫上喂料的席子（或塑料布），饲养员提着喂料桶进入鸭群后，不马上撒料，而是先走几圈，引诱鸭子产生强烈的采食要求，然后在空的席子上撒几把煮过的稻谷，当鸭子看到谷壳中有白色的饭粒，就去啄食，但谷壳不易剥离，由于饥不择食，自然就吃下去。必须注意，第一次撒料不要撒得太多，既要撒得均匀，又要撒得少，逐步添加，造成“抢吃才有味道”的局面。用此法

喂过1次煮过的稻谷以后，要抽样检查，看看吃食情况，每只鸭子只要第一次吃进几颗煮过的稻谷，以后就会越吃越多。第一次没有吃到煮谷的鸭子，不要单独喂原饲料，而是让它饿一饿，以后在“大家”都吃的情况下，它也会跟着吃起来的。如果第一次喂煮谷，大多数鸭子都不来采食，这时要停止撒煮谷，也不要喂原来的饲料，再继续饿1个多小时，同时把谷子再煮一下，煮熟一点，使米饭粒从谷壳中鼓出更大一些，这样处理后，再按上述办法训练，鸭子就容易采食了。

青年鸭学会吃谷子以后，放牧前还要调教其吃落谷的方法：先将喂料用的席子（或塑料布）抽去一半，有意将一部分谷子撒到地上，让鸭子采食。这样喂过几次后，将喂料用的全部席子抽去，将谷子全部撒在地上，继之又将喂食移到鸭滩边，将一部分谷子撒到浅水中，让鸭去啄食，吃几次后，在放鸭以前，就将谷子撒在浅水中，再放鸭自由寻食，从而使鸭子慢慢建立起水下地上有谷可吃的条件反射，放到稻田以后，就会主动寻找落谷采食。

（3）放牧前的信号　调教放牧大群的鸭子，必须要使鸭子能听懂各种指令的信号。因此，要用固定的信号和动作进行训练，使鸭群建立起听指挥的条件反射。成群鸭子，少则几百只，多则数千只，放在野外，如果不能听懂各种指挥信号，则很难控制，轻则分散逃跑，严重时则发生惊群，互相践踏致死。放牧训练要从育雏期开始，用固定的口令训练，这种口令因地因人而异，较为通用的口令是：

“来——来——来”呼鸭来集合吃料；

“嘘——嘘——嘘”呼鸭慢走；

“咳——咳——咳”大声吆喝，表示警告。

常用的指挥信号是：

前进——牧鸭人将放牧竿平靠地上，钝端在前，尖端在后。

停止前进——牧鸭人将放牧竿横握在手中，立于鸭群前面。

有转弯——向左转弯时，牧鸭人将放牧竿的尖端在右方不断挥动，竿稍指向左方。向右转弯时，将放牧竿的尖端在左方不断挥动，竿稍指向右方。

停下采食——将放牧竿插在田的四方，表示在这个范围内活动，经过训练的鸭群，就会停下来安心采食。

点数方法：2 人斜持放牧竿站在前方的左右侧，相隔的距离以 2 根竹竿的竿尖能触到为度，另一人持竿在后面慢慢驱赶，使鸭群从 2 根竹竿的竿尖下单行通过，这时便可逐一点数。

捉鸭方法：野外捕鸭，可用放牧竿的尖端。压在鸭的颈部，然后自己去捕捉，也可由别人上去捕捉。

在训练指挥信号的执行过程中，必须非常严格。例如在前进的行列中，要根据指挥人的要求，有固定的队形和行列，不能擅离队伍，不允许争先恐后；又如放到一个田块采食时，就要在规定的范围内活动，不能走散。如有出格行为，就要吆喝制止，将其追回，不能听之任之。经过严格训练后的鸭群，即使数以千计的大群，外出放牧时，行动起来也井井有条，不会糟蹋庄稼。

(4)放牧的方法　青年鸭的觅食能力很强，是鸭一生中最适于放牧的时期，但不同的放牧场地，采用不同的放牧方式，收效往往不同。最常见的放牧方法有 3 种：

①一条龙放牧法　这种放牧法一般由 2 或 3 人管理(视鸭群大小而定)，由最有经验的牧鸭人(称为主棒)在前面领路，另有 2 名助手在后方的左右侧压阵，使鸭群形成 5～10 层次，缓慢前进，把稻田的落谷和昆虫吃干净。这种放牧法适于将要翻耕、泥巴稀而不硬的落谷田。宜在下午进行。

②满天星放牧法　即将鸭驱逐到放牧地区后，不是有秩序地前进，而是让它散开来，自由采食，先将具有迁徙性的活昆虫吃掉，适当"闯群"，留下大部分遗粒，以后再放，这种放牧法适于干田块，或近期不会翻耕的田块，宜在上午进行。

③定时放牧法　青年鸭的生活有一定的规律性，在一天的放牧过程中，要出现 3 或 4 次积极采食的高潮，3 或 4 次集中休息和浮游。根据这一规律，在放牧时，不要让鸭群整天泡在田里或水中，而要根据季节和放牧条件采取定时放牧法。春天至秋初，一般采食 4 次，即早晨采食 2 h，9～11 时采食 1～2 h，下午 2 点 30 分～3 点 30 分采食 1 h，傍晚前，采食 2 h。秋后至初春，气候寒冷。能觅食物极少，日照时数少，一般每天分早、中、晚采食 3 次，饲养员要选择好放牧场地，把天然饲料丰富的地方，留作采食高潮时放牧。由于鸭群经过休息，体力充沛，又处在较饥饿状态，所以一进入牧地，立即低头采食，对饲料的选择性降低，能在短时间内，吃饱肚子，然后再下水浮游、洗澡，在阴凉的草地上休息。这样有利于饲料的消化吸收。如不控制鸭群的采食和休息时间，整天东奔西跑，使鸭子终日处于半饥饿状态，得不到休息，既消耗体力，又不能充分利用天然饲料，是放牧鸭群的大忌。

(5)放牧路线的选择　每次放牧，路线远近要适当，鸭龄从小到大，路线由近到远，逐步锻炼，不能使鸭过度疲劳；往返路线，尽可能固定，便于管理。过河过江时，要选择水浅的地方；上下河岸，应选择坡度小，场面宽广之处，以免拥挤践踏。在水里浮游，应逆水放牧，便于觅食；在有风天气放牧，应逆风前进，以免鸭毛被风吹开，使鸭体受凉。每次放牧途中，都要选择 1～2 个可避风雨的阴凉地方，在中午炎热或遇雷阵雨时，都要把鸭赶回阴凉处休息。

青年鸭比老鸭胆小、活跃，神经敏感，当前进途中出现新的障碍（如高树、建筑物、车辆、堤坝等），或驱赶到新的放牧场，或更换放牧路线时，常常惊慌地张望而不敢前进。如加驱赶，便做转圈运动，造成互相挤压。这时要用竿尖分出走在前头的少部分鸭子作为“头鸭”，把竿尖指向要去的路线，“主棒”随“头鸭”前进，头鸭见主人随同，就会勇往直前，后面的鸭群就会跟随而上，大群鸭子就不会走散。

(6)放牧饲养的管理要点

①控制奔波强度　对于活动能力强、善于觅食的青年鸭,在放牧的时候,若遇天然饵料丰富、活动场地又好的牧地,要注意控制奔波强度,让其适当休息,以免消耗过大,影响生长发育;对能吃能睡的青年鸭,在每次吃饱后,就要注意让它洗澡、理毛,然后入舍睡觉,促使其很快生长。

②适当补饲　青年鸭生长发育迅速,冬季气候寒冷,外出放牧能觅的食物极少,必须适当补喂精料、青绿饲料或者配合饲料,以满足青年鸭快速生长的营养需要。

2. 稻田放牧法

(1)稻田放鸭的意义　为了节省饲料,促进鸭体发育,许多地方在青年时期都采取稻田放牧饲养的办法。稻田养鸭借以除虫增产是我国历史上的成功经验之一,早在1597年明朝年间陈经纶先生就以养鸭灭虫获得了成功。据调查,目前为消除稻田中的褐稻虱、卷叶虫、大螟、二化螟、象鼻虫、蚜虫、叶蝉、蝗虫等害虫,很多农民都在虫盛期喷施氧乐氢菊、菊马乳油等杀虫剂,不但增加了生产成本,污染环境,而且会使害虫产生抗药性,为此需要不断增加喷药次数或增大用药量才能奏效。由于过多施用农药,使农药残留量增大,危害人、畜健康,也破坏了生态平衡。利用稻田养鸭,不仅有效地消灭了稻田中的害虫,而且由于不用杀虫药,减轻了农药污染和降低生产成本,有利于维持生态平衡。同时,鸭在稻田中大量摄食害虫和杂草,也增加了鸭对野生动物性蛋白的摄取量。另外,稻田放鸭、鸭在稻草苗中穿行寻找害虫和杂草,又起到中耕、除草、施肥(鸭排出的粪便)的作用,从而促进水稻生长,达到增产增收的目的。

(2)稻田放鸭的管理技术　稻田放鸭必须从青年鸭阶段开始培养调教,小时没有放牧习惯的鸭子,产蛋以后就无法培养。

①选择放鸭时期　稻田放鸭宜在插秧2周后至水稻成熟期前

进行。因此时秧苗已经返青，根系已固定，不致因鸭在稻苗间穿行而破坏秧苗生长。稻子收割以后，田中有大量遗粒，这也是放鸭的最好时期。

②选择适宜的放鸭方式　青年期的小鸭行动敏捷，觅食能力强，适宜在水稻苗间穿行，这样既不易损坏秧苗又能捕获害虫。放牧时可将稻田划分成几个区，按区轮放。因鸭有合群的习惯，可每20 亩稻田为一放牧区，每区放鸭 50～60 只。

③注意事项　放鸭的稻田水不宜太深。最好是浅水，这样水生的小动物容易捕捉到，杂草也嫩，容易连根拔起吃掉，即使没有吃光，由于经过鸭的践踏，也被埋入泥中而死。如果田中水太深，不仅水中的小动物容易逃跑，而且拔起的杂草也不易踏入泥中，过一两天又会活起来。如要结合治虫进行放鸭，尽可能选择在虫情旺发时放鸭，可以一举全歼害虫。放牧时不要摧赶太急、太快，以免漏掉杂草和害虫。对刚施用过农药、除草剂或化学肥料、石灰的地方绝对不可放鸭。

3. 青年鸭的圈养

青年鸭的圈养指将青年鸭圈在固定的鸭舍和水圈内，不外出放牧的饲养方法。

(1)圈养的优点

①环境条件可以控制，受自然界制约的因素较少，有利于贯彻科学养鸭，达到稳产高产的目的。

②可以节约劳动力，提高劳动生产率，一般采用放牧饲养，一个劳动力只能管两三百只鸭子，而且劳动强度大，无论严寒酷暑，人跟鸭子跑，非常辛苦。采用圈养方法，如饲料能自己生产加工，一个人可管理 1 000 只，劳动效率大大提高，劳动强度也大大减轻。

③降低传染病的发病率，减少中毒等意外事故。由于圈养以后，可定期预防。严格消毒灭菌。同时鸭群和外界接触相对减少，

因而农药中毒和传染病的感染机会都比放牧时减少,从而提高了成活率。

(2)圈养鸭的分群和饲养密度　青年鸭圈养的规模,可大可小,但每个鸭群的组成,不宜太大,以500只左右为宜。分群时要尽可能做到日龄相同,大小一致,品种一样,性别相同。

饲养密度随鸭龄、季节和气温的不同而变化,一般可按以下标准掌握:4～10周龄,每平方米关10～15只;10～20周龄,每平方米关8～10只。

冬季气温低,每平方米可适当多几只;夏季气温高。每平方米少几只。鸭子生长快,密度略小些;鸭子生长慢,密度略大些。

(3)圈养鸭的饲料　圈养与放牧完全不同,基本上采食不到任何野生饲料,完全依靠人工饲喂。因此,对青年鸭生长期内所需的各种营养物质,特别是生长骨骼、肌肉、羽毛所需的各种营养物质,都要予以满足。饲料要尽可能多样化,以保持能量、蛋白质的平衡,使必需氨基酸、多种维生素、微量元素都有充足的来源。

青年鸭在培育期间,各器官系统进入旺盛的发育阶段,向健全和成熟方向发展。因此,这阶段的肌肉系统、骨骼系统、生殖系统能否打好基础,关系到将来产蛋性能高低的问题。日粮中的蛋白质水平不需太高。钙的含量也要适宜。这是因为,从生理上看,这个时期鸭体的性腺开始活动,性腺发育迅速,若给予足够的蛋白质饲料,则加速性腺发育,促使早熟早产,而此时鸭体的骨骼、肌肉尚未充分发育,致使鸭子骨骼纤细,体弱无力,体型较小,虽然开产提前,往往蛋重轻,产蛋持久力差,易造成早产早衰。因此,适当控制蛋白质的水平、控制性腺的过早发育,保证鸭体的均衡发展,为后期的高产稳产打下基础。从经济成本看,日粮中蛋白质水平高,育成期饲料成本大,支出费用多,影响经济效益。

青年鸭的培育过程中,在保证其正常生长发育所需营养的前提下,应适当控制饲量,防止青年鸭吃料过多而增加脂肪积蓄,影响及时开产。实践过程中，视生长发育的具体情况，酌情增减必需的营养物质，如绍鸭，以青年鸭开始实行限饲饲养，每千克日粮中粗蛋白质14%，代谢能45.19～47.28 MJ，一般开产日期体重要求在1.4～1.5 kg范围内的占85%以上，达到产前蛋鸭体质健壮、发育一致、骨骼硬结、羽毛着生完全，适时开产。若体重超过1.5 kg以上，则认为体重过于肥大(其外表特征是身圆颈粗，不爱活动)。影响及时开产，应采取轻度的限制饲养，适当多喂些青饲料和粗饲料。对于发育差、体重轻的鸭，要适当提高饲料质量，每只每天的平均喂料量可掌握在150 g左右，另加少量的动物性鲜活饲料，以促进生长。

青年鸭的饲料应全部用全价混合饲料，不用玉米、谷、麦等原料，要粉碎加工后制成混合粉料，喂饲料前加适量的清水，拌成湿料生喂，每天只需喂3或4次，每次喂料的间隔时间尽可能相等，避免采食时饥饱不匀，料槽、水槽要充足，不可断水。

在青年鸭饲料的合理搭配饲养的同时，还应适当补充小鱼、小虾、螺蛳和蚯蚓等天然动物性饲料。

(4)圈养青年鸭的管理

①适当加强运动，促进骨骼和肌肉的发育，防止过肥　每天定时在棚舍内轻轻吆喝鸭全部起身，并驱赶鸭做圆圈运动，每次至少兜5圈，每天2～4次，以增加运动量、健壮身躯。如鸭舍附近有适当的放牧场地，可定时进行短距离的放牧活动，这样不仅锻炼了身体，同时还可以觅食一些天然饵料生物，补充营养。

②减少各种应激因素　青年蛋鸭富神经质，性急胆小。因此在饲养过程中要注意以下几点：饲料品种不可频繁变动，不喂霉变、质劣的饲料；操作规程和饲养环境尽量保持稳定，养鸭人员也要固定，不要经常更换；舍内环境要保持安静，尽力避免异常响声，不许外人随便进出鸭舍，不使鸭群突然受惊；饲喂次数与饲喂时间相对不变；每天要保持鸭舍干燥，地面铺垫稻草。鸭子每次从水中归巢之前，先让其在外梳理羽毛，待毛干后再放入舍内。

③合理的光照制度　青年鸭在培育期内，不用强光照射，要求每天标准的光照时间稳定在8～10 h，在开产以前不宜增加。如利用自然光照，以下半年培育的秋鸭最为合适。但是，为了便于鸭子夜间饮水，防止老鼠或鸟兽走动时惊群。鸭舍内应通宵弱光照明，30 m^2 的鸭舍，可以亮一盏15 W灯泡。遇到停电时，应立即点上有玻璃罩的煤油灯或其它照明用具，决不可延误。长期处于弱光通宵照明的鸭群，一遇突然黑暗的环境，常常会引起严重惊群，造成很大伤亡。

④加强鸭病的预防工作　过去养鸭子不注重综合预防，见病治病，死亡率高，个别年份碰上鸭瘟、禽霍乱等传染病，后果不堪设想，特别圈养鸭，损失更惨重。现在鸭瘟和禽霍乱都有疫苗可以预防，免疫程序的具体安排是：60～70日龄，注射一次禽霍乱菌苗；70～80日龄，注射一次鸭瘟弱毒疫苗。对于只养一年的蛋鸭，注射一次即可，利用2年以上的蛋鸭，隔一年再预防注射一次。120日龄前后，再注射一次禽霍乱菌苗。这2种传染病的预防注射，都要在开产以前完成，进入产蛋高峰后，尽可能避免捉鸭打针，以免影响产蛋。以上方法也适用于放牧鸭。

另外，注意鸭舍清洁卫生，进鸭前用2%烧碱、10%～20%石乳灰等消毒，同时保持鸭舍垫草舒适干燥，切忌潮湿，夏季每月清理垫草一次，冬季每2个月清理一次，鸭舍内如气闷、臭味重，要及时打开门窗。料槽、水槽经常刷拭。按时接种好疫苗，对患病的鸭子及时挑出分开饲养，平时留心鸭群的变化，并在饲料和饮水中有针对性地添加一些药物，最好在用药前通过药敏试验，选择对特定病菌抑杀效果最佳的药物，减少由此而带来的损失。

⑤建立一套稳定的作息制度　圈养鸭的生活环境，比放牧鸭稳定。要根据鸭子的生活习性，定时作息，制定操作规程。形成作息制度后，尽量保持稳定，不要经常变更。举例如下：

5时30分：开门放鸭出舍，接着在水面撒一些水草（青饲料），让鸭洗澡、活动、食草。将食槽、水盆等洗净的用具放在运动场(即鸭滩)上,然后拌好饲料,喂第一餐饲料。喂料后,让鸭自由下水,在水围内浮游活动,然后上鸭滩理毛休息。饲养员进鸭舍,打扫干净,垫好干草。

8 时 30 分～10 时 30 分:赶鸭入舍内休息。

10 时 30 分:饲养员入舍,先赶鸭在舍内做转圈运动 5～10 min,放鸭出门,下水活动,在水面撒一些水草,任其采食片刻。接着拌好饲料,进行第二次喂料。鸭吃完饲料后,任其自由下水,在水圈内浮游活动,然后上鸭滩理毛休息。

13 时～15 时 30 分:赶鸭入舍内休息。

15 时 30 分:饲养员入舍,赶鸭在舍内做转圈运动 5～10 min,再放鸭出门,下水活动。在水面撒一些水草,任其采食片刻。

16 时 30 分～17 时:接着拌好饲料,进行第三次喂料。鸭吃完饲料后,任其自由下水,在水围内浮游活动,然后上鸭滩理毛休息。饲养员将饲槽、水盆洗净、晾干,在鸭舍内垫好干草。

17 日 30 分～18 时:舍内开亮电灯,放好清洁水,然后赶鸭入舍休息。

21 时:饲养员入舍加一次清水,或者加喂一次饲料(根据鸭子的生长情况而定)。

这样的操作规程,把鸭子的休息、采食、下水活动、上岸理毛、入舍睡觉,把一整天的活动,安排得井井有条,有利于生长发育。

上述操作规程,视鸭子日龄不同或气候变化,可以作适当地改变。冬季推迟放鸭,提早关鸭,缩短休息和下水的时间,夏季提早放鸭,推迟关鸭,延长中午休息和上、下午下水的时间。

(三)后备公母鸭混养应注意的问题

种苗鸭出壳后,在运输的时候,一般都是将公、母鸭分开装箱。但在入舍后,从 1 日龄开始,就要把公、母鸭混合在一起饲养,如果公、母鸭不在一起饲养，在其进入成年后，会出现同性恋问题。使鸭子留下性特征的最关键时期是 2～3 周龄，如果在这段时间把公、母鸭分开饲养，就会导致不治之症。因此，应该注意，种苗鸭在入舍时，就应该按比例将公、母鸭混群饲养。

养鸭生产实践中，育成期限料饲喂时，公鸭体重往往比标准偏轻，如果任意加大喂料量以企图提高公鸭体重的话，由于公、母鸭混群饲喂，往往会使母鸭体重偏高而影响今后的产蛋性能。随着日龄的增长，在育成期即将结束时，随着饲料用量的增加，公鸭的体重也会随之相应提高。在育成阶段过早的让公鸭体重过大，今后种蛋的受精率会受到影响。

另外，从雏鸭阶段起将公、母鸭分开饲养（分性别育成），公、母鸭混养，公鸭很难达到标准体重。为了避免分开饲养的公鸭丧失性特征和受精力，在公雏群中放入少量母雏，当鸭群达到 20 周龄时，再按公、母 1∶5 比例搭配合群饲养。

（四）蛋鸭育成期的光照方案

引进的此批鸭时间是介于 8 月下旬至翌年 4 月上旬，因此育成期光照方案，只能采用：渐减光照法或恒定光照法。

1. 渐减光照法

第一步：首先算出本批雏鸭 20 周龄时的日期，如为翌年 2 月 20 日。

第二步：查出本地区 2 月 20 日前后的自然光照时间，如为 11.2 h。

第三步：制定合理光照程序。0～8 周龄按育雏期光照，假如 8 周龄时光照为 20 h，则从第 9 周龄起，每周减少 45 min 开灯时间（或早关灯 45 min），至第 20 周龄时，正好光照时间为 11 h 与自然光照时数接近。如第 8 周龄时光照为 23 h，则从第 9 周龄起，每周减少 1 h 开灯时间或早关灯 1 h，至 20 周龄时，光照时间也刚好为

11 h，与当时的自然光照接近。

2. 恒定光照法

查知本批鸭 20 周龄时为次年的 2 月 20 日，自然光照为 11.20 h，计作 12 h，第 9 周龄起每天光照 12 h（自然光照加人工补光），早上 6 时开灯，晚上 6 时关灯即可。

（五）青年鸭的编号方法

无论是进行科学研究，或者是搞生产，都有必要将不同品种、品系，不同杂交组合，不同来源，不同出生日期的鸭子，分别编上不同记号，以免混杂。常用的编号方法有以下 3 种：

1. 脚蹼刺洞法　将自行车的废钢条截短，长 10～20 cm，一端磨尖后打入木柄中，再将另一端磨尖。刺号前点着酒精灯（没有酒精灯的，可用炭火盆或小煤炉），刺号人右手执木柄。将钢丝放在酒精灯上烧红，另一人一只手抱住鸭子，另一只手把要刺号的一只鸭脚拉住。刺号人左手与之配合，在需要打洞处将脚趾分开并固定住；使脚蹼张开。然后将烧红的钢丝刺下去，稍稍转动一下，即刻拔出，此时蹼上已被烧成一个洞，由于皮肤和肌肉都已烧伤，日后不会愈合（即使愈合，也有明显的伤疤）。打洞编记的代号，见图 7-1。

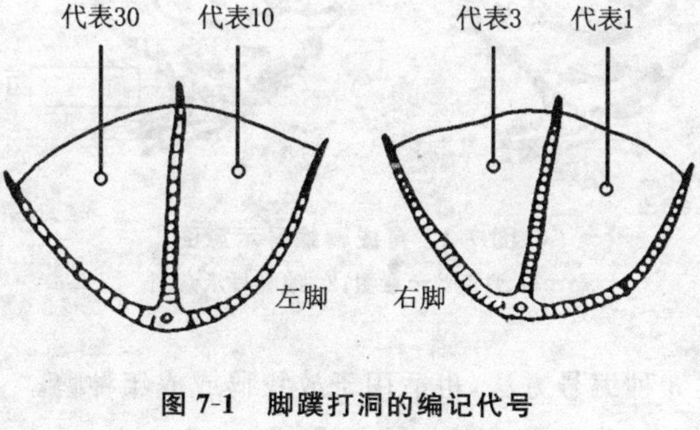

图 7-1　脚蹼打洞的编记代号

用这种方法可以编制 100 多号，如果 100 号不够使用，再辅以剪脚趾法。用烧红的剪刀或烙铁，将趾尖剪掉（烙去），从右脚外侧开始，第一趾代表 100，第二趾代表 200，如此类推。

2. 羽毛染色法　对于类别不多，编号简单的鸭群，可采用羽毛涂色法。此法比较简单，且目标明显，较远处也能看清楚。以红、蓝、黄、绿、紫较为醒目。可以涂色的部位有头顶、颈部、背部、翅部。这样有 5 种颜色，4 个部位，也可编记出许多不同的组群来。

每次染色后，可保持 2～3 个月，在颜色未退尽前，要重染一次。

3. 编脚号、带翅号法　在规模较大，数量较多的试验场里，上述 2 种编号方法，有时不能满足需要，可借鉴种鸡的编号方法——带翅号或脚号。套脚号比较简单，将成年鸡用的脚号套在鸭脚上（即趾骨上），如果太大，可将脚号捏扁，以免活动时脱落。一般都将脚号带在左脚。如果编翅号，可以直接用鸡的翅号，在右翅桡骨边的薄膜上，选一个没有血管的地方穿刺，带上翅号(图7-2)。

图 7-2　育成鸭编号示意图

1. 编翅号示意图；2. 编脚号示意图

上述 3 种编号方法，也适用于放牧鸭或成年种鸭。

三、产蛋鸭和种鸭的饲养管理

母鸭从开始产蛋，直至淘汰，均称产蛋鸭。一般蛋用型麻鸭的利用期350天左右(150～500日龄)，称为第1个产蛋年；也有经换羽休整后，再利用第2年、第3年的，但其生产性能逐年下降，尤其是受精率、孵化率降低及蛋壳变薄，不宜留作种用。

公鸭一般在100日龄左右有性行为表现，但其真正的性成熟在150日龄前后。故留种交配的公鸭，大都在5月龄以上，种公鸭一般只利用一年，即一个配种期。

公、母鸭从性成熟开始，就进入一个新的阶段，在这时期内，公鸭要交尾配种，母鸭要产蛋繁殖，身体各部分的生长发育已经基本结束，其一切活动都必须围绕产蛋率这个中心，各项饲养管理工作也都要服务于这个中心，尽一切可能创造一个能够连续高产、稳产的环境和客观条件，并能获得高质量的种蛋。

(一)产蛋鸭的特点

1. *产蛋鸭胆大*　与青年鸭时期相比，开产以后，胆子逐渐大起来，敢接近陌生人。

2. *产蛋鸭食量大，食欲好*　无论是圈养或放牧饲养，产蛋鸭(尤其高产鸭)最勤于觅食，早晨醒得早，出舍后四处觅食，放牧时到处觅食，喂料时最先响应，踊跃抢食，下午收牧或入舍时，即使吃得很饱，但还想吃，总是走在最后，恋恋不舍地离开牧区。

3. *产蛋鸭性情温顺，喜欢离群*　开产以后的鸭子，性情变得温顺起来，进鸭舍后就独个儿伏下，安静地休息，不乱跑乱叫，放牧出去，喜欢单独活动。

4. *产蛋鸭代谢旺盛，对饲料要求高*　由于连续产蛋，消耗的营养物质特别多，如每天产一个蛋，蛋重按65 g计算，则需要粗蛋白质 8.75 g(按全蛋含粗蛋白质 13.5%计算)、粗脂肪 9.43 g(按粗脂肪含量占全蛋的 14.5%计算)。此外,还需要大量无机盐和各种维生素。饲料中营养物质不全面,或缺乏某些元素,则产蛋量下降,如蛋数减少,产蛋时间推迟,蛋壳粗糙或鸭体重下降,羽毛松乱,食欲不振,反应迟钝、怕下水等。所以,产蛋鸭要求质量较高的饲料,特别需要补充动物性鲜活饲料。

5. 产蛋鸭要求环境安静,生活有规律　鸭子产蛋在正常情况下,都在深夜 1～2 时,此时夜深人静,没有任何吵扰,最适合鸭类繁殖后代的特殊要求。如在此时突然停止光照(停电或煤油灯被风吹灭)或有人走近,则要引起骚乱,出现惊群,影响产蛋。除产蛋时间以外的其它时间,操作规程和饲养环境也要尽量保持稳定,不许外人随便进出鸭舍,避免各种鸟兽动物在舍内窜进窜出。在管理制度上,放鸭、喂料、休息,都要按一定次序严格执行。

(二)不同产蛋期的饲养管理

著名的蛋鸭品种(绍鸭、金定鸭、麻鸭、卡叽-康贝尔鸭)大都在 150 日龄时,已有 50%的产蛋率,至 200 日龄时,可以达到产蛋高峰(90%)。这时,如饲养管理得当,高峰可维持较长一段时间,到 450 日龄以上,才开始有所下降,蛋鸭产蛋期分为 4 个阶段,即:150～200 日龄——产蛋初期;201～300 日龄——产蛋前期;301～400 日龄——产蛋中期;401～500 日龄——产蛋后期。

在这 4 个阶段中,饲养管理方法各有侧重。

1. 产蛋初期(150～200 日龄)和前期(201～300 日龄)的饲养管理

(1)精心饲养

①抓好饱、足、洁、静 4 项工作。

新鸭开产以后,此时身体健壮,精力充沛。如遇初春季节,则一切条件均有利于产蛋。这是蛋鸭一生中最容易饲养的时期。

这个时期中，饲养管理的侧重点是密切关注产蛋率、蛋重上升趋势，随之增加饲喂次数和提高饲料质量，尽快将其推向产蛋高峰。

a. 饱：就是让蛋鸭吃好吃饱，一般按未开产期、开产期、休产期3个阶段喂不同的饲料。预产期重点是加强放牧，增强体质和觅食能力，多喂青粗饲料，要求日粮含粗蛋白质14%左右；开产期日粮中粗蛋白质含量18%～22%，补足矿物质饲料，注意喂夜餐。

b. 足：是保证饮水充足、洁净。喂料时，一定要同时放盛水的水槽，并及时清理水槽中残渣，做到吃食、饮水、休息都充足。

c. 洁：是鸭栏内要及时清除粪便，经常更换垫料，保持鸭体清洁。

d. 静：是尽量保持鸭群安静，少受惊扰。特别在产蛋初期，放牧要定时，要缓赶慢行，不要远途放牧。喂料打扫鸭栏要轻手轻脚，以免惊群。同时，地面要铺细沙，设产蛋窝，每天勤拣蛋。

②要学会随时发现问题，解决问题。

a. 看蛋形：蛋的大端偏小，是欠早食；小头偏小是偏中食；蛋壳薄而透亮、有砂眼或粗糙，甚至软壳，说明饲料质量不好，特别是钙质不足或维生素D缺乏，应添喂骨粉、贝壳粉和维生素D。

b. 看产蛋时间：正常产蛋时间为深夜2时至早晨8时，若每天推迟产蛋时间，甚至白天产蛋，蛋产得稀稀拉拉，应及时补喂精料。

c. 看体重：产蛋一段时间后，体重维持原状，说明饲养管理得当，体重较大幅度地增加或下降，都说明饲养管理有问题。一般来说，体重变动是蛋鸭产蛋状况的晴雨表，因此观察蛋鸭体重变化，根据其生长规律控制体重是一项重要的技术措施。一般开产日期体重要求在1 400～1 500 g的占85%以上。开产以后的饲料供给要根据产蛋率、蛋重增减情况作相应的调整，最好每月抽样称测蛋鸭一次，使进入产蛋盛期的蛋鸭体重恒定在1 450 g，以后稍有增减，至淘汰结束不超过1 500 g。

d.看蛋重:初产时蛋很小,只有 40 g 左右;到 200 日龄,可以达到全期平均蛋重的 90%;250 日龄,可以达到标准蛋重。产蛋前期,蛋重处在不断增加之中,即越产越大。若增重势头快,说明饲养不好,管理不当,要及时找出原因,加以改进。

e.看产蛋率:产蛋前期的产蛋率是不断上升的,早春开产的鸭,上升更快,最迟到 200 日龄时,产蛋率应达到 90%左右。如产蛋率高低波动,甚至出现下降,要从饲养管理上找原因。

f.看羽毛:羽毛光滑、紧密、贴身,说明饲料质量好,如果羽毛松乱,说明饲料差,应提高饲料质量。

g.看食欲:无论圈养或放牧,产蛋鸭(尤其是高产鸭)最勤于觅食,早晨醒得早,放牧时到处觅食,喂料时最先抢食,表现食欲强,宜多喂。如食欲不振,应查明原因,采取措施,促其恢复正常。

h.看精神:健康高产的蛋鸭精神活泼,行动灵活,放牧出去,喜欢离群觅食,单独活动,进鸭舍后就独只卧下,安静地睡觉。如果精神不振,反应迟钝,则是体弱有病,应及时从饲料管理上进行补救和采取适当治疗措施,使其恢复健康。

i.看嬉水:产蛋率高的健康鸭子,下水后潜水时间长,上岸后羽毛光滑不湿。鸭怕下水,不愿洗浴,下水后羽毛沾湿,甚至沉下,上岸后双翅下垂,行动无力,是产蛋下降预兆。应立即采取措施,增加营养,加喂动物性饲料,并补充点鱼肝油,以喂清鱼肝油较好,拌入粉料中喂,按每只每日给 1 mL,喂 3 天停 7 天;按每只每日喂 0.5 ml,连续喂 10 天,以挽救危机,使蛋鸭保持较高的产蛋率。

(2)保证光照　改自然光照为人工补充光照蛋鸭须稳定光照制度,以保持连续高产。光照具有刺激蛋鸭产蛋的作用,它通过神经和内分泌的共同作用促进滤泡的生长发育,从而促使鸭蛋的形成。蛋鸭饲养中一个合理的光照制度应该是:从产蛋开始,每天增加光照 20 min,总的光照时间不低于 14 h,直至 16 h 或 17 h,光照强度为 5 lx,可按灯高 2 m,每平方米鸭舍 1.4 W 或每 18 m^2 鸭舍一盏 25 W 有灯罩的电灯。不要突然关灯或缩短光照时间，以免引起惊群和产畸形蛋，如果经常断电，要预备煤油灯或其它照明用具。要求灯泡分布均匀，交叉安置，且经常擦洗清洁，晚间点灯只需采用朦胧光照即可，此外光照制度还要与饲养管理措施密切结合起来，以真正发挥光照作用。

(3)公、母合群，嬉水促“性”　搭配合理的公鸭，每天入群嬉水促“性”，鸭“性”头越大，产蛋越多。一般的种鸭公、母比 1∶(15～20)，用于产蛋的商品鸭群按 2%～5%比例投入公鸭。尽管公鸭不下蛋，但对母鸭有性刺激作用，可促进母鸭高产。

(4)减少各种应激因素　蛋鸭生活有规律，但富神经质，性急胆小，易受惊扰。因此在饲养过程中要注意以下几点：

①饲料品种不可频繁变动，不喂霉变、质劣的饲料。

②操作规程和饲养环境尽量保持稳定，养鸭人员也要固定，不常更换。

③舍内环境要保持安静，尽力避免异常响声，不许外人随便进出鸭舍，不使鸭群突然受惊，特别是刚产头几个蛋时，使之如期达到产蛋高峰。

④饲喂次数与饲喂时间相对不变，如本来一天喂 4 次，突然减少饲喂次数或改变饲喂时间均会使产蛋量下跌。

⑤要尽力创造条件，提供理想的产蛋环境，特别注意由气候剧变所带来的影响。因此要留心天气预报，及时做好准备工作。每天要保持鸭舍干燥，地面铺垫稻草，鸭子每次放水归巢之前，先让其在外梳理羽毛，待毛干后再放入舍内。

⑥在产蛋期间不随便使用对产蛋率有影响的药物，如喹乙醇等，也不注射疫苗，不驱虫。

(5)随时掌握鸭群动态　重点是鸭子的吃、泄、产情况：

①对鸭群每日采食量做到心中有数，一般产蛋鸭每天喂配合料 150 g 左右，外加 50～150 g 青绿饲料，如采食量减少，应分析原

因，采取措施，不然连续3天采食量下降，第4天就会影响产蛋量。

②粪便的多少、形状、内容物、气味等给人以许多启示，也应该给予重视。如拉出的粪便全为白色，说明动物性饲料没被吸收。把粪便放在水中洗一下呈蓬松状，白的不多显示出动物性饲料喂量恰当。

③检查产蛋状况更为重要，早上拾蛋时留心观察鸭舍内产蛋窝的分布情况，鸭子每天产蛋的多少一般有规律可循，每天产蛋的个数和重量要心中有数，最好记录，并绘成图表与标准相对照，以便掌握鸭群的产蛋动向。

2. 产蛋盛期（中期）的饲养技术　当产蛋率达90%以上时，即进入盛产期，经过100多天的连续产蛋后，体力消耗大，健康状况已不如产蛋初期和前期，若营养满足不了需求，产蛋量就要减少，甚至换毛，这是比较难养的阶段。本阶段饲养管理的重点是维持高产，力求使产蛋高峰达到400日龄以后，因此应提高饲料质量，喂给含19%～20%蛋白质的配合料，并适当增喂颗粒型钙质和青饲料，此时蛋鸭用料可通过观察蛋鸭所排出的粪便、蛋重、产蛋时间、壳势、鸭身羽毛等变化进行调整。盛产期间蛋鸭保持产蛋率不变，8枚蛋重约500 g，且稍有增加，体重基本不变，说明用料合理；此时体重如有减轻，增喂动物性饲料；体重增大，可将饲料的代谢能降下来，适当增喂青饲料，控制采食量，但动物性饲料保持不变。为降低饲料成本，应积极利用当地工业副产品，如啤酒糟、味精等，鱼粉要注意质量，如始终向信誉较好、质量稳定的卖主购入，防止其饲料掺假掺杂，影响产蛋。

另外，要使蛋鸭多产蛋，应加强鸭群的放牧，让其在田间、沟渠、湖泊中觅食小鱼、小虾、河蚌、螺蛳和蚯蚓等动物性饲料。然后再适当补喂植物性饲料，以满足蛋鸭对各种营养成分的需要。当放牧时间减少时，需给蛋鸭补喂10%的鱼粉和适量的“蛋禽用多种维生素”。

3. 产蛋后期(401～500 日龄)的饲养管理　经过 8 个多月的连续产蛋以后，到了后期产蛋高峰就难以保持下去了，但对于高产品种(如绍鸭)，如饲养管理得当，仍可维持 80%左右的产蛋率。具体说，450 日龄以前，产蛋率达 85%左右；470 日龄时产蛋率为 80%左右；500 日龄时产蛋率为 75%左右。要达到这样的水平，后期的饲养管理工作要认真做好，如稍不谨慎，产蛋量就要减少，并换毛。此后要停产 3 个月，甚至更长，此期内就无法再把产蛋率提上去，此阶段的管理要点是：

(1)根据体重和产蛋率确定饲料的质量和喂料量，不能盲目增加饲料。应根据具体情况，区别对待。如果鸭群的产蛋率仍在 80%以上，而鸭子的体重却略有减轻的趋势，此时在饲料中适当增加动物性饲料(有鲜螺蛳更好)；如果鸭子体重增加，身体有发胖的趋势时，但产蛋率还有 80%左右，这时可将饲料中的代谢能降下来，或适当增喂粗饲料和青饲料，或者控制采食量；如果体重正常，产蛋率亦较高，饲料中的蛋白质水平应比上阶段略有增加；如果产蛋率已降至 60%左右，此时已难于上升，无需加料。

(2)每天保持 16 h 的光照时间，不能减少。如产蛋率已降至 60%时，可以增加光照时数。

(3)管理上要多放少关，促进运动。每天在舍内噪鸭 2 或 3 次(即每次放鸭出舍前，饲养员轻赶鸭子在舍内做转圈运动，每次5～10 min)。

(4)操作规程要保持稳定，避免一切突然刺激而引起应激反应。此时的产蛋率，好像到了“风烛残年”，极易垮下来，任何光电声雨等外界因素的突然刺激，都会造成严重后果。

(5)注意天气变化，及时做好准备工作。

(6)观察蛋壳质量和蛋重的变化。如出现蛋壳质量下降，蛋重减轻。可增补鱼肝油和无机盐添加剂。

4. 休产期的饲养管理　蛋鸭经过一个长长的产蛋期以后，精神、体力都明显下降。这时若遇高温、高湿、过冷天气，饲料营养水平突然下降和发生疾病等，鸭就要减少产蛋，并很快停止产蛋而脱毛换羽，这叫自然换羽。自然换羽的时间很长（包括恢复产蛋时间），一般需要3～4个月，有的品种需要4～5个月。自然换羽后，鸭的第二个产蛋期的产蛋数将会比第一个产蛋期下降10%～30%。品种不同，下降的幅度也不一样。由于产蛋鸭在换羽时，它从食物中所吸收的营养需要用于新羽的生长，因此停止产蛋。公鸭也由于生长新羽，配种能力和精液质量大大降低。在一个鸭群中，低产鸭换羽较早，换羽持续时间长；高产鸭则换羽较迟，常在秋末进行，而且换羽迅速，停产时间短，因此产蛋量高。

（三）鸭的人工换羽

在传统养鸭中，种鸭的利用年限通常为2～3个产蛋年，每完成一个产蛋年后即可进行人工强制换羽。根据种鸭换羽习性和换羽与外界条件的关系，对休产种鸭进行限制给料和饮水，促使其各部羽毛脱落，并使大羽的羽根干枯而易拔除，从而控制鸭的换羽和产蛋过程，这就是人工换羽。通过控制不同种鸭群的换羽期，还可以对鸭的盛产期进行适当调节，从而使养鸭场在全年各个季节都有鸭蛋留种或上市，使各个季节保持均衡生产，提高设备的利用率，更好地保障供给，满足市场需要。鸭群经过人工换羽。它的整个换羽期可缩短为40～50天。鸭群虽然在换羽期内停止产蛋，但经过恢复饲养，新羽长成后，产蛋率可有较大的提高，蛋的质量也较好，可弥补短期停产的损失，且不会降低全年产蛋量。

1. 人工强制换羽方法　第1天将鸭子关进暗舍，停食、停水；第2天仅在上午喂1次水；第3天给足够的饮水；第4天开始给少量粗薄的饲料，每只鸭给糠麸类饲料100 g，1或2次吃完，但应有足够的吃食面积，给以足够的饮水；第7～12天所喂的糠麸类饲料增加至125g，另给少量的青绿饲料，分上、下午2次喂给。10天内不让鸭群出圈、不放牧。10 天后，每隔 3 天让鸭洗浴 1 次，促使自己摘羽。

从停食后第 15～20 天鸭开始换羽，一般先换小羽，后换大羽。为使其大、小羽同时脱换，缩短整个换羽期，可用人工方法将鸭的主翼羽、副翼羽和尾羽依次拔掉。拔羽必须在羽根干枯，已经“脱壳”(羽轴与毛囊脱离)，易脱而不出血时开始。过早或过晚都会影响鸭的体重和新羽的生长。拔羽要选择在晴天上午进行，集中劳力，把所有未脱落的翼羽和主尾羽沿着该羽毛尖端方向，用瞬时力逐一拔除，拔羽完毕后，第一天可让鸭群下水，随即对鸭群进行恢复饲养。

实行人工拔羽时，必须掌握好适当的时间。由于限制了给料和供水，营养缺乏而导致鸭的喙、趾、蹼等处色素退变，由浓黄色变为淡黄色，最后近于苍白色，这就表示再过 2～3 天即可拔羽了。当关在舍内的蛋鸭在停止喂饲后，体内所积贮的脂肪、蛋白质等营养物质被分解，以供维持生命活动的需要。因此肌肉消瘦，两翅上的肌肉也随之“收缩”，此时就可实施拔羽了。但还应注意观察羽管根部的“脱壳”情况。鸭的两翅肌肉“收缩”后，翼羽的羽根部分会出现长 2～4 mm 的浅色管根痕迹，有的羽管根还出现干涸或收缩状态。当观察到这些现象时，即是羽管根部“脱壳”、这是拔羽最适宜的时间。如果以上现象未出现而勉强拔羽，就会损伤蛋鸭身体，拔羽操作也比较困难，而且以后新羽的生长也迟缓。

在强制换羽后期要加强饲养管理。喂料要由少到多，质量由粗到精，逐步过渡到正常。拔羽后第 2 天开始放牧和洗浴，牧地应由近到远，放牧时间由短到长。在拔毛后的 20 天左右开始恢复蛋鸭的正常饲养管理。一般在拔毛后的 30～40 天蛋鸭开始产蛋。如果饲养管理得好，蛋鸭可再产 9～10 个月的蛋。

2. 人工强制换羽应注意的问题　人工强制换羽前，先要对鸭群进行个体检查，及早淘汰病、瘦、弱的鸭子，以免在人工强制换羽的过程中造成过多的死亡和不必要的经济损失。在人工强制换羽前1～2周，对未进行各种防疫注射的鸭群要补注鸭瘟、禽霍乱等疫苗，并进行驱虫、除虱，以适应人工强制换羽所造成的应激，并保持下一个产蛋年鸭群的健康。

人工强制换羽期间，除最初8～10天部分或全部限制鸭群饮水和给料外，以后就应恢复正常的饲料和饮水供给，尤其是富蛋氨酸、胱氨酸等含硫氨基酸的动物性蛋白质饲料及鱼粉、羽毛粉等的供给。另外还应该在日粮中增加一些维生素和微量元素，特别是适当补充含钙较多的矿物质(如石膏粉等)。但日粮中的钙含量比产蛋期低70%～80%，日粮中含钙约0.8%即可。在恢复给料和饮水时，为了使鸭群能均衡地采食饲料和饮水，应该适当增加食槽和水槽，否则会使部分体弱、胆怯的鸭子因吃不到饲料和饮不到水而生病或死亡。另外，由于人工强制换羽的鸭群处于高度饥饿和紧张状态，消化机能减弱，在恢复饲料供给时。饲料喂量应该逐渐增添，少食多餐，不能让鸭自由采食。否则鸭群容易因暴食暴饮而导致消化不良或引起消化道疾病。人工强制换羽期间由于鸭体质下降，抵抗力降低，容易发生疾病，因此应该特别注意做好饲养管理和防病工作。鸭舍应勤清粪便，勤打扫，保持清洁干燥。控制适当的温、湿度，并保持良好的通风，以利于鸭群的健康和体质的恢复。在整个人工强制换羽期间对鸭群要适当减少光照，以免导致恢复期的延长。

(四)不同季节的管理要点和操作规程

1. 春季的饲养管理　春天气候由冷转暖，日照时数逐日增加，天然饵料日渐丰富，气候条件及饲料等都对蛋鸭产蛋有利，要充分发挥这一优势，促使蛋鸭高产稳产。在管理上要做到：

①首先要保证蛋鸭吃饱吃好。饲料蛋白质应达20%左右，并适当添加钙质和青饲料，并加强放牧，提早放牧，适当延长放牧时

间。同时，要科学选择放牧的场地，即早春放浅水塘、小河、小港，让鸭觅食螺蛳、鱼虾、草根等水生生物，在蛋鸭补充天然饵料的同时，也增强了蛋鸭的体质，对维持蛋鸭高产蛋率有利。

②初春若有寒流，应加强保温工作；晚春季节，气候多变，偶会出现早热天气或连续阴雨天气。因此要保持鸭舍内干燥、通风，搞好清洁卫生工作，定期消毒。如逢阴雨天，要适当改变操作规程，舍内垫料不要蓄积过厚，要定期清理。

2. 梅雨季节的饲养管理　春末夏初，我国南方各省大都进入梅雨季节，常常阴雨连绵，温度高、湿度大，有些低洼地带出现积水。这时蛋鸭饲养的重点应抓好防霉、通风。采取的措施包括：

①敞开鸭舍门窗（草舍可将前后的草帘卸下），保证通风充分，及时排出鸭舍内的污浊空气，高温高湿时，尤要防止氨中毒。

②勤换垫草，疏通排水沟，保持运动场干燥、无积水。

③严防饲料发霉变质。

④定期消毒鸭舍，有条件的，可将地面铺碧糠灰；即能吸潮，亦可消毒。

⑤及时修复围栏、鸭滩，运动场如出现凹坑，及时垫平。

3. 盛夏季节的饲养管理　6 月底至 8 月份，是一年中最热的时期，此期蛋鸭饲养管理的重点是防暑降温。措施有：

①将鸭舍屋顶刷白或种植丝瓜、南瓜，让藤蔓爬上屋顶，隔热降温，在运动场（鸭滩）搭凉棚，或让丝瓜、南瓜的藤蔓爬上去遮阳。

②敞开鸭舍门窗，加速空气流通，有条件时可装排风扇或吊扇，通风降温。

③早放鸭，晚关鸭，增加中午休息时间和下水次数，傍晚不要赶鸭入舍，夜间让鸭露天乘凉，但需在运动场中央或四周点灯照明，防止老鼠、野兽危害鸭群。

④保证供水，最好饮凉井水。

⑤在多喂水草等青饲料的同时,要提高精饲料中的蛋白质含量,饲料要现拌现吃,以防腐败变质。

⑥适当疏散鸭群,降低饲养密度。

⑦防止雷阵雨袭击鸭群,雷雨前要赶鸭入舍。

⑧鸭舍及运动场要勤打扫,水盆、料盆吃一次,洗一次,保持清洁。

4. 秋季饲养管理

9～10月份,正是冷暖空气交替之际,气候变化无常,而且蛋鸭经过大半年的产蛋,身体疲劳,此时饲养管理的重点是:

①补充人工光照,使每日光照时间(自然光照加人工光照)不少于16 h。

②尽量保持鸭舍内小气候变化幅度不大。

③适当增加营养,补充动物性蛋白质饲料。

④适当补充无机盐饲料。

⑤操作规程和饲养环境尽量保持稳定。

5. 冬季蛋鸭高产稳定的技术　冬季气候寒冷,日照时间短。一般来说,产蛋率会下降,为使蛋鸭在冬季高产稳产,主要应采取以下综合技术:

(1)加强防寒保温

①保暖换气　检修鸭舍,要求门窗关上后能防寒,打开后能通风,或在鸭舍门口悬挂草帘以保温。

②深层垫草保温　在鸭舍内墙四周产蛋区垫一层稍厚(5～10 cm,每100只蛋鸭每天需用稻草10 kg,雨天增至15 kg)的软草,每天早晨收蛋后,将蛋窝内的旧草撒铺在鸭舍内,晚上鸭群入舍前再添些新草作产蛋窝,垫草逐渐积累,数日清除1次,既保温,又省力。

③设挡风屏障　鸭群活动场地的西北面,最好架设2 m以上

高度的挡风屏障，如筑高墙等，以达到挡风保温之目的。

(2)及时调整日粮

①放腥补素　在加强鸭子放牧的同时，适当补充植物性饲料。

②调整饲料配方　在鸭子的饲料中应增加玉米等能量饲料的比例，同时降低蛋白质饲料的含量。一般情况下，冬季蛋鸭精料中，代谢能要在 11.92 MJ/kg 以上，粗蛋白质含量 19%，钙 2.7%～3.0%，有效磷 0.5%～0.6%，赖氨酸 0.8%，蛋氨酸 0.28%，食盐 0.35%，并适当供给青绿多汁饲料，保证蛋鸭各种维生素的正常供给，必要时可用蛋禽用多种维生素添加剂补充，每 50 kg 饲料中加入 5～7 g，以代替青饲料，同时还应适当增加饲喂量。

(3)补充光照　冬天日照时间短，可补充光照，以每日光照时间 14 h 为宜，试验证明，冬季补充光照可提高蛋鸭产蛋率 20%～50%。

(4)夜间增补喂料　冬天昼短夜长，夜间增饲可克服蛋鸭后半夜的饥饿状态，维持正常体温。但注意夜间补饲应供给充足的饮水，且饲料中蛋白质含量不可过高；因夜间摄入过量的蛋白质，需同时摄入过多的水分用于蛋白质的分解消化，若供水不足，易致产蛋量下降。

(5)搞好“噪鸭”　由于冬季蛋鸭饲喂谷类饲料较多，加之鸭群活动减少，易造成体内脂肪积聚过多，过于肥胖，导致产蛋率下降。因此，冬季一般把关在棚内饲养的鸭群，轻声吆喝，缓缓驱赶，在棚内做圆圈运动，即为“噪鸭”，每天至少“噪鸭”6 次，每次转 4～5 圈即可，这样不仅可以增加运动量，健壮身躯，而且还可提高冬季产蛋率。另外，还可以提高鸭子的御寒能力，避免直接下水着凉感冒。待到适量转圈运动后，有 80%以上的鸭子发出强烈的叫声，就开棚放水。

(6)正确放水　鸭子放水应尽量赶在气候比较温暖的河滩、塘坝、水渠避风晒太阳，不可在空旷的田野和水塘停留过久，免得受冻而停止产蛋。因此，每天的放水时间不要超过 4 h，要做到迟放早归。

(7)抓好春雏，分群饲养　一般情况下，蛋鸭的开产时间为 24 周龄左右，按此推算，要使鸭子在冬季达到产蛋高峰期，获得较好的经济效益，必须抓好春雏。春天育雏，气温适宜，易于饲养。

(8)促使发“性”　蛋鸭的性欲越强，其产蛋量越高。因此，除种鸭要按 5%留足公鸭外，蛋鸭中也要留 2%～5%的公鸭。

(9)避免应激　蛋鸭在冬天要饮温水，避免因饮冷水产生应激反应而使产蛋量降低；蛋鸭对环境空气污染应激敏感，当蛋鸭放水时应打开所有门窗，并勤垫勤扫，以饲养员进入鸭舍无刺鼻气味的感觉为宜，并注意消毒时也应用无味消毒剂。

(五)日常管理操作规程

1. 早晨(5:00～8:00)(视季节不同而改变，冬季迟，夏季早)

放鸭出门，在水面撒水草，让鸭群在水中洗澡、交配、吃草——→进鸭舍捡蛋，观察并记载鸭蛋数量、重量及质量情况——→洗净料盆、水盆，置于运动场上——→观察鸭粪状态，了解饲料消化情况——→拌好饲料，进行第一次喂食。

2. 上午(8:30～11:00)　在水面撒水草，喂青饲料——→打扫鸭舍，铺上干净的垫草或干糠灰——→喂 1 次螺蛳等鲜活饲料(根据饲料条件而定)——→拌好第 2 次饲料，将水盆、料盆清洗后移到舍内加好饲料和清水——→将白天产在运动场上的蛋收集起来，运蛋入库。

3. 中午(11:00～13:30)　赶鸭入舍，吃食后午休。

4. 下午(13:30～17:30)　放鸭出门，在水面撒水草，让鸭在水中吃草、交配、洗澡——→将舍内料盆、水盆清洗后置于运动场上——→拌好饲料，15～16 时，喂第 3 次饲料——→进鸭舍再铺垫一次干草或糟糠灰──→将料盆、水盆移进鸭舍内，加好饲料和饮水，17:30～18:00赶鸭入舍(时间随季节变化)──→开亮舍内电灯。

5. 晚上 9时左右入舍检查一次；并加水、加料。10时将亮电灯关灭，只留弱灯通宵照明。

(六)种鸭的饲养管理

种鸭是发展养鸭生产的重要物质基础。饲养种鸭的目的，是为了提供种用产品——种蛋和种雏。因此，在种鸭的饲养管理方面，重点应放在如何始终保持种鸭具有健康而良好的种用体质，旺盛的繁殖能力上，以确保生产尽可能多的合格种蛋，并有高的合格率和受精率。

种鸭饲养管理方法基本上同蛋鸭差不多，这里只简要介绍需要特别注意的几个问题：

1. 种公鸭的选择与饲养

①首先应选择体质强壮、性器官发育健全、活泼、健康的公鸭作为种公鸭，公鸭的出生年龄一般要比母鸭早 1～2 个月，在母鸭产蛋前，公鸭已经达到性成熟。

②在青年鸭阶段，公、母鸭最好分开饲养，一般采用放牧为主的饲养方法，使其充分采食野生饲料，同时，多活动、多锻炼，使得骨骼、肌肉协调发展。当公鸭性成熟，但还未到配种期，尽量放旱地，少让其下水活动，以免下水后公鸭之间相互嬉戏，形成恶癖。配种前 20 天，公鸭混入母鸭群中，此时要多放水，创造条件，引诱并促使其性欲旺盛。

2. 注意合理的公母配比 蛋用型麻鸭品种，公鸭的配种性能很好，受精率很高。如绍鸭，早春季节气温较低时，公、母鸭的合理配比为 1∶20；夏秋季节气温高时，公母的合理配比可提高到 1∶(25～33)。全年的受精率一般在 90%以上。饲养过程中要注意观察受精率，若发现某个鸭群受精率偏低，应及时找出原因，尤其要检查公鸭,发现不合格的个体,要立即淘汰。

3. 加强防疫,净化种群　种鸭群应谢绝外人参观,无关人员不要进入鸭舍,以防带入病菌、病毒。定期检疫,把检出的阳性个体及时淘汰。确认为阴性个体的才能留种,以求净化种群。

4. 加强营养　除了按种母鸭的产蛋率和体重变化,提供必需的营养物质外,种鸭的日粮中必须添加足够的维生素、青绿饲料,特别要添加适量的维生素E(生育酚)。因为维生素E能提高种蛋的受精率和孵化率,要求日粮中维生素E的含量为每千克25 mg。饲料中蛋白质含量比一般蛋鸭饲料略高些,几种必需氨基酸——赖氨酸、蛋氨酸及色氨酸等应满足要求,并保持平衡。特别是色氨酸对提高受精率、孵化率有帮助,尤其不能缺乏,一般要求日粮中含量应在0.25%～0.30%,饼粕类蛋白饲料中色氨酸含量较高,故种鸭的饲料中必须添加一定量的鱼粉和饼粕。

5. 加强管理

①房舍内的垫草必须经常翻晒、更换,保持干燥、清洁,尤其是产蛋的地方,垫草一定要干燥,才能得到光滑洁净的种蛋。对于新开产的新母鸭,可在鸭舍一角或沿墙多垫干草做成蛋窝,再放几枚蛋作为引蛋,引诱新母鸭集中产蛋,运动场要保证流水畅通,不能积有污水,保持鸭体干燥清洁。

②鸭舍内通风良好。特别在外界温度高时,要加强通风换气。

③早放鸭,迟关鸭,适当增加种鸭室外活动时间,鸭子交配是在水中进行的,种鸭要延长下水时间。

④及时收集种蛋,不能让种蛋受污、受潮、受晒,不同日期收集的种蛋,应分别存放在指定的阴凉之处。每隔5天入孵一批,不要久贮(天热时应每隔2～3天孵一批)。

(七)影响蛋鸭产蛋的因素

1. 品种　品种是取得高产的先决条件,产蛋率的高低,产蛋周期的长短,产蛋持续性的强弱以及蛋的大小,都与品种有密切的关系。如能选择一个优良的品种饲养，产蛋量可以增加几成，甚至成倍提高，经济效益也随之提高。如何根据自己的饲养条件和管理技术，选择适于本地饲养的高产品种是养殖成败的关键。

2. 营养因素 进入产蛋期以后，蛋鸭对营养物质的需求量比以前任何阶段都高，除用于维持生命活动必需的营养物质外，还需要大量由于产蛋所必需的各种营养物质，如能量、蛋白质、钙等营养物质必须充分供应。否则将影响产蛋率。

蛋鸭对蛋白质需要量的多少取决于体重产蛋率、蛋重及鸭对蛋白质的消化利用率。体重个大，产蛋率高，蛋重大，产蛋鸭所需蛋白质就多，反之则少。蛋白质的利用率和消化率受年龄、健康状况、日粮组成，特别是各种氨基酸是否平衡，尤其是必需氨基酸是否充足等因素的影响。

要达到持续高产的水平，除品种是先天因素外，日粮中营养物质是否全面和平衡，数量能否满足需要，是保持高产稳产的必需条件。这既要经过科学的分析和计算，又要通过观察鸭群的状态，提供适于该群体需要的日粮，才能创造高产成绩，获得良好的经济效益。

3. 环境因素

环境因素较复杂，对产蛋影响最大的因素是光照和温度。

(1)光照 对蛋鸭来说光照时间的长短与产蛋关系很大。光照的主要作用是促进滤泡的成熟排卵。所以在培育期内，控制光照时间，目的是防止青年鸭过于早熟；将进入产蛋期时，要逐步增加光照时间，提高光照强度，目的是促进卵巢的发育，达到适时开产，进入产蛋高峰期后，要稳定光照制度(光照时间和光照强度)，目的是保持连续高产。

产蛋期的光照强度以 5～8 lx 为宜，如灯泡高度离地 2 m，一般每平方米鸭舍按 1.3～1.5 W 计算，大约 18 m^2 的鸭舍装一盏 25 W 的灯泡，灯与灯之间的距离要一致，悬挂的高度要相同。大灯泡挂得高，距离宽，小灯泡则相反。实际使用时，通常不用60 W以上的灯泡，因为大灯泡光线分布不均、费电。日光灯受温度影响较大，一般不使用。灯泡必须加罩，使光线照到鸭的身上，而不是照着天花板。鸭舍灰尘多，灯泡要经常擦拭，保持清洁，以免蒙上灰尘，影响亮度。

光照效果，一般需要7～10天才能显示出来，故在产蛋期内，不能因为达不到立竿见影的效果，而突然增加光照时数或提高光照强度。一般每次增加量不超过1 h，增加后要稳定5～7天。

进入产蛋期的光照原则是：只宜逐渐延长，直至达到每昼夜光照16～17 h，不可忽照忽停，忽早忽晚，光照强度不可时强时弱，只许渐强，直至达到每平方米8lx照度。否则，将使产蛋的生理机能受到干扰，影响产蛋率。

合理的光照制度，能使青年鸭适时开产，使产蛋鸭提高产蛋量；不合理的光照制度，会使青年鸭的性成熟提前或推迟，使产蛋鸭减产停产，甚至造成换羽。

合理的光照制度要与日粮的营养水平结合起来实施，进入产蛋期前后，若只改变日粮配方，提高营养水平和增加饲喂量，而不相应增加光照时数，则易造成生殖系统发育缓慢，易使鸭体积聚脂肪，影响产蛋率；反之，只增加光照，不改变日粮配方，不提高营养水平和增加饲喂量，则会造成生殖系统与整个体躯的发育不协调，也会影响产蛋率。所以，两者要结合进行，在改变日粮的同时要提前1周，增加光照时间。

(2)温度　为了充分发挥优良蛋鸭品种的高产性能，除营养、光照等因素外，还要创造适宜的环境温度。鸭虽然对外界温度的变化，有一定的适应能力，但超过一定的限度，就要影响产蛋量、蛋重、蛋壳厚度和饲料的利用率，也影响受精率和种蛋孵化率。鸭没有汗腺散热，当环境温度超过30℃时，体热散发慢，尤其在圈养而又缺乏深水活水运动场的情况下，由于高温影响，采食量减少，正常生理机能受到干扰，蛋重减轻，蛋白变稀，蛋壳变薄，产蛋率下降，严重时会引起中暑；若环境温度过低，鸭体为了维持体温，势必白白消耗很多能量，使饲料利用率明显下降。当外界环境在冰冻(0℃以下)的情况时，鸭群行动迟钝，产蛋率明显下降。成年鸭适宜的环境温度为5～27℃。

产蛋鸭最适宜的温度是13～20℃，此时产蛋率和饲料利用率都处在最佳状态。因此，要尽可能创造条件，特别要做好冬季的防风保温工作，提供理想的产蛋环境温度，以获得最高的产蛋率。

4. 健康因素 没有健康的机体不可能高产。因此，在培育青年鸭的阶段，就要把主要传染病的预防工作做好，进入产蛋期后，搞好环境卫生和饲养管理，增加抗病能力，尽量减少疾病的发生，才能保持高产稳产。

(八)提高种鸭产蛋率的措施

1. 严格执行生产操作程序 种鸭产蛋期必须保证环境稳定才能高产稳产，根据这一原则制定冬春、夏秋季的管理方案。

冬春季：气温较低，早上4时开灯，5时开始冲洗运动场、换洗浴池水、集蛋。上午8时再清1次种蛋并转交蛋库，打扫环境卫生等。下午4时冲洗运动场，添新垫草和添加饲料。

夏秋季：环境气温较高，早上4时开灯之后即开始冲洗运动场、换洗浴水、集蛋。上午8时再清1次种蛋并转交蛋库，打扫环境卫生等。下午4时冲洗运动场，添新垫草和添加饲料。

2. 严格把好饲料关 冬春季饲料可以按营养标准进行配制和生产。夏秋季应适当降低饲喂量，提高蛋白质量，同时添加抗高温应激药物。

3. 适宜的饲养密度 种鸭产蛋期饲养密度小，可以让种鸭更好地发挥产蛋潜力，减少死亡和淘汰率，每只鸭所占室内面积、运动场和洗浴地面积总计大于0.8 m^2 为宜。

4. 清洁饮水　产蛋期缺水比缺料的危害更大，特别在夏季，缺几个小时的水，种鸭产蛋率将急剧下降，恢复较缓慢，并且不可能再加升到最高产蛋率。因此，必须 24 h 保证供足清洁饮水和洗浴水。

5. 种鸭适时淘汰　产蛋期间，如发现鸭群中有病鸭或体况差、不产蛋的鸭子应及时将其淘汰。母鸭正常的月死淘率一般不超过 1%，如月死淘率过高，应及时查找原因。淘汰病弱鸭子时要注意公、母鸭的比例，以保持相对合理稳定。淘汰种鸭的时间，一般不超过 72 周龄。

(九)蛋鸭的集约化笼养

为了最经济地利用空间，克服传统牧鸭受水域资源环境条件的制约弊端，提高科学饲养和管理水平，发展集约化规模养鸭是一有效途径。

现将蛋鸭集约化笼养高产新技术介绍如下：

1. 鸭笼构造　鸭笼由直径 4 cm 以上的木杆做支架，用竹片或铁丝网构成，笼成梯架式双层重叠。笼高 60 cm，长 165 cm，宽 70 cm。笼底面离地 45～50 cm，坡角 4.2°。底板片顺势向外延伸 20 cm，挡板竹竿镶上稻草集蛋。每笼饲养 12～14 只。鸭笼放在通风向阳的舍内。

2. 品种选择　笼养蛋鸭要选择体型小、成熟早、耗料少、产蛋多、适应性强的品种，如康贝尔鸭、樱桃谷鸭、绍鸭、金定鸭、荆江鸭、宜春鸭、中山鸭等。同时，为了提高经济效益，要选择健壮、无病、大小整齐的青年鸭进行笼养。这样，鸭上笼后，经半个多月的适应期即可陆续产蛋，每年春秋 2 季为高产期。成年母鸭第 1 年产蛋率最高，第 2 年留优去劣，淘汰更新 50%，第 3 年全部更新。

3. 饲料配制　一般是谷物饲料(以玉米或稻谷为主)占 50%～60%，饼类饲料(以豆饼、菜籽饼为主)占 10%～20%，蛋白质饲料(以鱼粉和黄豆为主)占10%～15%,还要添加贝壳粉1%、食盐0.3%、多种维生素0.2%,每只鸭每天喂料125～150g。鸭群产蛋率在70%左右时,日粮中的粗蛋白应保持在18%左右。

4. 喂养方法　饲料粉碎后,加水拌匀,以手捏成团松手即散为度。每昼夜饲喂4或5次(从天亮到晚上9～10时),夜间最后一次喂量稍大,以吃饱不剩为准。休产期的蛋鸭群,日喂2次即可。水槽盛水深度7～10 cm,与料槽平行挂在鸭胸部高的水平位置上。每隔半月供一次沙砾,每只每次约10 g。

5. 促使发情　蛋鸭性欲越强,产蛋越多。因此,在母鸭中除留足种鸭外,应再多留2%～3%的公鸭,通过对母鸭的性刺激作用,使卵泡发育更快,加速排卵,而达到多产蛋的目的。

6. 适时调温　根据季节变化适时调节笼温,即春保温——日通风,夜保温;夏降温——昼夜通风,炎热天气还应在舍内洒水降温;秋防暑——增喂青料,降鸭体温;冬防风——修好鸭舍,保持干燥,防风保温。

7. 补充光照　夜里补充光照,可防止鸭性早熟,延长产蛋期。开始光照每昼夜应不少于14 h,以后逐渐增加至16 h为止。同时,根据自然光照长短,按夏弱光(15～25 W的电灯泡照光)、秋常光(25～40 W)、春冬增光(40～60 W)的原则调节。在变动光照时要逐步进行,使鸭有一个适应过程。

8. 强制换羽　入秋后,为了提高产蛋率,缩短鸭的休产期,降低饲养成本,可进行人工强制换羽。做法是:第1天停水、停食;第2天和第3天停食供水;第4天停水供食,并拔除鸭的双翅及尾部全部羽毛;第5天恢复正常饲养管理。强制换羽的鸭经15～20天饲养,即又开始产蛋。

9. 定期驱虫　蛋鸭上笼20天内驱1次蛔虫;停产换羽期间,驱蛔虫、鸭虱各1次;入冬以后,再驱1次蛔虫。

10. 鸭病防治　鸭病一年四季都会发生,要坚持“无病先防、有病早治、防治并举”的方针。预防鸭瘟，主要是在搞好卫生（可每隔 10 天左右清理一次粪便）的同时，每年春、秋两季及时注射鸭瘟疫苗（在休产前注射最好），每只 2.5～3 mL；鸭霍乱可注射藏氏疫苗，预防用量每只 3 mL，治疗用量每只 5 mL。笼养要特别注意鸭软脚病的防治，一旦发现不要让鸭多睡，应适当驱赶走动，并用缝衣针扎鸭脚上小红筋（不能扎粗筋）即可治愈。平时用磺胺二甲嘧啶或磺胺噻唑按 0.5%～1%的比例拌入饲料中连喂 3～5 天，停 10 天后再喂，可有效防治鸭痢病。

第八章 鸭病防治

一、鸭病的综合防治措施

鸭病的发生取决于2个因素：一是致病因素是否存在和强弱程度；二是禽体抵抗力的强弱。因此，实施科学的饲养管理，树立“防重于治”的思想，采取必要措施，消灭传染源，断绝传染途径，建立健康群体，是鸭病防治的根本。

现将鸭病预防的一些必要措施总结以下几个方面：

（一）精心选择鸭场址，合理布局

养鸭场地要远离居民点，远离屠宰场、市场和交通要道，选择地势较高、有充足和卫生的水源、而不要位于低洼积水的地方。

鸭场要合理布局，生产区、行政管理区、生活区要分开。鸭舍应建在高处，舍门朝南向阳，舍内宽敞，通风透光，并有充足的活动场所，有保温防暑和安全措施，设计要便于消毒管理，供鸭游泳的池水要定期或必要时更换。兽医室、解剖室、密封的尸池、粪池应与生产区有一定的距离。

（二）建立健康鸭群

欲建立健康鸭群必须做到：

1. 实行自孵自养　孵化过程中，要严格按卫生防疫的要求去做，种禽要健康并进行必要的预防接种；孵化用种蛋要尽早消毒，消毒后要防止重复污染；做好孵化室或孵化厂的卫生工作，室内空气保持新鲜,蛋盘不外借,用后消毒;不同来源的种蛋要分别孵化,减少传染机会,也便于查清疫源。

2. 执行"全进全出"的饲养制度　即一幢鸭舍只养同一日龄的鸭。因为不同日龄的鸭有不同易感或易发的疾病,如果一幢鸭舍内饲养着不同日龄的鸭,则日龄较大的患病鸭或已病愈的鸭可能带菌或带病毒,易传染给易感的小鸭,使疾病长期传播,造成经济损失。采用"全进全出"制则可避免这种情况的发生,提高鸭的成活率。

3. 按免疫程序进行免疫　免疫程序应因地制宜,根据本地区有无疫情和鸭群情况具体制定。一般来说,疫区每年应至少给鸭群接种弱病毒疫苗 2 次。

4. 防止由场外或外地引入细菌、病毒或疾病　即贯彻自繁自养原则,尽量避免引进苗鸭、种鸭或种蛋。如须引进,应从非疫区引入,并做好严格检疫,隔离观察 2 周后,证明健康方可混入鸭群。

(三)加强科学饲养管理

科学饲养管理的主要措施有:

1. 选好苗禽,精心育雏,适时开食和饮水　养好禽类的关键是选择优质健壮的苗禽,精心育雏要做到:第 1 天饮 5%糖水及 3%维生素 B,第 2 天饮 0.02%高锰酸钾水,第 3～6 天再饮 5%糖水、3%维生素 B 及 0.2%四环素水。适时饮水和开食时间应在出壳后 24 h。

2. 保持鸭舍清洁卫生,强化卫生管理制度　平时鸭舍进口处要设消毒池,鸭舍和鸭棚内要进行消毒,杀灭空气中、鸭体表、网具、地面、墙壁等处的病原体。

3. 注意保温,保持湿度　温度的忽冷忽热,往往是引起疾病流行的直接原因,尤其在育雏阶段,要注意保持鸭棚的温度。这一点主要取决于管理人员的责任心强弱。另外,鸭棚内的湿度,也注意保持在相对湿度70%～80%。

4. 优质全价饲料是健康鸭群的保证

5. 带鸭消毒　对以下几种情况可带鸭消毒：

①在鸭群发生急性传染病，被隔离封锁后，对鸭舍、活鸭进行喷雾消毒。

②一些大型养鸭场，最好每日对窝群或鸭舍进行喷雾消毒。

③在鸭群有链球菌或葡萄球菌感染和散发性禽出血性败血病等疫病发生时，每日或隔日对鸭群、鸭舍喷雾消毒。

6. 认真制定和严格执行定期的免疫接种制度　制定合理的免疫程序，适时进行免疫接种是防止鸭病发生的关键措施。

①1日龄皮下注射病毒性肝炎苗1 mL(100倍稀释液)或卵黄抗体；

②2周龄颈部皮下注射鸭瘟鸡胚化弱毒疫苗0.5 mL，28日龄重复注射1次；

③1周龄和3周龄时分别注射1次小鸭浆膜炎氢氧化铝苗0.5 mL；

④60～70日龄和120日龄各注射1次禽霍乱菌苗；

⑤成年鸭每半年注射1次鸭肝炎弱毒疫苗0.5～1 mL，鸭瘟鸡胚弱毒疫苗0.5 mL，鸭霍乱苗1～2 mL。同时定期在日粮中添加磺胺甲基异嗯唑0.1%，广虫灵0.05%，复方新诺明0.02%～0.04%，优素精0.5%～0.6%等药物饲喂以预防球虫病发生。

7. 集约化鸭场的卫生防疫　疫病是危害集约化养鸭的大敌。若卫生防疫稍有疏忽，往往引起大批发病，甚至大量死亡。因此，养鸭必须贯彻“预防为主，防重于治，严格消毒，及时治疗”的总目标。建立健全鸭病防疫体系，制定疫病的净化、扑灭规划及实施方案，营造良好的内外环境条件，确保鸭健康生长发育。

(1)种鸭场　种鸭场与商品鸭场、屠宰场或其它养禽场保持在100 m以上。每幢鸭舍之间最近在10 m以上。场区设进场门和粪污运输门。进场门设车辆消毒槽或池，消毒药可用2%火碱水、生石灰等。设立人员出入消毒室或消毒走道以及更衣室。鸭运动场或鸭舍内垫干沙土。洗浴池或塘应为流动水，为种鸭创造洗浴、运动和交配的良好条件。产蛋鸭舍内在墙四周设产蛋槽，每5只产蛋鸭设一蛋槽，勤换垫草。要求凌晨产蛋后每隔2 h捡1次蛋，以防细菌污染侵入蛋内。种鸭于产蛋前注射1次鸭肝炎鸡胚弱毒疫苗，2周后重复1次，以后每隔半年注射1次，以提高免疫效果。

(2)孵化室　孵化室应设在种鸭场附近，位于上风向，并与商品鸭场隔开一定距离。孵化室严禁非工作人员入内。工作人员进出必须严格消毒，更换工作服、靴帽等。孵化器每次用过后清除污物，用5%次氯酸钠擦洗。蛋盘冲洗晾干后置入孵化器内，进行福尔马林熏蒸消毒（每立方米体积用福尔马林48 mL，高锰酸钾24 g)20 min以后通风备用。出雏器按雏盘或箱用0.1%新洁尔灭清洗，然后熏蒸消毒。贮蛋室应设蛋熏蒸箱，每天收取的蛋应熏蒸消毒1次。严禁入孵粪污蛋或由池塘、运动场捡回的污染蛋，以免孵化中爆破而污染整个孵化器内环境。

(3)育雏舍　育雏舍门口设消毒槽或池。非工作人员不得入内。育雏舍每次用过后要进行彻底消毒。铁丝网床或竹板床的床面、角落隔板、墙壁地面等处，用高压水龙头冲洗干净，不应有粪便滞留，待晾干后，关闭门窗，用福尔马林熏蒸消毒或用0.2%过氧乙酸喷雾消毒整个鸭舍与床面等。育雏应采用全进全出制度，即同日龄的鸭进入，同日龄的鸭转出，中途不得引进新鸭，以便彻底消毒饲养管理。严禁从有疫情的鸭场或专业户购入雏鸭，注意剔出病残弱鸭。

育雏舍注意防寒防暑，要求室内温度为：第1周龄为29.4～32.2℃；第2周龄为23.9～26.7℃；第3周龄为21.1～23.9℃。加强室内通风换气，保持空气新鲜。每次喂过食后，饲料盘应用清水冲洗，如果为自由采食者，则每天至少冲洗1或2次。

(4)中鸭舍　中鸭生长阶段是多种疾病暴发的适宜日龄。如小鸭病毒性肝炎、鸭传染性浆膜炎、鸭副伤寒、鸭大肠杆菌性败血病、鸭链球菌病和鸭球虫病以及营养代谢病等。这些疾病的发生都与饲养或环境卫生有密切的关系。加强饲养管理与环境卫生对提高成活率至关重要。

鸭舍进口处设消毒槽或池,非本舍工作人员禁止入内。

每天清扫鸭舍与运动场,加铺干沙、垫草或锯末垫料。鸭舍应通风良好,每平方米 12～15 只鸭为宜。定期加喂驱虫药预防球虫病的发生。

(5)育成鸭舍　鸭舍与运动场应每天清扫,垫干沙土或木屑。夏天炎热要设凉棚,防潮防暑;冬天垫草防寒保温。

每批鸭全部出售后进行一次大消毒。如果是活种鸭分批出售,亦半月左右消毒 1 次。同时加强霍乱及鸭瘟等病的防治。

(6)新生雏鸭的保健　雏鸭入舍前对育雏舍和用具进行彻底消毒,提前 12 h 达到育雏要求的温度。雏鸭入舍后先饮水后喂料、并饲喂一些糖水和抗应激的电解质和维生素,或微生态制剂、速补多维素、赐美健、益生素、促菌王、调痢生等,以增强雏鸭的抗病能力。

(7)免疫　按鸭的免疫程序进行免疫。

二、鸭的疾病与防治

(一)病毒性疾病

1. 鸭流感

(1)病原　根据禽流感病毒抗原性不同可分为 170 多个血清亚型,各血清亚型之间缺乏交叉免疫保护力,对家禽具有致病性的主要血清亚型有 H_1N_1\\H_4N_6,H_5N_1,H_5N_4,H_7N_1,H_7N_2,H_9N_3,

H_9N_2,$H_{14}N_5$ 等少数血清亚型,其中以 H_5 和 H_7 为国际公认的高致病力禽流感病毒的血清亚型(近年 H_9 血清亚型对家禽的致病力有增强的趋势),由于流感病毒亚型多,且常发生变异,使疫苗的研制难度很大,又无特效药物治疗,故本病一旦发生,极难控制,经济损失巨大,号称禽类第一毁灭性传染病。

(2)毒力　禽流感病毒的致病力差异很大,在自然情况下,有的毒株发病率和死亡率可高达 90%~100%(急性败血型),有的毒株则引起呼吸道症状,死亡率较低(10%,急性呼吸道型),细菌的混合感染可增强本病对禽类的致病力。

(3)流行病学　本病可通过多种途径传播,如呼吸道、消化道、皮肤损伤和眼结膜等,吸血昆虫也可传播病毒,并有可能垂直传播(经蛋传染),本病一年四季均可发生,但以冬春为主要流行季节。据以前资料及书籍记载,水禽对流感病毒仅为带毒者而不致病,现在病毒分离鉴定结果证明:有一种 H_5 亚型流感毒株对各种日龄和各种品种的鹅群和鸭群均具有高度致病性,雏鹅、鸭、番鸭发病率可高达 100%,死亡率也可达 90%以上,产蛋种鸭、种鹅发病率近 100%,产蛋率严重下降,蛋质量差,易继发其它疾病感染,死亡率 40%~80%。本病的潜伏期视感染病毒的毒力、数量和感染途径不同而异,潜伏期从数小时至 3 天。

(4)临床症状　急性败血型:突然发病、传播迅速、突然死亡。病程稍长,病例表现高度沉郁、垂头缩颈、深度昏睡、羽毛松乱、体温升高、食欲减退或废绝,仅饮水、拉白色或淡黄色水样稀粪、腿软无力,部分病鸭头颈部肿大、眼鼻流液,伴有呼吸道症状,死前喙呈紫色。部分病鸭死前出现神经症状(震颤、偏头扭颈)。患鸭迅速脱水,消瘦,感染发病后 2~3 天内引起大批死亡。产蛋鸭感染后几天内产蛋量迅速下降,产蛋率可从 90%以上降至 10%以下,甚至停产,发病期产小型蛋、畸形蛋。

急性呼吸道型:头部或脸部皮下水肿,流泪流涕,鼻窦肿胀,结膜发炎，呼吸急促，水样下痢，发病率高，死亡率低，产蛋率和孵化率明显下降。

慢性型：呈慢性呼吸感染症状，产蛋率大幅下降，并发生零星死亡，一般 3～5 周后，产蛋量又缓慢回升。大体病变可见鼻窦、气管、气囊和肠道有渗出性炎症，有时气囊壁增厚，可见卵黄性腹膜炎，输卵管时有炎症渗出物。

(5)诊断　当 2～6 周龄雏鸭群中迅速出现鼻炎、鼻窦炎等呼吸道炎症时，就应考虑可能是鸭流感。这时就要进行实验室诊断，否则很难与其它患有呼吸道症状的疾病相鉴别。实验室诊断的要点如下：

①病毒的分离　取呼吸道分泌物或泄殖腔内病料，用生理盐水稀释成 10％悬浊液，加入适量青霉素、链霉素，置室温中 1 h 后，给 9～11 日龄鸡胚尿囊腔接种，每胚接种 0.2 mL，37℃培养 4 天，放冰箱 6 h 杀死鸡胚，收集尿囊液和尿囊液膜做平板血凝试验。据 Allan 氏经验，强毒株在 24 h 出现血凝阳性，弱毒株 48 h 后出现血凝阳性。阳性者用各亚型血清、新城疫抗血清、副黏液病毒抗血清等进行 HI 试验。如果平板血凝试验出现阴性结果，可进行继代培养。

②病毒的鉴定　排除新城疫病毒的血凝试验：取 1 滴 1∶10 稀释的非免疫鸡血清和 1 滴新城疫抗血清，分别滴在玻板上，然后在上面分别加 1 滴上述呈阳性的尿囊液和 1 滴 5％鸡红细胞悬浊液，混合均匀，如果出现血凝阳性，证明尿囊液中无新城疫病毒。如果在抗血清中出现血凝抑制反应，则证明在尿囊液中有新城疫病毒。

③琼脂扩散试验　凡属 A 型的各亚型病毒的核蛋白，具有型特异性共同抗原。一个 A 型流感病毒抗原或抗血清能检出所有 A 型流感病毒的抗体或进行抗原鉴定。型特异性抗原可由感染的鸡胚尿囊浆膜制成。将感染的尿囊浆膜不加稀释做成乳剂，在

−20℃中冻融3次，3 000 r/min离心10 min，取上清液即为抗原。这种抗原与已知的A型流感抗血清进行琼扩试验，出现沉淀反应，证明为A型流感病毒。

④雏鸭接种试验　取尿囊液1 mL，给2～3周龄的雏鸭进行静脉或气管内接种。2～3周后，如果出现鼻炎、鼻窦炎等呼吸道症状和相应的生理病变，即可证明为鸭流感，而尿囊内有A型流感病毒。

⑤荧光抗体法　本法也是利用了A型病毒各亚型具有型特异性共同抗原的特点。针对某一亚型病毒制作荧光抗体，就能检出所有A型病毒的亚型感染细胞抗原。

(6)预防措施　认真搞好综合防疫措施，不从疫区引进病禽，加强日常消毒工作，同时要注意应激因素(如受冷、鸭群拥挤等)可能激发本病的发生和发展。

做好免疫接种。一般首免在15～20日龄进行，2个月后二免，产蛋前再进行一次免疫，可以达到控制本病的流行发生。

盐酸金刚烷胺对预防人类流感有效，对阻断病毒对细胞的吸附作用有一定效果，但只可降低死亡率，不能降低感染率。病毒唑、利巴伟林等抗病毒药物也有类似作用，抗生素可防治细菌继发感染。研究表明中草药在体外对流感病毒也有一定抑制作用。

一旦发生本病，应立即封锁疫点疫区，淘汰病禽，做无害化处理，彻底消毒场地和用具，对未发病的鸭群用抗血清或卵黄抗体做紧急接种有一定保护率。

2. 鸭瘟　鸭瘟，即病毒性肠炎，是以鸭鹅体温升高、黏膜出血、下痢和部分鸭头颈部肿大为特征的急性败血性传染病，故俗称“大头瘟”。本病在养鸭发达的国家曾有过几次较大规模的流行，传播迅速，发病率和死亡率都很高，经济损失严重。如1967年在美国纽约长岛地区暴发，造成100万美元的经济损失。我国1957年在沿海地区发现此病。

(1)病原　该病病原为鸭瘟病毒。属疱疹病毒科，存在于病鸭各内脏器官、骨髓、血液、分泌物、排泄物中，肝和脾含量最多。

本病毒对外界环境有一定抵抗力。在低温－10～－20℃条件下能存活347天；50℃经90～120 min方可灭活；在室温22℃条件下，其传染力可维持30天；但当温度在80℃时5 min即可死亡。夏季阳光直射、高温干燥和一般消毒药物，如1%～3%火碱（苛性钠）溶液、10%～20%漂白粉混悬液、5%甲醛溶液等，均能较快地杀死病毒。

(2)流行病学　本病一年四季均可发生，尤以春夏之交及秋季流行严重。不同日龄和不同品种的鸭均可感染。在不同品种中，以番鸭、麻鸭和绵鸭最易感，北京鸭次之。在自然感染条件下，成年鸭和产蛋母鸭发病和死亡严重，30日龄以内的雏鸭较少发病。在人工感染条件下，雏鸭却较成年鸭易感，这可能是成年鸭受传染获得自然免疫机会多的缘故。在水网地区尤为明显。

病鸭和带毒鸭是传染源，消化道是主要传播途径。易感鸭接触污染的饲料、水、运输工具而感染，也可通过交配和呼吸道传染。吸血昆虫可能为本病的传播媒介。

(3)症状　潜伏期一般2～4天。病初体温突然升高至43～44℃，呈稽留热型。病鸭精神不振，缩颈厌食、渴欲增加，两肢发软。走路蹒跚，双翅下垂，经常卧地，难以走动，若强行驱赶，则见两翅扑地而走。而且病鸭不愿下水，若强赶下水，则很快挣扎回岸。病鸭眼周湿润流泪，有的附有脓性分泌物。鼻腔流出浆液性分泌物，呼吸困难，常伴有湿性啰音。部分病鸭头颈肿胀，形成“大头鸭”。病鸭排泄绿色或灰白色稀粪，泄殖腔黏膜充血、出血、水肿。严重时黏膜松弛外翻，附有黄绿色假膜，不易剥离。

本病发病迅速，发病率和死亡率均高。严重时，病鸭2～3天死亡，一般不超过10天，整个流行过程为2～6周。

(4)病变　鸭瘟病变以全身性急性败血症为主要特征。体表、全身的浆膜、黏膜和内脏器官，有程度不同的出血斑或坏死。

病死尸体体表有出血斑，皮下组织有不同程度的胶状浸润，尤以“大头瘟”典型病例较为严重，皮下蓄有淡黄色透明的液体。

眼睑粘连，下眼睑黏膜出血。口腔黏膜和咽喉周围见溃疡灶，有黄色假膜覆盖。食道黏膜有纵行排列的灰黄色假膜，此假膜不易剥离，剥脱后可见大小不同的红色溃疡灶和出血斑，腺胃黏膜有出血斑。在腺胃与食道膨大部交界处，有时有一条灰黄色坏死带或出血带。肌胃角质膜下层充血，有时出血。肠黏膜有充血或出血性炎症。泄殖腔黏膜有出血性斑点和不易脱落的伪膜或溃疡。

肝脏不肿大，表面有灰黄色或灰白色大小不等坏死点和小出血点。胆囊肿大，黏膜充血或溃疡。部分脾脏有灰黄色或灰白色的坏死点。肾脏肿大，有出血点。

(5)诊断　本病的临床特征为头颈肿大。剖检可见食道黏膜、泄殖腔假膜有出血斑等病变，可做出初步诊断。要进一步确诊，需做病原分离和血清学试验。

诊断时，应注意与鸭肝炎、鸭霍乱、鸭球虫病或成鸭坏死性肠炎进行鉴别。

(6)防治　本病一经发现，立即隔离，鸭群及场地彻底消毒。早期治疗用抗鸭瘟高免血清，每只鸭肌肉注射 0.5 mL，还可用聚细胞（一种内源干扰素），每只成鸭肌肉注射 1 mL，3 天 1 次，连用 2 或3 次。

本病发生后，传染快，发病率和死亡率均高。因此，要树立“防重于治”的观念，加强综合防病措施。主要措施：

①制定科学的免疫程序　由于鸭瘟的发病日龄已发生很大的变化，曾发生 10～15 日龄的雏鸭鸭瘟病例，因此广大养鸭户应及时调整免疫程序。5 日龄的雏鸭应进行首免，肌肉注射抗鸭瘟疫苗 0.3 mL；25 日龄的雏鸭进行二免，肌肉注射 1 mL，二免后免疫期为 6 个月；蛋鸭产蛋前或成鸭进行第 3 次免疫，肌肉注射 1 mL，

免疫期可达一年。为保护雏鸭，应加强对种鸭的免疫接种，以提高雏鸭的母源抗体水平。

②避免各种不良因素　疫苗应冷冻保存，运输过程中应注意保温。配制疫苗应用生理盐水或洁净的冷开水，配好后应在尽可能短的时间内用完，一次不能配得太多；配疫苗时不要乱加抗生素和其它药物，以免影响鸭体内抗体的产生。鸭的免疫接种应在胸部或腿部进行肌肉注射，注意消毒和针头的更换，免疫时剂量要足，紧急接种时剂量加倍。免疫接种前后 3 天内最好不使用其它药物，如果一定需要使用，不能用含抗病毒的药物，否则会干扰体内抗体的形成。

③加强饲养管理　在饲养管理过程中应坚持“预防为主，防重于治”的方针。没有发生过鸭瘟的鸭场应着重做好预防工作，不从有病的地区引进鸭子，必须从外地引种时，一定要经过严格的检疫，隔离观察 7 天以上，才能并群饲养，防止疫病的传入；对鸭群进行放牧，应首先了解当地的疫病情况，不到有病的地区放牧；饲养密度要适中，加强通风换气，勤添垫料，保持地面清洁干燥，尽可能减少多种因素的应激反应；不同日龄的鸭应分开饲养，饲养肉用鸭应坚持全进全出，以尽可能减少疫病传播和扩散。

④开展全面彻底的消毒工作　对鸭舍要进行定期打扫，定期消毒，鸭群出栏后要进行彻底清理、全面消毒，重视对地面、墙壁、用具的消毒，还应注意对鸭舍外的通道、进出人员和运输车辆的消毒。常用的消毒液有福尔马林、高锰酸钾、烧碱、消毒威、抗毒净、氯毒杀等。消毒间隔时间，一般来说每周 1 次，高温季节每周 2 次。发现病鸭应立即隔离，死鸭进行无害化处理。

3. 鸭病毒性肝炎　鸭病毒性肝炎是雏鸭的一种传播迅速的急性病毒性传染病，其临床特征为角弓反张，病理变化为肝炎。该病传播迅速，病程极长，死亡率高达 90%。

1949 年春，美国长岛研究所率先从幼龄北京鸭病体内分离出鸭肝炎病毒。其后在许多国家发现了该病。我国在1963年首次在上海发现该病,1980年在北京某鸭场分离到此病毒,此后在福建、广东、四川、广西、江苏等地都有发生此病的报道。

(1)病原　该病病原为鸭肝炎病毒,有3个血清型,即Ⅰ,Ⅱ,Ⅲ型鸭肝炎病毒。它们之间无交叉中和反应和交叉保护作用。据报道,Ⅱ型病毒属星状病毒;Ⅰ,Ⅲ型属小核糖核酸病毒科肠道病毒属。能在鸭胚成纤维细胞和鸭胚肾细胞培养物中增殖,对鸭、鸡、鹅、小白鼠等动物的红细胞均无凝集反应。病毒对外界环境抵抗力颇强,在污染的育雏室内病毒能存活10周,在潮湿的粪尿中能存活一个多月,在2%来苏儿液中37℃能存活1 h。1%福尔马林、2%苛性钠处理2 h,2%漂白粉处理3 h,可将其灭活。

病毒存在于病鸭的肝、脾、肺、心、脑等器官和肌肉组织中,尤以雏鸭肝、脾为甚,心、脑、肺次之。

(2)流行病学　本病主要侵害3周龄以内的雏鸭,成鸭也可感染病毒,但不发病,成为带毒者。病鸭和带毒鸭是主要传染源。康复的雏鸭可从粪便中排毒1～2个月。被病毒污染的鸭舍、饲料、饲养用具、水、人员、车辆等都可成为本病的传播媒介。易感鸭群通过消化道和呼吸道感染。

本病一年四季均可发生,多数在冬季或早春暴发。传染迅速,发病率可高达100%,死亡率可高达90%。

(3)症状　潜伏期为1～4天。有些雏鸭发病常无任何症状而突然死亡,几小时后波及全群,出现多种不同临床症状。病鸭精神不振,呆立瞌睡,食欲废绝,有些病例出现腹泻,之后出现神经症状,运动不协调,身体向一侧倾斜,头向后仰,背部着地,转圈下蹲,两脚痉挛性踢蹬,呈角弓反张姿势,又有“背脖病”之称。康复的雏鸭生长缓慢。有的严重的病鸭喙部和爪尖呈紫红色。

(4)病变　典型病变为肝脏肿大、质脆,表面有大小不等的出血点或出血斑。肝呈淡红色或显斑驳状,2～5日龄的病雏鸭肝呈土黄色或红黄色。胆囊肿大,充满茶褐色或淡绿色胆汁。脾脏有时肿大,表面呈斑驳状花纹样,肾脏肿胀和树枝状充血,胰脏充血呈粉红色。心肌质软,脑充血、水肿及软化。

(5)诊断 主要通过本病流行病学、临床症状和剖检病变初步诊断。对本病的确诊必须通过实验室检查。通过鸡胚接种和病毒做中和试验,是本病较为可靠的诊断方法。

(6)防治 特异高免血清或高免卵黄液可以用来治疗和预防本病。一旦发现本病,立即用抗血清进行注射,每只雏鸭肌肉注射 0.5 mL,可阻止疫病传播和减少死亡,保护率达 90%~100%。

用雏鸭病毒性肝炎弱毒疫苗或灭活疫苗,每只母鸭免疫 2 次,每次 1 mL,间隔 14 天。经免疫的母鸭所产蛋孵出雏鸭,可因被动免疫,维持 2~3 周不感染本病。

4. 鸭网状内皮组织增殖病 本病是由网状内皮组织增殖症病毒引起的以网状内皮细胞增殖为特征的一种肿瘤性疾病,是火鸡、鸡、鸭和其它鸟类的一种共患病。1958 年,Twiehaus 从患内脏淋巴瘤的火鸡中分离到一种可使鸡和雏火鸡发生急性死亡的病毒,称为 T 株病毒。以后在澳大利亚、匈牙利、英国、德国和日本相继有报道。本病在鸭的临床特征是贫血和生长迟缓,主要病理变化是肝脏和脾脏坏死,细胞浸润或增生。发病率和死亡率均较低。

(1)病原 病原是核糖核酸病毒科逆病毒属中的网状内皮组织增殖病毒群,主要侵害火鸡、鸡、鸭等几种禽类。

本病毒群在形态学上,与禽白血病肉瘤病毒群中的病毒相似,但无血清学的关系。本病毒群中的病毒有囊膜,在 −70℃ 可长期保存。在 −56℃ 下 50% 甘油中的肝乳剂中,可使传染性维持 14 个月;在 4℃ 经 24 h 即可降低传染性,在 37℃ 20 min 传染性至少要丧失 50%,7 h 即可丧失 99%。

不同毒株之间致病力差异很大。强毒株经细胞培养传代后,可使致病力降低。

(2)流行病学　在鸭群中雏鸭较成鸭易感。家鸭的传染来源可能是野鸭,主要传播途径是接触传染。腹腔、肌肉或皮下人工接种,较口腔或鼻腔接种易感。

(3)症状　分为急性和慢性2类。急性症状死亡很快,除精神不振外很少出现其它症状。慢性病例体质衰弱,生长迟缓或停顿,羽毛稀少,全身性贫血,很少出现肢体麻痹等神经症状。

(4)病变　本病毒群可引起3种类型的病变,每株病毒株主要引起一种类型的病变。T株主要引起内脏增生型病变,SN株主要引起坏死性病变。DIA和T株都可引起鸭贫血。各病毒株均可引起鸡和火鸡的神经性病变,但鸭却少见。

①内脏增生型　主要病变为肝脏和脾脏显著肿大,表面有增生性病变,有时还有坏死性病变。肠道病变主要是肠壁增生性变厚,有网状细胞性浸润区和坏死性病变。

②神经增生型　在肝脏细胞浸润区,经常见到浸润细胞沿神经纤维排列,有的神经水肿,并发生分离现象。

③坏死病变型　主要见于脾脏,还有大区域性出血。其次是肠道上皮组织坏死,上皮细胞脱落,并残留有溃疡灶,有时延伸至肌层。

(5)诊断　主要依靠病理变化、病毒的分离与鉴定和血清学试验来进行诊断。病理变化以组织增生、坏死和贫血为特征,但要与类似的淋巴肉瘤病毒群病相鉴别。

(6)防治　本病目前尚无治疗方法。由于本病为一种新的疾病,没有系统的预防方法,只能采取一般性防疫消毒和卫生管理措施。还没有使用疫苗进行免疫接种的试验报道。

5. 鸭痘　鸭痘是由痘病毒引起的一种急性传染病,其临床症状是皮肤、口腔、眼睛上出现痘斑。本病在我国未见报道。印度1965年有自然感染病例的报道。

(1)病原　病原为鸭痘病毒，是禽痘病毒群中的一个新成员。目前对其生物学了解甚少，但在临床症状和病理变化上，与其它禽痘相似。

(2)流行病学　各种日龄的鸭均可感染，雏鸭比成鸭易感。

(3)症状　该病症状分皮肤型、眼型、口腔型3种类型，其中以皮肤型最常见，约占90%。眼型占79%，口腔型占3%，混合型也有，但很少见。

病初体温稍高，迟钝，食欲下降，产蛋下降或完全停止。

①皮肤型　在鸭的嘴角和与鸭喙连接的皮肤上、眼睑处皮肤上，均出现大小不等的结节状痘样疹。并经常汇集成较大的疣状结节。其它如跗关节以下的足部趾或蹼上，也会出现结节状痘状疹。

②口腔型　最初在口腔黏膜上出现灰白色痘疹。在口角处有结节样疹，逐渐变黄，后期形成溃疡，经10～15天愈合，不形成伪膜。

③眼型　病初有水样分泌物，后逐渐形成脓性结膜炎，常将上下眼睑粘合在一起，严重时，一侧或两侧眼睛失明。

(4)病变　皮肤上痘状结节在上皮层发生坏死，破坏了正常的细胞结构，表皮下层细胞增生，个别细胞明显膨大。真皮下层基底部发生水肿，有异嗜性细胞和其它炎性细胞聚集。该处毛细血管扩张，充满血液细胞。痘样结节状病变干涸后成痂，痂脱落后留下一个暂时性的瘢痕。

(5)诊断　典型的皮肤损害，可作为诊断依据。眼型和口腔型较难诊断。进一步确诊要进行病毒分离和病理组织学检查。

(6)防治　本病死亡率较低。一般采用常规综合性措施预防。目前尚无有效的治疗方法，也未见疫苗接种报道。一旦发生本病，可使用碘制剂涂擦痘疹防止继发性细菌感染。

6. **番鸭细小病毒病**　番鸭细小病毒病是20世纪80年代末

发现的一种仅限于雏番鸭发生的病毒性传染病，其临床主要症状为腹泻、喘气、软脚。由于主要发生于3周龄以内的雏番鸭，故俗称“3周病”。

本病1989年首次报道于法国。1985年以来，我国福建省一些地区的养鸭场陆续发现本病。其发病特点很像小鹅瘟，发病率和死亡率较高。

(1)病原　本病病原是细小病毒科、细小病毒属的番鸭细小病毒，为球形单股DNA病毒，无囊膜。可在番鸭胚中增殖，并能致死10～12日龄鸭胚，也能在鸭胚原代细胞中增殖，且病毒滴度很高。

本病毒对紫外线照射敏感，但对乙醚、氯仿、胰蛋白酶、酸、热均不敏感。亦不能凝集哺乳动物、禽类和人类的红细胞。

(2)流行病学　本病只感染雏番鸭，1～5周龄为易感期，7～20日龄最易感。病的流行无明显季节性，死亡率较高，达40%～50%。本病毒通过何种途径传播尚不清楚。

(3)症状　据林世棠等报道，本病临床症状为气喘和腹泻，多数病鸭流鼻涕、甩头、呼吸困难，张口呼吸或气喘。粪便稀薄呈灰白色或灰黄色。而法国弗尼尔报道，本病临床症状为角弓反张和腿麻痹等神经性症状。病后期，喙发紫，喘气频繁，最后衰竭而死。病程2～5天，少数可达1周以上。康复鸭呈现极度消瘦，营养不良和无毛，成为“僵鸭”。

(4)病变　剖检可见主要病变为胰脏坏死和充血，肝稍肿大，部分病例脾肿大、充血和出血。肠道呈卡他性炎症和肠黏膜有不同程度充血、出血，尤以十二指肠和直肠后段为甚。

(5)诊断　据流行病学调查，本病仅限于2～4周龄雏番鸭，其它年龄和其它禽类不发病，主要临床症状为腹泻、喘气、软脚，再结合剖检变化，做出初步诊断。要确诊，必须取病死番鸭的肝、脾、胰，进行实验室病毒分离、接种和鉴定。

(6)防治　各种抗生素和磺胺类药物对本病均无治疗效果。本病的特异性免疫有赖于被动免疫。对已感染发病的早中期雏番鸭,每雏皮下注射1 mL番鸭细小病毒血清。治愈率可达50%,对已感染发病的雏番鸭的同群雏鸭,每雏皮下注射抗血清0.5～0.8 mL,保护率可达80%～90%。对初出炕的雏番鸭,每雏注射0.3 mL抗血清,可预防本病感染,保护率达95%。也可采用免疫蛋黄或康复番鸭蛋黄制成的卵黄匀浆,进行治疗或紧急预防。应用鹅制或羊制的抗血清,用于本病的紧急预防和治疗,也具有较好的效果,但剂量需加大一倍。必要时,在第一次注射后10天左右再注射一次,尤其是做预防注射,可提高保护率。

应该指出的是,加强雏番鸭的饲养管理和饲养场、工具、种蛋等的消毒,才是防病的主要措施。

7. 番鸭白点病　是番鸭发生的一种以肝、脾出现大量白色坏死点为特征的疾病。其传播快,发病率及致死率均高。用各种抗菌药物及现有的各种高免血清(雏鸭病毒性肝炎高免血清、抗小鹅瘟高免血清和抗番鸭细小病毒高免血清)治疗无效。因本病的病理变化极具特征性,故本地俗称为"番鸭白点病"。

(1)流行病学　1998年冬本病先在个别养殖户发生。因肝脏具有白点状坏死并具心包炎、肝周炎变化,养殖户误以为巴氏杆菌病和浆膜炎,用各种化学药物及抗生素治疗无效。本病传播迅速,即有番鸭的地方就有本病的存在。因其有高发病率和高致死率,故极具危害性。迄今为止只发生于番鸭,尚未见有其它家禽发病。本病最早发生于10日龄,最晚2月龄。通常多见于10～25日龄(此时是死亡高峰),发病率可达100%;死亡率在50%左右,严重者可达90%以上。一年四季均可发生,而夏天潮湿季节多见,主要以消化道及接触性传染为主。

(2)临床症状及病理变化　症状:发病急。病鸭精神沉郁,羽毛松乱无光,乏力,软脚。呼吸急促,怕冷,扎堆,拉稀,最后衰竭死亡。病程为2～3天。

剖检病变:主要见肝脏散布有多量灰白色病灶。病灶由针尖大小到粟粒大小不等,尤以脾脏为甚。其实质切面均可见多量粟粒大灰白色结节,与正常组织分界明显。在肝脾表面往往会被覆有黄白色纤维性蛋白膜。肺充血,出血,有时也有灰白色结节。肾脏充血稍肿,肠道一般为卡他性炎症,有时某段也会发生肠壁增厚并有大量的白色坏死点。

组织学变化:取病鸭的心、肝、脾、胰、肠组织制成石蜡切片,H.E染色、镜检,心淤血,肝脏组织轻度淤血,肝细胞肿大,颗粒变性,组织内有局灶性淋巴样细胞浸润。脾脏小动脉管壁呈透明变性,白髓部分成空泡状,小肠绒毛排列紊乱。

(3)诊断

①病毒分离培养　鸭胚接种即无菌取病死鸭有典型病变的肝组织制成抗原,接种于13日龄番鸭胚和麻鸭胚。每种鸭胚各5枚,每胚0.2 mL,置38℃恒温培养、观察96 h后,攻毒胚全部被致死。死亡番鸭胚的病变主要表现为皮肤出血、水肿,尤以躯干为甚。血凝性测定试验证明该病毒不凝集鸡、番鸭、麻鸭和山羊红细胞。

②动物回归试验　用收获的鸭胚组织液攻击3日龄健康番鸭。156 h后全部致死,死亡率100%,其病理变化与自然病例完全一致。取病鸭肝组织液攻击健康番鸭或番鸭胚均能致死,病变与上相同。

③传染性试验　如以攻毒后番鸭(经严格消毒,橡皮胶封密封攻毒部位)与健康鸭同圈混养,定期施用抗菌药物以防其它细菌性疾病的发生,健康鸭则于140 h后发病,148 h死亡,病变典型。接触和消化道感染是本病传染的一条重要途径。

(4)防治　用自制的灭活疫苗,在雏鸭5日龄时每只肌肉注射0.5 mL。因本病发病日龄很早,所以应特别注意雏鸭早期的环境卫生，并防止在免疫时受污染使强毒在机体未产生足够抗体水平时感染发病。

特异性疗法：用当地分离毒制成的高免血清和高免卵黄抗体均有较好的治疗效果。此病易继发浆膜炎、大肠杆菌病，因此应用抗浆膜炎“白点病”二联高免血清，效果则更理想。如辅以适量抗菌药物治疗将更会起到事半功倍的作用。实践证明，抓住治疗时机很重要，治疗也应尽量做到“早、准、狠”。

8. 雏鸭甘保罗病(法式囊炎)

(1)临床症状　病鸭精神委靡不振，羽毛蓬松，食欲减少或废绝；大部分病鸭喜卧，两腿无力，走路摇摆；排浅白色或浅绿色含有气泡的水样稀粪，粪中混有白色尿酸盐，泄殖腔周围羽毛被粪便污染。

(2)剖检变化　法氏囊肿大 2～3 倍，表面暗紫色，切开后囊腔内有紫色糊状渗出物，皱皮黏膜暗红色，明显增厚，出血；胸肌、腿肌有明显的出血，呈斑点状或条纹状；病死鸭的肝表面呈土黄色或淡灰色，轻微肿大；肾有不同程度的肿大，输尿管内有白色尿酸盐沉积；肌胃和腺胃交界处有出血带，腺胃乳头肿胀；肠道黏膜有出血点，盲肠扁桃体肿大、出血。

(3)实验室检查　血清学检查：采集病鸭心血，分离血清与甘保罗病标准抗原做琼扩试验，结果为阳性；用病死鸭的法氏囊为病料制成组织与浆上清液，与该病标准阳性血清做琼扩试验，结果为阳性。

复制试验：取病死鸭法氏囊，称重后加等量生理盐水，剪碎研磨，取悬液(0.5 mL/羽)经滴鼻感染 20 日龄的雏鸭、仔鸡，感染 48 h 后，仔鸡出现症状，剖检见有甘保罗病的特征性病变，而雏鸭只出现一过渡性精神不振。

(4)防治　鸭发病后立即停止放牧，每只鸭肌肉注射鸡甘保罗病高免蛋黄抗体 1.0 mL 后，病情迅速得到缓解。同时对鸭舍、用具等进行消毒，注意鸭舍的温度和通风。

(二)细菌性疾病

1. 鸭霍乱　禽霍乱又称家禽出血性败血病。本病是由多杀性巴氏杆菌引起，也称巴氏杆菌病，是鸡、鸭、鹅和火鸡的一种接触性传染病。发生在鸭体上，主要临床特征为排绿稀粪，浆膜上有小出血点，肝脏上布满灰黄色点状坏死灶。此病发病急，死亡快。本病是危害养鸭业的一种严重传染病。

(1)病原　为多杀性巴氏杆菌(禽型)，革兰氏阴性，近似卵圆形的小杆菌，常单独存在，有的成对，也有的呈短链状或丝状。不形成芽孢，无鞭毛，不能运动。新分离出的菌体有荚膜，经人工培养后，荚膜消失。

本菌有 16 个血清型，其中 4 个血清型与禽霍乱有关。本菌对一般消毒药抵抗力不强，在 5%石灰乳、1%漂白粉、1%石炭酸、3%～5%煤酚皂溶液中，数分钟即可杀死；在 60℃时 10 min 即可灭活；在直射阳光下很快死亡，而在干燥空气中可存活 2～3 天；在血液、分泌物或排泄物中能存活 6～10 天；在腐败尸体中能存活 3 个月；埋在土壤中可生存 5 个月。

(2)流行病学　本病无明显季节性，在我国北方地区以春秋季多发，南方地区以秋冬季多发。气温较高，多雨湿潮，天气骤变，饲养管理不善等多种因素，都可促使本病发生和流行。

各种家禽和多种野鸟都能感染本病，尤以鸭、鹅、鸡最易感。各种日龄的鸭均可感染。但以 30 日龄以内的雏鸭发病率较高，死亡率也高，成年鸭发病较少。死亡率也较低。病鸭、带菌鸭以及其它病禽是本病的传染源，其它如往来人员、运输工具、野生动物和禽类也可能成为本病的传播媒介。本病一般通过消化道和呼吸道传播，呼吸道传染是经飞沫传染或尘埃传染，消化道传染是通过采食和饮水。

本病的流行特点是传播稍缓,且有间歇性。

(3)症状　据病程长短和严重程度,本病分为最急性、急性和慢性3种类型。

①最急性型　表现为鸭子突然死亡。有时前一天晚上还很好,第二天突然死亡;有的鸭子游泳或放牧途中,突然死亡。

②急性型　鸭群采食量减少,精神不振,产蛋量下降。病鸭步履蹒跚,不愿下水,羽毛松乱,不食,体温升高到42～44℃,嗉囊积食胀大;把鸭子倒提起时,口鼻流出酸臭液体,也有咳嗽、喘气、摇头症状,俗称“摇头瘟”;病鸭下痢,粪便呈灰白色、灰黄色或黄绿色;后期瘫痪,1～3天内死亡。

③慢性型　疫情后期,部分病鸭转为慢性,体质消瘦。下肢关节肿胀,跛行。病程较长时,肿胀关节硬化,继发感染化脓,若不及时治疗,可导致败血死亡。

(4)病变　最急性病例,体表检查可见眼结膜出血发绀,剖检可见浆膜点状出血,肝表面有细微的灰白色或灰黄色坏死病灶,这是典型病变。也有皮肤见出血点,心外膜和心冠脂肪有出血点,心包液增多,呈淡黄色透明状,也有的胆囊肿大,肠道黏膜呈现充血和出血性炎症,也有的肠段呈现卡他性炎症,肺有炎症、气肿和出血性病变。

慢性病例多呈关节炎型:关节肿胀,关节囊壁增厚,关节腔内有暗红色浑浊而黏稠液体,也有的关节腔内有干酪样物质。肝脏一般有脂肪变性,或有坏死灶。

(5)诊断　本病依据流行病学和临床剖检不难诊断。要确诊,还要进行细菌学的检验。

(6)防治

①接种疫苗　目前我国生产的禽霍乱疫苗有2种:一种是弱毒疫苗;另一种是油乳剂灭活菌苗,可定期进行接种。

②治疗　多采用肌肉注射和拌饵投喂双管齐下。用青霉素钠

盐 80 万 IU，用复方安基比林液稀释，每只鸭肌肉注射 1 万～2 万 IU，每天治疗 1 次，连续 2 天，同时每 50 kg 饲料加入土霉素 40～50 g 饲喂，连喂 5～7 天，或者在革兰氏阴性菌继发感染情况下，青霉素钠盐，每瓶 80 万 IU，链霉素 100 万 IU，溶于生理盐水中，给 40～80 只病鸭治疗，每只肌肉注射 0.5～1 mL 为宜，每天治疗 1 次，连续 2 天，同时喂服土霉素 5～7 天。

2. 鸭疫里墨氏杆菌病

(1) 疾病简史和分布　鸭疫里墨氏杆菌病（Riemerella Anatipestifer, RA）最早由 Riener 于 1904 年报道鹅群中发生此病。1932 年，Hendrickson 报道美国纽约长岛 3 个鸭场的北京鸭发生此病。1938 年，Graham 报道美国伊里诺州商品鸭场也发生此病。Dougherty(1955)根据本病的病变特征，将其命名为“传染性心膜炎”。Leibovitz(1972)发现一雏鸭群同时发生大肠杆菌和 RA 感染，二者所致病变极为相似，为了与引起类似病理变化的大肠杆菌及其它病原微生物感染相区别，将该病命名为“鸭综合征”。我国一些较早的文献资料中使用“鸭疫巴氏杆菌病”这一名称，我国于 1982 年首次报道了北京郊区 3 个商品鸭场发生该病，现习惯称为“传染性浆膜炎”。

(2)病原　RA 为革兰氏阴性、无鞭毛、不运动、不形成芽孢的有荚膜小杆菌。单个、成双或呈短链状排列，菌体形态除杆状外，部分呈椭圆形，偶见呈长丝状。细菌大小为(0.2～0.5) μm×(0.7～6.5) μm，呈丝状的菌体可长达 11～24 μm。瑞氏染色可见大多数菌体呈两极着染。栖菌在血液琼脂、巧克力琼脂、胰酶大豆琼脂、马西肉汤琼脂等固体培养基以及胰酶大豆肉汤、马西肉汤、胰蛋白肉汤以及胰蛋白葡萄糖硫胺素肉汤等液体培养基上生长，不能在普通琼脂和麦康凯琼脂上生长；需氧兼厌氧。在 5%～10% CO_2 环境中生长旺盛，初次分离时对 CO_2 依赖性强，因此，通常在 CO_2 培养箱或蜡烛缸内 37℃ 培养，48 h 后，菌落表面光滑、稍突起、圆形，直径 1～2 mm，奶油状，部分菌株呈黏性生长，菌苔黏稠。在血清琼脂培养基上也可生长，菌落半透明。在含血清肉汤培养基中，37℃培养数小时，培养基呈轻度浑浊，管底有少量灰白色沉淀物。

RA 对温度的抵抗力在不同菌株有差异，其中大多数菌株于37℃或室温条件下在固体培养基上存活不超过 3～4 天，55℃下不能生长，在营养肉汤中 4℃可存活 2～3 周（Bangun，1981），但Bendheim（1978）则报道本菌在肉汤中 5℃可存活 90 天。郭子强等报道本菌的巧克力琼脂培养物在 4℃可存活 10 天左右，Bendheim 还发现本菌于室温条件下在蒸馏水、去离子水和自来水（pH 值 7.5）中分别可存活 11，15，13 天，在垫料污染的自来水、潮湿的火鸡垫料以及潮湿的鸡热料中分能存活 20，27，39 天。

将本菌接种幼龄的鸭、鹅、火鸡和鸡等禽类均能致死，且复制出本病特征性的病理变化。经静脉、肌肉、腹腔、皮下、气管、眼内、鼻内、关节腔、眶下窦接种都能成功地复制出本病。RA 可致死脉鼠，但不致死家兔和小白鼠。

本菌对抗菌药物的敏感性在不同的国家以及同一国家不同的疫区、同一疫区不同的发生时间，报道均不一致。新加坡 1982－1988 年间的分离菌株对土霉素、青霉素、四环素敏感，而对多粘菌素、卡那霉素、链霉素、庆大霉素有抗性。汪铭书等（2002）对来自全国 28 个省（市、自治区）分离到血清 3，4，5 和 8 型的 RA 进行药敏实验发现，各地分离菌株耐药谱很广，但对头孢类药物（如头孢拉啶、头孢克洛等）和利福平却普遍高度敏感。

（3）流行病学　RA 可引起多种禽类发生败血性疾病。自然条件下最易感的是鸭，不同品种雏鸭均能自然感染发病，其次是火鸡和鹅，也可引起鹧鸪、野鸭、雉、天鹅、膜鸽和鸡感染发病。

1～8 周龄鸭高度易感，近年 RA 发病年龄有向幼龄化和大龄化方向发生的趋势，Chaudbury（1995）报道印度 400 只 1 日龄雏鸭暴发 RA。本病常由日龄较小的鸭群逐渐扩散到日龄较大的鸭群。一个鸭场一旦发病,其周围的鸭场也会相继发生该病,呈现典型的"疫点"流行特征,而且一旦发生很难根除,如果不改善饲养条件和环境卫生,就会引起不同批次的易感日龄的小鸭感染发病。RA 对不同禽类的致病性不同,目前危害最为严重的仍然是鸭,特别是集约化养殖的商品肉鸭,在我国较为潮湿的南方地区更为严重。由于受不同菌株毒力差异、其它病原微生物的继发或并发感染、环境条件的改变、饲养管理水平等应激因素的影响,本病所造成的发病率和死亡率相差也较大,发病率在 5%~100%,死亡率通常为 5%~70%或更高。新疫区的发病率和死亡率明显高于老疫区,日龄较小的鸭群发病及死亡率明显高于日龄较大的鸭群,1 日龄雏鸭死亡率可达 90%以上。

本病可通过污染的饲料、饮水、飞沫、尘土经呼吸道、消化道、刺破的足部皮肤的伤口、蚊子叮咬等多种途径传播,库蚊是 RA 的重要传播媒介。本病经蛋垂直传播的证据不足,有报道称某些鸭场从来没有本病的发生,而从疫区引进种蛋后,即开始出现本病的流行。鱼肉中可分离到鸭疫里墨氏杆菌。

该病潜伏期的长短与菌株的毒力、感染途径以及应激等因素有关。一般为 1~3 天或 1 周左右。本病一年四季均可发生,但以低温、阴雨、潮湿的季节以及冬季和春季较为多见。本病的发生、流行以及造成危害的严重程度与应激因素关系密切,感染而未受应激的鸭通常不表现临床症状或症状轻微。卫生及饲养管理条件较好的鸭场常表现为散发且多为慢性。气候寒冷、阴雨,饲养密度过高,鸭舍通风不良,垫料潮湿且未及时更换,场地潮湿、肮脏,从育雏室转移到育成舍饲养,从温度较高的鸭舍转移到温度较低的鸭舍,从舍内转移到舍外饲养或池塘内放养,饲料配比不当,缺乏维生素及微量元素,运输应激,其它病原微生物的感染或并发感染等因素均能诱导和加剧本病的发生和流行。

本病常与大肠杆菌病、沙门氏菌病并发或继发感染，大肠杆菌病与RA所致病变也很相似，一些血清型沙门氏菌感染也能引起与RA很相似的病变。生产实践中应用大肠杆菌与RA二联灭活苗比单独使用RA灭活苗更能明显地降低死亡率。

(4)症状　各种易感禽类感染RA后表现的临床症状基本相似。病程一般可分为最急性、急性、亚急性和慢性。新鸭场以及幼鸭饲料未添加抗生素的鸭场发生本病以急性病例占多数，老疫区以及幼鸭饲料添加抗菌素的鸭场则以亚急性和慢性为主。

最急性型病例出现于鸭群刚开始发病时，通常看不到任何明显症状即突然死亡。

急性病例多见于2～3周龄的幼鸭，病程一般为1～3天。其临床症状主要表现为精神沉郁、厌食、离群、不愿走动或行动迟缓，甚至伏卧不起、垂翅、衰弱、昏睡、咳嗽、打喷嚏，眼鼻分泌物增多，眼有浆液性、黏液性或脓性分泌物，常使眼眶周围的羽毛粘连，甚至脱落，鼻内流出浆液性或黏液性分泌物，分泌物凝结后堵塞鼻孔，使患鸭表现呼吸困难，少数病例可见鼻窦明显扩张，部分患鸭缩颈或以嘴抵地，濒死期神经症状明显，如头颈振颤、摇头或点头，呈角弓反张，尾部摇摆，抽搐而死。也有部分患鸭临死前表现阵发性痉挛。

亚急性或慢性病例多见于4～7周龄幼鸭，病程可达7～10天或更长时间。临床症状主要表现为精神沉郁、厌食、腿软弱无力、不愿走动、伏卧或呈犬坐姿势，共济失调、痉挛性点头或头左右摇摆，难以维持躯体平衡，部分病例头颈歪斜，当遇到惊扰时，呈转圈运动或倒退，有些患鸭跛行。病程稍长、发病后未死的鸭往往发育不良，生长迟缓，平均体重比正常鸭低1～1.5 kg，甚至不到正常鸭的一半。

(5)诊断

①现场诊断　本病现场诊断的主要依据是流行病学特征(如

自然条件下发生于雏鸭、雏鹅等)、典型临床症状(如神经症状、眼鼻流泪等)和典型大体解剖病变(如心包、肝和气囊纤维素性渗出物形成的膜)做出初步诊断。

②实验室诊断

a. 细菌学检查　取病料进行病原的分离培养,观察其培养特性。急性期且未使用过抗生素的病例或死亡病例适宜进行细菌的分离培养。其中脑和心血中最易分离出病原菌。选择纯培养物鉴定其主要生化特性是否与 RA 相符合。

应用标准的分型抗血清,可进行玻板或试管凝集试验以及琼脂扩散试验鉴定血清型。

b. 凝集试验　有玻板凝集试验和试管凝集试验,均按常规方法进行。其中玻板凝集试验适用于病原的快速鉴定,试管凝集试验适用于病原的准确鉴定和抗体滴度的检测及血清流行病学调查。

c. 琼脂扩散试验　按常规方法进行。适用于病原的准确鉴定和抗体滴度的检测及血清流行病学调查。

d. 间接酶联免疫吸附试验(ELISA)检测 RA 抗体　方鹏飞、胡清海、张鹤晓等在我国成功建立了间接 ELISA 用于检测 RA 抗体,该法的灵敏度是微量凝集试验的 50～100 倍;应用建立的标准曲线或回归方程对血清样品检测一个稀释度即可获得血清样品的 ELISA 滴度,适于作为 RA 感染的血清流行病学调查和 RA 疫苗免疫效果的评价。

e. 荧光抗体技术检测 RA　郭玉璞等建立的荧光抗体技术检测 RA 的方法直观,敏感性高,可以用于病料中病原菌的检测和鉴定。

(6)控制

①加强饲养管理,切实落实兽医卫生安全措施　只要饲养管理正确,兽医卫生安全措施得到切实落实的鸭场,RA 的发病率就

会很低或者不发生。平时应该非常注意以下几个方面：注意减少各种应激因素，由于该病的发生和流行与应激因素密切相关，因此在将雏鸭转舍、舍内迁至舍外以及下塘饲养时，应特别注意气候和温度的变化，减少运输和驱赶等应激因素对鸭群的影响；应注意环境卫生，及时清除粪便，鸭群的饲养密度不能过高，注意鸭舍的通风及温湿度；对鸭舍、场地及各种用具定期进行彻底、严格的清洗和消毒；如果气候突变或有其它较强烈的应激因素存在，可在饲料或饮水中适量添加敏感的抗菌药物。

②免疫接种　疫苗的预防接种是预防 RA 的有效措施，但由于本菌血清型多，各血清型之间缺乏交叉免疫保护，因此在应用疫苗时，要经常分离鉴定各地流行菌株的血清型，选用同型菌株的疫苗，以确保免疫效果。

目前在我国使用最为广泛的是 RA 蜂胶复合佐剂多价灭活苗和 RA 油佐剂多价灭活苗，根据当地发病日龄的早晚，于 1～7 日龄进行一次免疫，在流行严重地区可以考虑 1～2 周后进行一次加强免疫。RA 蜂胶复合佐剂多价灭活苗产生免疫效力时间短(5～7 天)以及在注射部位吸收快和不留疤痕，从而不影响肉的品质，适合于发病日龄较早地区和紧急预防接种，以及对屠宰要求较高的商品肉鸭；RA 油佐剂多价灭活苗能够产生更高的抗体水平，但需要在接种 13～15 天才能产生有效免疫保护，且在接种部位出现硬结，影响肉的品质，适合于发病日龄较晚、流行更为严重地区以及对屠宰无较高要求的商品肉鸭及种鸭。7 日龄以内的雏鸭，RA 灭活苗免疫的日龄越小，免疫效力越差。有鉴于此，建议种鸭在开产前进行一次灭活苗免疫，为下一代雏鸭提供一定程度保护，待雏鸭免疫器官得到一定程度发育后于 7～10 日龄进行灭活苗免疫，往往可以获得比在更小日龄鸭进行免疫更好的免疫效果。

③治疗　药物治疗 RA 应该建立在药物敏感试验的基础上，不能滥用和乱用。应用敏感的药物治疗 RA，虽然可以明显地降

低发病率和死亡率，但由于鸭舍、场地、池塘以及用具等受到污染，当下一批幼鸭进入易感日龄后，又会出现该病的暴发。如果每批鸭都采用药物进行治疗或预防，一方面会增加生产成本，另一方面会导致菌株产生耐药性而且会带来公共卫生安全问题，所以应该坚决放弃使用药物进行治疗该病的不正确做法。

最急性和急性病例早在治疗之前已出现一定程度的死亡鸭群，对那些症状和病变严重的病鸭，即使使用敏感药物，疗效也并不理想。有效地控制该病的流行关键在于预防，包括环境生物安全措施和疫苗预防。

3. 鸭副伤寒病　鸭副伤寒病是由沙门氏菌引起的一种急性或慢性传染病，以下痢和内脏器官的灶性坏死为特征。

(1)病原　病原为沙门氏杆菌属的多种细菌，有 6 或 7 种，最主要的是鼠伤寒沙门氏菌。革兰氏阴性菌，无芽孢，有鞭毛，能运动，能在多种培养基生长。其抵抗力不强，60℃ 5 min 死亡，一般消毒药很快杀死。病菌在土壤、粪便和水中生存时间很长。

(2)流行病学　本病在雉科禽类、游禽类、鸣禽类以及属于不同科属的禽类均可感染，并能相互传染。雏鸭尤其易感，常呈暴发流行。3 月龄以上鸭很少发生。

鼠类和苍蝇是副伤寒菌的主要带菌者，在马、牛、羊、猪、狗、猫等家畜体内及皮毛兽、肉食兽等都可能是带菌者。其传播方式主要是通过消化道传染，也可以通过种蛋传染。

(3)症状　本病潜伏期一般为 10～20 h，少数潜伏期长。其症状分急性、慢性和隐性 3 种类型。

①急性　常发生在 3 周龄以内的雏鸭。感染的雏鸭精神委靡，不思饮食，两翅下垂，缩颈呆立，不愿活动，两眼流泪或有黏性分泌物。常见下痢、颤抖和共济失调，最后常因抽搐、角弓反张而死，病程一般 1～5 天。

②慢性　常发生在 1 月龄左右的雏鸭和中鸭中，表现为精神

不振，食欲降低，粪便软稀，严重时下痢带血，逐渐消瘦，羽毛松乱，也有喘气、关节肿胀、跛行等症状。通常死亡率不高，只有在其它细菌继发感染情况下，才呈现较高死亡率。

③隐性　不表现临床症状，但其粪便中带菌，能导致本病流行。常见成鸭。

(4)病变　刚出壳不久而死亡的雏鸭，大都是卵黄吸收不全，脐部发炎。肠黏膜呈现卡他性或出血性炎症，肝脏稍肿瘀血。较大些的病鸭，肝肿大，古铜色，表面常有灰白色坏死点，盲肠内有干酪样物质形成的栓子，直肠扩张增大，充满秘结的内容物。心包炎和心肌炎。肾脏苍白。气囊膜浑浊不透明，常附有黄色纤维素性渗出物。

(5)诊断　本病主要靠实验室诊断，分离和鉴定病原菌。

(6)防治

①预防　防止种蛋污染，保持产蛋箱清洁卫生，经常更换垫料，种蛋及时分类、消毒、入库；各种工具、设备定期消毒，注意灭鼠灭蚊蝇。饲料、饮水要消毒，防止雏鸭感染；加强饲养管理，防寒、防暑、防潮、通风，常换垫草。

②治疗　用土霉素拌料，治疗 3 天即可痊愈。

4. 鸭大肠杆菌病　鸭大肠杆菌病是一种急性败血性传染病，其临床症状多种多样。通常为亚急性的心包炎和气囊炎，也可表现为致死性的败血症和慢性肿瘤样的大肠杆菌肉芽肿等症状。

(1)病原　病原是大肠杆菌，革兰氏阴性，不形成芽孢和荚膜，有鞭毛，能运动。它有许多血清型，大多数不致病，能致病的有 O_{78}，O_2，O_{118}，O_{119}，O_{73} 和 O_{11} 等。这些血清型在特殊培养基上生长时能被刚果红着色，这一特点可用于致病性大肠杆菌的鉴定。

大肠杆菌对理化因素很敏感，55℃ 1 h 或 60℃ 20 min 即可杀死，在室温中可生存 1～2 个月，在土壤和水中可达数月之久。对氯敏感，每升水中含有 0.2 mg 游离氯即能杀死本菌，一般消毒药的常用浓度，也可在 5 min 内将其杀死。

(2)流行病学　大肠杆菌在自然界广泛分布，各种日龄鸭均易感染，但以雏鸭最易感。发病的鸭场往往是卫生条件差、潮湿阴霉、不通风。发病季节多为秋末、春初，其它季节也有零星感染。

本病传染源主要是病禽和带菌的禽类，通过呼吸道和消化道进入体内，也可通过皮肤伤口感染。鸭舍内吸血昆虫和体表寄生虫都有可能是发病的重要因素。种蛋被大肠杆菌污染，会直接影响孵化出雏率，也会引起雏鸭的大肠杆菌病。

(3)症状　新出壳的雏鸭患病后，体质软弱，合眼缩颈，腹围较大，常有下痢，多因败血症死亡。较大些的雏鸭，则呈现精神不振，无食欲，呆立缩颈嗜睡，两眼和鼻孔有黏稠分泌物，排灰绿色稀粪，喘气、体弱，常因败血脱水而死。患病成鸭，表现喜卧，不愿活动，站立时，可见腹部膨大下垂，呈企鹅状，手触有液体波动感，穿刺有腹水流出。

(4)病变　鸭大肠杆菌病主要以败血症的病理变化为主要特征。肝肿大，呈青铜色或胆汁状的铜绿色。脾肿大，呈紫黑色斑纹状。卵巢出血，肺有瘀血或水肿。全身浆膜呈急性渗出性炎症，心包膜、肝被膜和气囊壁表面附有黄白色纤维素性渗出物。腹腔有渗水性炎症，腹水为淡黄色，肠道黏膜呈卡他性或坏死性炎症，

(5)诊断　本病临床症状与鸭疫巴氏杆菌病很难区别，必须进行病原菌的分离和鉴定，才能确诊。

据美国有关资料报道，鸭大肠杆菌病，以胆、心血和胆囊为病料检出率最高，其次是肝脏和脾脏。

雏鸭可从心血、卵黄囊和脐炎病变处取样分离大肠杆菌，成鸭宜从心血和腹膜炎渗出物中分离。分离出细菌后，给敏感鸭接种，引起发病和典型的病理变化，即可确诊。

(6)防治

①预防　加强饲养管理，严格防疫卫生管理制度。注重工具

设备消毒，定期带禽鸭舍消毒，饮水、饲料定期添加抗生素，引种蛋或鸭苗要从无疫区引进，尽力防止寄生虫病发生。

②接种菌苗　美国曾用致病大肠杆菌 O_{78} 菌苗，制成灭活疫苗，并与鸭疫巴氏杆菌苗制成联苗，在鸭场应用，效果显著。

我国选用常见的大肠杆菌血清型菌株，制成多价大肠杆菌灭活苗，经鸭场试用，效果也不错。

③治疗　抗生素对本病有疗效。由于一般肠道内细菌易产生抗药性，因此需做药敏试验，选用敏感药物。如用氟哌酸按 0.01％拌料饲喂，连喂 3 天。

5. 鸭葡萄球菌病　鸭葡萄球菌病是一种由金黄葡萄球菌引起的传染病，近几年常有报道。

(1)病原　病原为金黄色葡萄球菌，革兰氏阳性，菌体成对排列或呈葡萄样集聚在一起，无鞭毛，不产生芽孢，能产生多种毒素和酶，有较强致病力。

本菌对外界环境抵抗力相当强。在干燥环境中可存活数周，60℃ 30 min 才能杀死。对石炭酸和盐类有较强抵抗力。对各种药物，尤其是抗生素类药物，易产生耐药性。

(2)流行病学　葡萄球菌广泛分布于自然界，经常存在于禽类体表皮肤羽绒上，能引起多种禽类感染，尤其是鸭、鹅，其次是鸡和火鸡。鸭皮肤外伤和黏膜损伤，是本病发生的主要因素。种蛋和孵化器被污染，会造成胚胎早期死亡，孵出的雏鸭易死亡，也容易患脐炎。

(3)症状　本病可分为脐炎型、皮肤型、关节炎型和内脏型 4 种。

脐炎型：常发生于 7 日龄以内的雏鸭，表现为体质瘦弱，缩颈合眼，不思饮食，卵黄吸收不良，腹部膨大，脐部肿胀发炎，常因败血而死亡。

皮肤型：常发生于 3～10 周龄的雏鸭，多因皮肤外伤引起感染，表现局灶坏死性炎症或腹部皮下炎性肿胀，皮肤呈蓝紫色，触诊皮下有液体波动感。病程稍长，皮下化脓坏死，引起全身性感染，食欲废绝，最后因体质衰竭而死。

关节炎型：常发生于中鸭和成鸭，趾关节和跗关节肿胀，跛行。病程较长。

内脏型：常发生于成鸭，表现食欲减退，精神委靡，有的腹部下垂，俗称"水裆"。

（4）病变　脐炎型，脐部常有坏死性病变，卵黄稀薄如水；皮肤型，皮下有出血性胶样浸润，液体呈黄棕色或棕褐色，也有坏死性病变；关节炎型，关节肿胀，关节内有浆液性或纤维素性渗出物，病程稍长，渗出物呈干酪样；内脏型，肝肿大和充血，淡黄绿色，滑膜增厚和水肿。显微镜下观察肝细胞坏死，血管周围单核细胞和异染性白细胞浸润，心外膜有小出血点，泄殖腔黏膜有时有坏死性溃疡灶，腹膜发炎，腹腔内有腹水和纤维素性渗出物。

（5）诊断　据流行病学、临床症状和剖检病变可初步诊断，还可取病鸭心血、肝、脾或关节囊为病料，分离出金黄色葡萄球菌确诊。

（6）防治

①预防　据综合预防措施，加强卫生管理即可。

②治疗　许多分离菌对一种或多种抗生素有抵抗力，最好在疾病早期就做药敏试验，选择敏感药物，有针对性地进行治疗。若无条件做药敏试验，可选用庆大霉素、卡那霉素进行治疗。庆大霉素每只雏鸭用 2 000～4 000 IU，每日注射 1 次，连用 2～3 天；卡那霉素每只雏鸭用 5 000～8 000 IU，每日注射 1 次，连用2～3 天。

6. 鸭链球菌病　鸭链球菌病是一种急性败血性传染病，主要感染雏鸭，成鸭较少感染。

（1）病原　本病病原是兽疫链球菌，革兰氏阳性菌，有荚膜，在血液琼脂平板上生长良好，菌落无色透明，露珠状，产生明显的 β

溶血。

本菌具有很强的致病力，不能在 pH 值 9.6 以上的环境中生长，也不能在 6.5%的氯化钠中生长。对青霉素最敏感，其次是新霉素和痢特灵，对一般消毒药也都敏感。

(2)流行病学　各日龄鸭均易感，发病率和死亡率一般较低。常见于潮湿脏乱、空气污浊、卫生条件差的鸭舍中。中雏和成鸭可经皮肤外伤感染，雏鸭多经脐带感染或蛋媒感染。本病无明显季节性，多见于舍饲期的鸭。

(3)症状　不同日龄临床表现不同。

雏鸭：精神沉郁，羽毛松乱，呆立不动，腹部膨大，脐部发炎，部分出现神经症状，痉挛，转圈，常因脱水或败血死亡。

中雏：多发生于 10～30 日龄雏鸭，常呈急性败血症。精神不振，步履蹒跚，体温高，腹泻，食欲废绝，最后全身痉挛而死。

成鸭：呈关节炎型，趾关节和跗关节肿胀，跛行，腹部膨大下垂，在无其它临床症状情况下，突然死亡。

(4)病变　主要病变特征是肝脏肿大，被膜下有局限性密集的小出血点，脾脏肿大，呈紫黑色，有时出现坏死灶。肺瘀血，有时水肿。病雏鸭可见卵黄吸收不全，脐发炎肿胀。中雏肝脏浊肿，质地较软，呈淡绿色，被膜下有密集的小出血点，心包炎。成鸭与中雏病变相似，常有腹膜炎病变，腹腔内积有炎性分泌物。

(5)诊断　本病临床症状和病理变化与大肠杆菌病、沙门氏杆菌病、葡萄球菌病、鸭疫巴氏杆菌病极相似。因此，诊断主要靠细菌学检查。血液、肝、脾和其它病变中很容易分离到链球菌。

(6)防治　按一般卫生措施预防。治疗本病，首选药物是青霉素，其次是庆大霉素和新霉素。长效青霉素，每千克体重肌肉注射 5 万 IU，加普通粉剂 2 万～5 万 IU，连续 3 天。青霉素与氨基糖苷类抗生素(如庆大霉素)合用，效果最好。

7. 鸭关节炎综合症　鸭关节炎综合症，是由多种细菌引起的一种传染病,主要症状为关节肿胀,跛行,逐渐消瘦。

本病最早发现于丹麦。1979 年在我国北京某鸭场发现此病,此后也常有散发病例的报道。

(1)病原　本病病原为多种细菌,现已分离出的有鼠伤寒沙门氏杆菌和肠炎沙门氏杆菌的变种、金黄色葡萄球菌、大肠杆菌、链球菌、假单胞菌。在不同国家和地区,主要病原体也不同。

(2)流行病学　本病在一般禽类均有发生。这些病原菌广泛分布于自然界,卫生条件较差的鸭舍均有可能感染本病。病鸭和带菌鸭是主要传染源,传播途径是空气和饮食,常通过消化道和皮肤外伤而感染。

本病无明显季节性。雏鸭发生较少,育成鸭、种鸭和填鸭发生较多。

(3)症状　病鸭以关节炎性肿胀和功能障碍为主要症状。以跗关节发病率最高,其次是膝关节、髓关节和趾关节,翅关节发生最少。发病关节肿胀,呈红紫色,触诊有热感,病初局部较软,后逐渐变硬,不能屈伸,表现严重跛行或不能行走。采食量减少,逐渐消瘦,甚至引起死亡。

(4)病变　剖检发病关节,可见肿胀的关节囊内积有大量炎性渗出物,色浑浊,内有纤维素性物质,有时混有血液。病程较长时,呈渗出性坏死性病变,积蓄物为灰黄色干酪样。有些病鸭的腱鞘发炎肿胀,有炎性渗出物。

(5)诊断　可据临床症状和病理变化初步诊断。进一步确诊和方便治疗,要从肿胀的关节囊炎性渗出物中提取分离细菌。

(6)防治　预防本病要抓好鸭舍卫生管理,勤通风,勤换垫料,工具、设备、人员常消毒,种蛋及孵化设备要清洁消毒,不外借,饲料要保存良好,定期进行带禽鸭舍喷雾消毒等。清除鸭舍及活动场所的尖锐物,避免鸭体受伤。

发现病鸭要及时隔离,重病号早淘汰,轻病例可用氟派酸、土霉素、卡那霉素等广谱抗生素拌料内服，连用 5～7 天，都有较好疗效。

8. 鸭结核病　鸭结核病是由禽结核杆菌引起的一种慢性病，主要发生于种鸭。本病国内外均有报道，危害程度不同。在饲养蛋鸭为主的地区，日龄较长，易发此病，在饲养填鸭为主的地区，日龄较短，不常见此病。

(1)病原　本病病原是禽结核杆菌，其最大特点是抗酸染色性。它具有多形性，有时短杆状，有时球形，有时长杆形。无鞭毛，无芽孢，无荚膜。对外界环境抵抗力与其它型结核杆菌相仿，65℃湿热中 15 min 被杀死，85℃ 2 min 即可杀死，100℃ 1 min 即可杀死。在阳光下可存活 18～31 天，5 cm 深土壤中可存活 2 年，鸭舍中可存活 4 年。其表面含有一层类脂的蜡膜。能溶解这层蜡膜的消毒药，杀菌效果最好。

禽结核杆菌主要侵害禽类，鸭最敏感。分为 2 个血清型，即 I 型和 R 型，R 型可分为 2 个亚型。

(2)流行病学　所有的鸟类都可感染禽结核杆菌，家禽比野禽更易感发病，可造成一定的经济损失。

病禽是本病的传染源，结核杆菌大量汇集在病禽的粪便中，易感禽很容易经口进入消化道，或经鼻吸入污染的空气感染。

(3)症状　本病潜伏期很长，在 2 个月以上。一般无特征性症状，病程长时，由于结核病变严重，会出现体质消瘦、贫血、不愿下水游动等症状，产蛋率下降或停产。病鸭的种蛋孵化率和出雏率均会下降。

(4)病变　本病主要病理变化是肝或脾有结核结节。剖检可见病死禽内脏器官出现黄灰色干酪样结节。结核结节容易切开，无钙化，有纤维素性包囊，上附黄色坏死性碎片。尤其是肝脏中，结节数量有时可达数百个。其它器官如脾、肺、肠道也有发生，骨骼和骨髓有时也有，还有心包炎和气囊炎。

(5)诊断　本病多发生于成年鸭或老年鸭。死后剖检有典型结核病灶,病灶涂片可见有抗酸染色性的结核杆菌,易于诊断。

(6)防治　本病无治疗价值。要控制本病,就必须将病群全部清除,控制鼠类,以及引进新禽前对鸭舍和工具设备严格消毒,根据日龄分舍饲养,并与其它畜禽分开。饲养管理期间,严格遵循卫生管理制度。

9. 鸭伪结核病　禽伪结核病是家禽和野禽共感的一种接触性传染病,以发生与结核结节类似的干酪样结节为特征,故称“伪结核病”。

(1)病原　本病病原为伪结核耶森氏菌,革兰氏阴性,为球形至杆状的多形性杆菌,无荚膜,无芽孢,有鞭毛。

本菌对寒冷抵抗力强,对热敏感。可在 18～20℃水中繁殖,60℃ 40 min 可被杀死。对磺胺-5-甲氧嘧啶、庆大霉素和卡那霉素敏感,对四环素和土霉素中度敏感,一般消毒药即可杀死。

(2)流行病学　火鸡、鸡、鸭、鹅、雉、鹧鸪、野鸽、金丝雀等都曾发生本病,许多哺乳动物也能发病。如豚鼠、小白鼠、家兔和猴等。本病主要通过被病禽或病畜粪便污染的土壤、水、饲料传播。皮肤创伤也可感染。

(3)症状　临床症状变化相当大,最急性时可能不见症状突然死亡。病程 2～3 天的病例,表现为突然下痢,并出现急性败血症。病程稍长时表现为精神委靡、呼吸困难、消瘦、虚弱、麻痹。

(4)病变　最急性病变为脾脏肿大和肠炎。较慢性的病例,肝、脾、肺肿大,在肝、脾、肺和胸肌中有粟粒大黄白色病灶。通常有严重的肠炎,有的是出血性的。

(5)诊断　根据其临床症状和病理变化初步诊断,要与鸭霍乱和鸭结核病相区别。要确诊需进行细菌分离和鉴定。急性病例可采血涂片染色镜检,慢性可采取病变组织,进行细菌学诊断。

(6)防治　本病可采取一般常规防疫消毒措施预防。发病后采取隔离、消毒和淘汰病禽的措施。治疗，一般认为硫酸链霉素(0.5 mg/L)连饮2天后，再改用四环素(0.5 mg/L)饮水，可减少死亡损失；或者用磺胺-5-甲氧嘧啶粉剂按0.05%～0.2%混料饲喂，连喂3～5天；或者用10 mL含药量40 mg的庆大霉素注射液，供20只以内病鸭注射，连用2～3天。

对慢性病例无治疗价值，应淘汰。

10. **鸭丹毒**　鸭丹毒是由丹毒杆菌引起的一种急性败血性传染病。

(1)病原　本病病原是丹毒杆菌，又称红斑丹毒丝菌，革兰氏阳性菌，但多次人工培养后可能变为阴性。无鞭毛，无芽孢，无荚膜，在各种培养基上均能生长。对各种环境有很强的抵抗力。一般消毒药能杀灭本菌，0.1%的汞、0.05%的氢氧化钠溶液能很快杀灭，但本菌对福尔马林有抵抗力。

(2)流行病学　本病以鸽、火鸡和鸭最易感，鸡一般仅为散发。另外哺乳动物中的牛、羊、猪以及各种鱼类也可感染。

本病在鸭中发生首先发现于美国伊利诺斯州，后来新泽西州、弗吉尼亚州和纽约州的长岛等均有发生，欧洲也有本病的报道，我国尚未见报道。

(3)症状　本病常呈急性败血症经过，在无明显临床症状情况下突然死亡，发病率一般为30%，死亡率一般为10%～20%。未死者可转化为慢性，表现关节炎和生长发育不良。

(4)病变　心外膜下有小点状出血，特别是在冠状沟和纵沟部较为多见。肝脏肿大，色黄，质脆，呈斑驳状，偶有针尖大小的米黄色病灶。脾脏肿大，质脆，黑紫色。有慢性病例呈关节肿大，关节囊有纤维素性渗出物。有的病例出现纤维素性气囊炎，附有分泌物，肺和小肠均有充血性病变。

(5)诊断　症状和病变为败血症表现，与鸭霍乱相似，没有特征性，必须进行细菌分离与鉴定，才能确诊。

(6)防治　预防要加强卫生消毒防疫措施,用具设备以1%～2%氢氧化钠消毒最好,也可用碘制剂及含氯消毒药。治疗首选药物是青霉素。

11. 鸭坏死性肠炎　鸭坏死性肠炎,俗称“烂肠病”,是发生在种鸭的一种传染病。最早发生于美国纽约的长岛地区。

(1)病原　本病病原尚未确定。美国曾从病死鸭小肠内,分离出类似巴氏杆菌的球杆菌,还从小肠内容物中分离到多种血清型的埃希氏大肠杆菌和大量活的具有鞭毛的原虫。此外,还有埃氏三鞭毛滴虫、鸭毛滴虫、六鞭滴虫等。这些微生物和原虫,在正常鸭的肠道也有,是否是本病的致病因素,尚缺乏足够证据。但有的学者报道,鸭的鞭毛虫能导致肠炎;也有学者认为鸭毛滴虫是不致病的。近来,美国长岛鸭病研究室常从患有坏死性肠炎的病死鸭中分离出魏氏梭菌,这与鸡坏死性肠炎的致病菌相吻合,但致病性尚有待研究。至今尚未有从病死鸭体内分离出病毒的报道。

(2)流行病学　本病主要发生于种鸭,雏鸭少见。一年四季均可发生,但以晚秋和冬季多发。在鸭的品种中,以北京鸭多发,其它如黑鸭、野鸭、家鹅、加拿大鹅也有发生,饲养管理条件不良,是本病发生的主要因素。

(3)症状　病鸭临床特征是体质衰弱,食欲降低,不能站立,成为公鸭踏啄伤害的对象,头背部羽毛脱落。蛋鸭产蛋量下降。常突然死亡,一般死亡率为1%左右,有时高达40%。

(4)病变　主要病理变化是坏死性肠炎。肠管肿胀,色泽消退,部分肠管呈暗红色,空肠和回肠相连部分高度膨胀,苍白,易破碎。肠内有大量液体,常混有血液,有些病例为黄色颗粒样碎块,病程稍长者,肠黏膜呈黄白色坏死性病变,坏死组织紧贴于肠壁,以回肠段最严重。母鸭输卵管内有干酪样物质堆积。

(5)诊断　根据流行病学、临床症状和病理变化初步诊断。目前尚难进行病原性确诊,但应注意与沙门氏杆菌、鸭霍乱、鸭球虫病和鸭瘟等鉴别。

(6)防治 预防工作上，要加强鸭群饲养管理，改善环境卫生，注意水源是否污染等。治疗方面，可优先选择新霉素和红霉素。按 100 kg 饲料加入 20～30 g 比例饲喂，连用 7 天。其次可选青霉素和链霉素，对严重病鸭，每只肌肉注射青霉素 10 万～15 万 IU，链霉素 15 万～20 万 IU，每天 1 次，连用 2 天。

12. 肉毒中毒症 肉毒中毒症是由肉毒梭菌的毒素引起的疾病，又称软颈病、延脑性麻痹、西部鸭病、碱病。

(1)病原 本病病原是 C 型肉毒梭菌，是一种腐生性的革兰氏阳性菌。细菌本身并不致病，但能产生神经性毒素，引起鸭中毒。这种毒素是迄今所知的几种毒性最强的毒素之一。肉毒毒素比较耐热，80℃ 6 min 才能破坏，在液体中 100℃ 15～20 min、固体中2 h 才能被破坏。该毒素对胃酸、胃蛋白酶和胰蛋白酶有较强抵抗力，24 h 内不能被破坏。

(2)流行病学 本病主要发生在碱性浅滩水域地区。主要发病季节是夏季，天气干旱少雨，湖泊水浅，常有一些腐败的鱼类和小动物尸体，尸体中含有大量肉毒梭菌、绿脓杆菌等，一旦被健康鸭吞食后，就会引起中毒。其它如被肉毒梭菌污染的饲料，也可引起中毒。

(3)症状 鸭子中毒分急性和慢性 2 种。急性中毒症状表现为全身性痉挛、抽搐而死。慢性症状突出特征是全身性麻痹，头下垂，软弱无力，体质衰弱，精神迟钝，羽毛逆立，游泳困难，两翅下垂，食欲废绝，1～3 天后死亡。有些中毒轻微的可康复。

(4)病变 剖检后，除肠道前段空虚无物外，无肉眼可观察到的组织学病变。

(5)诊断 据麻痹症状和吃入腐败食物等做出诊断，没有特征病变。确诊时，必须进行实验室诊断。测定肉毒毒素，或用抗毒素治疗有效则可以进一步证明。

(6)防治　不吃腐败饲料，放牧水边的腐败鱼虾及其它动物尸体要及时处理掉。一旦鸭群中毒，有条件的可用肉毒梭菌抗毒素治疗，每只鸭注射 2～4 mL。初期可使用泻剂，硫酸镁 2～3 g，加水溶解后灌服，加速毒素排泄。口服四环素、青霉素等抗生素，也可抑制肠道内的肉毒梭菌产生毒素。

13. 鸭衣原体病　鸭衣原体病是由鹦鹉衣原体引起的禽类、哺乳动物和人共患的一种全身性接触传染性疾病。由于最早人类发现本病是由鹦鹉传染的，故称鹦鹉热、鹦鹉病，以后发现其它禽类也可感染，故又称鸟疫。

(1)病原　本病的病原是一种专一性细胞内寄生物——鹦鹉衣原体，属裂殖菌纲、衣原体目、衣原体科。它们介于病毒和立克次氏体之间，多年来常被称为"大病毒"。但是，有关形态学、增殖方式、化学和新陈代谢的大量研究都充分证明了它们的非病毒性质。

鸭衣原体对低温的抵抗力较强，在禽类的干燥粪便和垫草中，可存活数月。它对酸碱类的消毒药的敏感性较低，5%碘酊、70%酒精和 3%氢氧化钠溶液，在几分钟内即可破坏其感染性。易被季胺盐类消毒剂如新洁尔灭、消毒净等灭活。抗菌药物中，对金霉素、四环素较敏感。

(2)流行病学　各种家禽和多种野禽对衣原体都有易感性。鸭衣原体在禽类衣原体中，毒力较低。因此，很少导致鸭衣原体病的暴发和流行，一般呈隐性感染。但 20 世纪 50 年代，捷克斯洛伐克曾严重流行，造成较高的死亡率。一般在饲养密度过大，鸭舍通风不良，营养不良等因素下，在有沙门氏杆菌、大肠杆菌、鸭疫巴氏杆菌等并发症情况下，容易造成本病的暴发和流行。

不同日龄的鸭，易感性也不同，幼龄鸭较成年鸭易感，其它鸟类也易感，成为带菌者。其分泌物和排泄物带菌，污染环境后，经消化道和呼吸道，也可经蛋传播或经皮肤伤口感染。

(3)症状 急性幼年病鸭发生颤抖。步履蹒跚和恶病质;食欲丧失并腹泻;排泄物呈绿色水样。在眼和鼻孔周围具有浆液性或脓性分泌物。这种分泌物在眼周围的羽毛内结痂。当疾病发生时,病鸭明显消瘦,肌肉萎缩,呈恶病质状态,终因体质衰竭,痉挛而死。发病率为10%~80%,死亡率为0%~30%,决定于其感染时的年龄(幼年鸭更易感)以及是否有并发症。

(4)病变 肉眼可见病鸭流泪、发生结膜炎和鼻炎,有时发生全眼炎、眼球萎缩和眶下窦炎症。剖检可见胸肌萎缩和全身性多浆膜炎。常有浆液性或浆液纤维素性的心包炎、肝肿大、肝周炎和脾肿大。肝和脾上有时有灰色或黄色坏死灶。

(5)诊断 其临床症状和病变与鸭传染性浆膜炎、沙门氏菌病等多种鸭病相似,必须进行实验室诊断才能确诊。

(6)防治 减小放养密度,勤通风,科学饲养,加强卫生检疫消毒工作,作为预防本病的基本工作。一旦发现本病发生,选用庆大霉素、卡那霉素等肌肉注射,进行治疗。

14. 鸭慢性呼吸道病 鸭慢性呼吸道病是由鸭霉形体引起的传染性疾病。病鸭以出现眶下窦炎为特征,故又有"鸭传染性窦炎"之称。该病发病率有时很高,但死亡率较低。一般病鸭均可自愈,但产蛋量减少,生长发育受阻,对养鸭业造成较高的经济损失。

(1)病原 关于鸭传染性窦炎的病原问题争论较多,尚未取得一致意见。国内外微生物学工作者多倾向于鸭霉形体是传染性窦炎的病原这一说法,人工接种也复制出了本病。

鸭霉形体是Roberts从鸭的鼻窦炎中分离到的,能凝集鸭的红细胞而不能凝集鸡的红细胞。对青霉素、醋酸铵有较强抵抗力。典型的菌落较小,直径通常在0.1~1.0 mm,光滑,圆形,稍平。姬姆萨染色的涂片中,可见有纤细的杆状、丝状及环状等多种形态。

(2)流行病学 本病一年四季均可发生,尤其以冬春寒冷季节多发。雏鸭发病的最早日龄为5日龄左右，而1～2周的雏鸭最易发，填鸭和成鸭则较少发生。但在流行高峰期，育肥鸭也可发生。雏鸭的发病率为40%～80%，而死亡率一般低于5%，若发生并发症或继发性感染，则死亡率明显升高。

病鸭和带菌鸭是本病的传染源。本病主要通过呼吸道传播，也可能经蛋垂直传播。由污染的种蛋孵化出的雏鸭常可能带菌，当遇到育雏鸭舍温度过低，通风不良，密度过大，氨含量过高等不良因素时，即可导致本病暴发。

(3)症状　本病潜伏期不长。病初可见一侧或两侧眶下窦部位肿胀，形成有波动感隆起的鼓包。随着病程的发展，肿胀部位变硬，鼻腔出现炎症，鼻孔流出浆液或黏液状鼻汁，病鸭打喷嚏、甩头。有些病鸭眼内蓄积有浆液——黏性分泌物，病程较长时，眼睛会失明。

患本病的病鸭很少会死亡，常能自愈，但愈后生长缓慢，肉鸭品质下降，蛋鸭产蛋率下降。

(4)病变　病鸭剖检时，眶下窦内常充满浆液性或黏性分泌物，窦腔黏膜充血增厚，有的有大量干酪样物质。气囊壁增厚、浑浊。结膜囊和鼻腔内有黏性分泌物。

(5)诊断　根据流行病学、临床症状及病理变化可初步诊断。要确诊，应从眶下窦分泌物中分离出霉形体。

(6)防治　预防本病主要加强饲养管理，注重鸭舍卫生，严格消毒，防寒保暖，减少放养密度，经常通风等。发生本病时，全鸭群混饲强力霉素、林肯霉素、北里霉素、利高霉素等。病鸭可肌肉注射链霉素，连用3～5天，也可手术排脓后敷入消炎药物，基本上可控制本病的发展。

(三)真菌性疾病

1. *曲霉菌病*　曲霉菌病是多种禽类和哺乳动物(包括人)常

见的霉菌感染病。几乎所有禽类均能感染，发病率高，可造成大批死亡。其特征是呼吸道发生炎症，所以又称曲霉菌性肺炎。主要发生于幼鸭，呈急性经过，成年鸭多为散发。

本病在我国南方较多发生，北方多见于地面育雏的鸭群。

(1)病原　本病病原为曲霉菌，一般常见而且致病力最强的是烟曲霉菌。这些霉菌和它所产生的孢子，在自然界广泛分布，常污染垫草和饲料。从烟曲霉菌和它的孢子中，可以提取出一种对家兔、狗、豚鼠、小白鼠和禽类的血液、神经和组织有毒害作用的毒素。

曲霉菌对外界环境的抵抗力很强。120℃干热 1 h 或煮沸 5 min方可杀死，一般消毒药液，如福尔马林、碘酊、水杨酸等，需 1～3 h 才能杀死。

(2)流行病学　各种家禽和野禽均易感，尤其是幼禽更易感，成年禽仅为散发，且多为慢性。小火鸡对本病最敏感，雏鸭次之。主要的传染源是被曲霉菌污染的垫草和饲料。当温度和湿度合适时曲霉菌大量增殖，可经呼吸道和消化道感染，也可经孵化设备和种蛋感染。

(3)症状　潜伏期 3～10 天。病鸭主要症状是呼吸困难，呼吸频率加快，有的伸颈张口呼吸。病雏精神委靡，不爱走动，多缩颈呆立，闭目昏睡，羽毛逆立蓬松，无光泽，翅下垂，口腔与鼻孔流出浆液性分泌物，当气囊有损害时，呼吸时发出干性特殊的沙哑声，口渴，部分病雏下痢，急剧消瘦，死亡。慢性症状不明显，主要呈现阵发性喘气，食欲不良，下痢，逐渐消瘦而死亡。

(4)病变　急性经过的病雏，剖检可见肺和气囊有多少不等的灰黄色和乳白色小结节，鼻喉、气管、支气管黏膜充血，有淡灰色渗出物。肝脏瘀血和脂肪变性。慢性病例有支气管肺炎变化。肺、气囊和胸腹腔中有一种针尖至小米粒大小的结节，有时互相融合成大的团块。结节呈灰白或淡黄色，柔软而有弹性，内容物呈干酪样。有时在肺、气囊和腹腔内有用肉眼即可见到的成团霉菌斑，有的被纤维素浸润，并呈灰绿色或浅绿色粉状物。此菌落还见于鼻腔、眶下窦、喉、气管和胸腹腔黏膜上。肠黏膜充血，有时可见腹腔炎。

(5)诊断 必须结合流行病学、临床症状、病理变化和微生物检查，才能确诊。

(6)防治 不使用发霉的垫料，不喂发霉的饲料，是本病预防的主要措施。垫料要常翻晒，发现长霉时，可用福尔马林熏蒸消毒，孵化器要在孵前或入孵 12 h 内消毒，鸭舍要常通风，防潮湿。一旦发现本病发生，要及时隔离病鸭，更换饲料和垫草，消毒鸭舍。鸭群发病后应更换放牧地，脱离污染环境。

治疗本病无特效药，可试用制霉菌素气溶胶吸入，有较好的防治效果。或在饲料中拌入制霉菌素，按每 80 只雏鸭 1 次用 50 万 IU，每天 2 次，连用 3 天。口服碘化钾有一定的疗效，每升饮水加碘化钾 5～10 g。还可将碘 1 g、碘化钾 1.5 g 溶于 1.5 L 水中，进行咽喉注入。饮水中添加硫酸铜(1∶2 000 倍稀释)连喂 3～5 天也有一定疗效。另据报道，用两性霉素 B 和克霉唑(三苯甲咪唑)治疗也有一定效果。口服灰黄霉素，每只鸭服 500 mg，每天 2 次，连服 3 天也有疗效。

2. 黄曲霉毒素中毒病 黄曲霉毒素中毒病是由黄曲霉毒素引起的一种霉菌中毒病，是以损害肝脏为主要特征的。

(1)病原 本病的病原是黄曲霉。黄曲霉并不是都能产生毒素。目前已知的能产生毒素的黄曲霉菌有 8 种。在各种黄曲霉毒素中，以 B_1，B_2，G_1，G_2 4 种在自然界存在最为广泛，其中又以 B_1 毒素产生最多，毒性最强，G_1 次之。黄曲霉毒素在温暖潮湿条件下，很容易在谷物中生长繁殖并产生毒素(最适温度：24～30℃，最佳为 27℃。最适相对湿度为 80%以上)。饲喂发霉的饲料，就会引起黄曲霉毒素中毒。

黄曲霉毒素是目前发现的各种真菌毒素中最稳定的毒素。高温、强酸、紫外线照射都不能将其破坏,加热至268～269℃时开始分解。强碱和5%次氯酸钠可使黄曲霉毒素 B_1 完全破坏,在高压锅中,120℃ 2 h,毒素仍存在。

(2)流行病学　黄曲霉毒素中毒病可发生于多种动物和禽类,人也可发生。近年来家禽黄曲霉毒素中毒病在世界各地广为发生,估计每年死于本病的畜禽达数十万只。家禽对黄曲霉毒素很敏感,容易发生中毒,引起发病和死亡。家禽中又以雏鸭和火鸡最易感。不同种类、不同品种的鸭易感程度也不同。北京鸭对黄曲霉毒素的耐受性较其它鸭大。不同日龄的鸭对其敏感性也不同,雏鸭比成年鸭更易感,因而雏鸭成为饲料毒性测定的首选实验动物。

(3)症状　病鸭最初采食量减少,生长缓慢,羽毛脱落,走路不稳。肢体由于皮下出血而呈紫红色。雏鸭死于共济失调、抽搐,死时角弓反张,死亡率100%。成年鸭症状与雏鸭相似,常见口渴,下痢,精神委顿,步态不稳,排出血色或绿色稀粪。慢性中毒时,食欲减退,消瘦、衰弱、贫血,时间久了可产生肝癌。

(4)病变　剖检时,特征性病变在肝脏,急性中毒时,肝脏肿大,色质变淡,有出血斑点,胆囊扩张。肾脏色淡,稍肿大。胰腺有出血点。胸部皮下和肌肉常见出血。慢性病例,肝脏由于胆管明显增生而发生硬化,病程愈长肝硬化愈明显,肝脏可见白色小点状或结节状增生病灶,肝脏色泽变黄,质地坚硬。病程超过1年以上的,肝脏可能出现肝癌结节。心包和腹腔中积液增多。小腿和蹼有严重的皮下出血。

(5)诊断　可根据临床症状和病变进行初步诊断,但欲确诊尚需用可疑饲料饲喂1日龄雏鸭,进行黄曲霉毒素的生物鉴定。

(6)防治　预防黄曲霉毒素中毒的根本措施是不喂发霉饲料。要加强饲料保管工作,防止发霉。鸭群如发生黄曲霉毒素中毒,应立即更换饲料。发病后可给予盐类泻剂，并采用对症疗法。

3. 雏鸭念珠菌病 鸭念珠菌病又名鹅口疮，是由白色念珠菌引起的一种霉菌性传染病。

(1)病原 本病原是白色念珠菌，革兰氏染色阳性，但着色不均匀。它在自然界广泛存在，在健康的畜禽及人的口腔、上呼吸道和肠道等处寄生。

(2)流行病学 本病常见于鸡、火鸡、鹅、鸽、野鸡，松鸡和鹌鹑也有发病报道。幼禽的易感性和死亡率均较成年禽高。4周龄以下家禽感染后，迅速大批死亡。3月龄以上家禽，多数可康复。

本病主要通过消化道传染，也可通过蛋壳感染。不良的卫生条件和使机体致弱的因素都可诱发本病。过多地使用抗菌药物，易引起消化道正常菌群的紊乱，也是诱发本病的重要因素。

(3)症状 小鸭发育不良，被毛松乱，精神委靡，不愿活动，常聚堆。病鸭喘气，嗓内发出咕噜声，叫声嘶哑，濒死抽搐。

(4)病变 其病理特征是上消化道黏膜发生白色的假膜和溃疡，气囊浑浊，呼吸困难，气喘。剖检可见：尸体消瘦，口、鼻腔有分泌物，口、咽、食道黏膜增厚，形成白色或灰色假膜或溃疡状斑，并常波及腺胃、胸、腹。气囊浑浊，常有淡黄色粟状结节。

(5)诊断 须经剖检及微生物检验方可确诊。

(6)防治 平时注意卫生管理，常通风防潮，避免过多使用抗菌药物。一旦发病，可用制霉菌素治疗，按每千克饲料加0.2 g药，连用2～3天即可。

(四)寄生虫病

1. 球虫病 球虫病是严重危害鸭的急性病，其特征为粪血。发病率高，生长受阻，增重缓慢。

(1)病原 鸭球虫属孢子虫纲、球虫目、艾美耳科。据国外报道，家鸭球虫有10个种，分属3个属，即艾美耳属、泰泽属和温扬属,后者致病力较弱。家鸭球虫大部分寄生于肠道,少数寄生于肾脏。球虫在肠道内经裂殖生殖和配子生殖2个阶段发育成卵囊,卵囊经肠道排出后,在外界环境中完成孢子生殖阶段,即发育成孢子化卵囊,鸭吃到这种孢子化卵囊后就会致病。

(2)流行病学　凡被病鸭或者带虫鸭的粪便污染过的饲料、饮水、土壤、用具,都可成为卵囊的携带者和传播者。饲养人员也可以机械传播。各种年龄的鸭都有易感性,以2～6周龄,由网上饲养转为地面饲养的雏鸭最易感。死亡率高,病鸭康复后成为带虫鸭。本病的发生与气温和雨量关系密切。10℃温和潮湿天气与环境发病率高。

(3)症状　急性病例多发生于雏鸭,尤其是2～3周龄鸭。通常感染3天后出现畏寒、缩颈、不食、好渴、喜卧等症状,排暗红色或深紫色血便,常出现急性死亡,死亡率在20%～70%。有的6天后食欲逐渐恢复。耐过的病鸭,生长缓慢。急性病例有时在4～6天后转为慢性病例,食欲恢复,不显明显症状,偶尔拉稀,成为传播本病的传染源。

(4)病变　主要病变在小肠,尤以毁灭泰泽球虫的危害性严重,急性型呈严重出血性卡他性小肠炎。肠壁肿胀出血,内容物为淡红色或鲜红色黏液。有的肠黏膜见红白相间的小点,有的肠黏膜上覆盖着一层糠麸状或奶酪状黏液,或有淡红或深红色胶冻状血性黏液,但不形成肠芯。肠绒毛上皮细胞大量脱落。十二指肠有出血点或出血斑。菲莱氏温扬球虫致病力不强,病变见于回肠后部和直肠,轻度出血,偶尔在回肠后部黏膜上有出血点,直肠黏膜红肿。

(5)诊断　粪检时,粪便中有大量肠上皮细胞和红色团块。粪便经水洗、沉淀、漂浮,于400倍显微镜下可见大量卵囊。病死鸭肠绒毛上皮细胞镜检时发现其中有大量虫体,再加上剖检病变和临床症状综合诊断。

(6)防治　预防时，要注意保持鸭舍干燥，定期清除粪便，进行鸭舍带禽消毒等。在 2～3 周龄，从网上转到地面饲养时，要进行药物预防，如用磺胺六甲氧嘧啶，按 0.1%混料，连喂 5 天，停 3 天，再喂 5 天；磺胺嘧啶，按 0.08%混料，连喂 1 周等。病鸭群治疗，可用磺胺二甲嘧啶按 0.1%混料，连喂 1 周；复方新诺明按 0.1%混料，连喂 1 周。

2. 住白细胞虫病　住白细胞虫病已在欧美一些国家造成危害，如沿北美东北海滨地区，鸭每年发病率高达 20%。我国尚未发现。

(1)病原　本病病原是西氏住白细胞虫。吸血蝇、蚋是它的终宿主，又是传播媒介。

(2)流行病学　西氏住白细胞虫对鸭和鹅有致病力。在美国一个州一次暴发，使 35%鸭死亡。本病多发于 7 月份。

(3)症状与病变　雏鸭废食，乏力，倦怠，呼吸困难，有的雏鸭在 24 h 死亡，大多数在感染后 11～19 天死亡。病变可见贫血、肝脾肿大和肝变性。成年鸭只出现倦怠等症状，很少出现急性症状，死亡率也低。

(4)诊断　根据发病季节、症状和病变，可做出初步诊断。要确诊，必须能从病鸭血液脏器涂片以及肌肉小白点的组织压片中找到虫体及裂殖体。

(5)防治　预防要防止昆虫进入鸭舍和杀灭鸭舍周围媒介昆虫。药物预防：可用磺胺二甲氧嘧啶 25～73 mg/kg 或复方敌菌净 200 mg/kg，混料投喂。治疗可选用磺胺二甲氧嘧啶500 mg/ L 饮水 3～7 天，然后再用 300 mg/ L 饮水 2 天；磺胺二甲氧嘧啶 400 mg/kg 和息疟定 4 mg/kg 混料，连用 1 周后，改用预防剂量；复方敌菌净 200 mg/kg 混料连用，为防止药物中毒，先用 5 天后，停药 2～3 天，然后再用。注意适时更换药物，以免造成抗药性。

3. 绦虫病　绦虫病是主要危害雏鸭的寄生虫病。

(1)病原 本病病原主要是剑带绦虫和膜壳绦虫。这些绦虫都较大,一般长 10～30 cm。

(2)流行病学 中间宿主为剑水蚤,此外淡水螺可作为某些膜壳绦虫的保虫宿主。鸭吞食感染的水蚤后致病。本病主要危害 2 周至 4 月龄的雏鸭,温带多在春末和夏季发生。

(3)症状 感染严重时,雏鸭表现明显全身症状,成年鸭也能感染,但症状较轻。

病鸭出现消化机能障碍,排出灰白色稀粪,混有白色绦虫节片,食欲减退。到后期完全不吃,烦渴,生长停止,消瘦,精神委顿,不喜活动,离群,腿无力,向后坐倒或突然向一侧跌倒,不能起立,一般在发病后 1～5 天死亡。

当大量虫体聚集在肠内时,可引起肠管阻塞;虫体代谢产物被吸收,病鸭呈现痉挛,精神沉郁,贫血和渐进性麻痹而死。

(4)病变 剖检可见小肠发生卡他性炎症和黏膜出血,其它浆膜组织也常见有大小不一的出血点,心外膜上更为显著。严重时,可见肠内大量的虫体聚集,阻塞肠管。

(5)诊断 根据剖检病变及分离出虫体确诊。

(6)防治要避免在死水塘放养鸭子,要经常换水,保持清洁;经常检查,对已感鸭群有计划地进行驱虫,以防止散播病原;幼鸭和成鸭应分开饲养、放养;治疗可选用槟榔煎剂、硫双二氯酚、丙硫苯咪唑、吡喹酮、南瓜子等。

4. 雏鸭鸟蛇线虫病 雏鸭鸟蛇线虫病又称鸭鳃丝虫病,是由鸟蛇线虫引起的一种寄生虫病。多发于我国南方,发病率和死亡率均较高。

(1)病原 我国有 2 种鸟蛇线虫,即台湾鸟蛇线虫和四川鸟蛇线虫。本病病原主要是台湾鸟蛇线虫,有些地区由四川鸟蛇线虫引起。它们的中间宿主为剑水蚤。台湾鸟蛇线虫成虫寄生于雏鸭皮下组织。雌虫呈白色半透明长丝状,长 100～240 mm,雄虫很小，长 6 mm 左右。鸟蛇线虫幼虫在水中被中间宿主——剑水蚤吞食后，在其体内发育成感染性幼虫，鸭吞食了此种剑水蚤时，大部分幼虫移行至鸭颈部皮下，少部分移行至腿部、肩胛部皮下，逐渐发育成成虫，使雏鸭致病。

本病多发生于华南地区和台湾省，主要侵害 3～8 周龄的雏鸭，多在干旱季节(1～4 月份或 9～10 月份)发病，发病率和死亡率均很高。

(2)症状和病变　潜伏期 1 周。病鸭消瘦，于颌下、颈部、腿部等皮下常见有小指头或拇指头大小的瘤状肿胀，颌下尤为明显，此肿胀在初期柔软，能波动，中有多量血液。随着雌虫的成熟逐渐变硬。肿物呈豆大、鸽蛋大乃至胡桃大，突出于颌下。压迫鳃、咽部及邻近器官，引起呼吸和吞咽困难，声音嘶哑。波及眼部时，可导致失明。压迫腿部神经时，引起步行障碍。病鸭常因吃不饱而逐渐消瘦，以至营养不良或窒息而死。雏鸭感染四川鸟蛇线虫后以颌下和两肢出现瘤样病灶最多，其次是眼、颈、额顶、颊、嗉囊、胸、腹及肛门周围等部位。凡是接触水的部位，均有病灶出现。

(3)诊断　根据病鸭颌下和腿部出现瘤样肿胀和压迫附近组织所引起的相应症状、以及剖检病死鸭时从瘤样肿物中可检出虫体，或在患部边缘皮肤上的小孔周围，以手指按压肿胀部，从小孔内流出的液滴，将其制成压滴标本后镜检，可见到活跃的微丝蚴，即可确诊。

(4)防治　预防要加强管理，育雏场要建在有流动水的场地，防止剑水蚤寄生；不要到可能有病原存在的稻田、河沟等处放牧；鸭舍和活动场所要定期清扫消毒，及时清除鸭粪；发病群要进行预防性和治疗性驱虫，以控制本病的发生。

对发病鸭进行药物治疗，台湾鸟蛇线虫病可用高锰酸钾 0.5%注入患处，将肿胀部位注满为止，多数 1 次，个别 2 次，通常 2 天可见肿胀部位萎缩，治愈率可达 98.2%；也可用左旋咪唑，用量为每千克体重 40 mg，配成 10%水溶液，逐只喂服，每天 1 次，连喂 2 天，11 天后痊愈；或用 1%丙硫苯咪唑油悬浮剂或 1%左旋咪唑注射液，患部注入。四川鸟蛇线虫病用 1%四咪唑（噻咪唑）颌下注射 0.2～0.5 mL，腿部 0.1～0.2 mL，直接注入病灶内，经 3 h 后成虫和微丝蚴可全部死亡，5～12 天肿胀消失。

5. **鸭多型棘头虫病**　鸭多型棘头虫病是由线形动物门的棘头虫纲的棘头虫引起的疾病。

(1)病原　鸭的棘头虫病多由大多型棘头虫、小多型棘头虫、鸭细颈棘头虫引起的。这些棘头虫分布在我国的广东、四川、贵州以及台湾省等地，虫体呈长圆柱形、纺锤形或半圆形，虫体前端有一吻突，吻突上又有小钩和棘，故称棘头虫。

棘头虫的中间宿主是甲壳纲的虾蟹。成虫在小肠内产卵，卵随粪便进入水中。虫卵被中间宿主吞食，卵膜消化。棘头蚴自卵中逸出，经 2 个月左右发育成幼虫。鸭吞食了含有侵袭的幼虫的虾蟹而感染。

(2)流行病学　本病常呈地方性流行，多发生在春夏季节，1～3 月龄雏鸭最易感染，能引起大批死亡。除感染鸭、鹅外，多种野生水禽也易感。

(3)症状　大多型棘头虫和小多型棘头虫均寄生于鸭小肠前段，鸭细颈棘头虫多寄生于小肠中段，以吻突牢固地附着在肠黏膜上，引起卡他性肠管炎症。有时吻突埋入黏膜深部，穿过肠壁，甚至造成肠壁穿孔，并继发腹膜炎，引起化脓性炎症。因此，病鸭表现为下痢、消瘦，生长和发育受阻，大量感染而饲养条件又差时，可引起幼鸭死亡。在尸体剖检时，可以在肠道黏膜上看到突出的黄白色的小结节。

(4)诊断　根据流行病学（调查有无适合的中间宿主，多发生于 1～3 月龄的幼鸭和夏秋季节）和症状，可初步诊断。然后再用离心沉淀法或离心漂浮法检查粪便，找到虫卵，或者对死亡病鸭剖检，在小肠壁上找到大量虫体，才能确诊。

(5)防治 在发生过本病的鸭场内，秋季放牧结束后两周进行1次驱虫，春季产卵前1个月再进行1次驱虫。成鸭和幼鸭混牧时，除对成鸭驱虫外，对幼鸭于放牧开始后20～25天，进行成虫期前驱虫。最好成鸭、幼鸭分群放牧。如无安全水域，可将雏鸭在陆地上饲养到2～3月龄时再放牧。引进新鸭，须先检查有无棘头虫寄生。如有，驱虫后10天再放入水域中放牧。

治疗可用四氯化碳，按每千克体重口服1 mL，用小胶管灌服，或二氯酚，每千克体重500 mg，都有较好的驱虫效果。

6. 寄生虫混合感染

(1)病原 由带虫成鸭散布引起。

(2)临床症状 病鸭表现下痢，有时粪便白色或绿色，泄殖腔周围沾满粪便；食欲减退或废绝，生长发育不良，逐渐消瘦；呼吸困难，不时张口，有时咳嗽；站立不稳或不能站立，常伏坐在地上，双翅下垂并不断抖动。重者精神委顿，闭目缩颈，口腔内有多量黏液，喂给食物不能吞咽，不久死亡。

(3)病例剖检 小肠内有绦虫或棘口吸虫、蛔虫，盲肠内有棘口吸虫。

(4)防治 成鸭寄生虫感染后症状往往不一定明显，容易被忽视。因此，不管有无症状，都要对鸭群进行定期驱虫，及时清洁和消毒栏舍及周边环境，对粪便进行堆积发酵处理，是预防肠道寄生虫的有效方法。雏鸭和成鸭隔离饲养对雏鸭的健康生长很有意义。

(5)治疗 用丙硫苯咪唑，以每千克体重15 mg的剂量拌料投给，对无食欲的重症病鸭则人工喂服。

(五)营养性疾病

1. 蛋白质缺乏症

(1)病因　在鸭子的配合日粮中,蛋白质是不可缺少的物质,但也不可过量。出现以下任何一种因素,均会导致蛋白质缺乏症。

①在配合日粮中,蛋白质含量过低,尤其是动物性蛋白不足,不能满足机体的需要。

②日粮中蛋白质饲料品质低劣,尽管在含量水平的计算上达到标准,也不能满足机体需要。如饲料霉变或含有毒素,还会引起相应疾病。

③在蛋氨酸、赖氨酸和色氨酸 3 种氨基酸中,缺乏任何一种,都会发生相关的蛋白质缺乏症。

④鸭群患有慢性消化不良或有其它胃肠炎等疾病时,由于消化率降低,也会发生蛋白质及其它营养性缺乏病。

(2)症状　蛋白质缺乏,会导致生长缓慢,逐渐消瘦,体重下降,产蛋量减少,蛋重和蛋的品质降低。各种氨基酸缺乏,会引起不同症状。例如:

①赖氨酸缺乏,引起生长发育停滞,体质消瘦,骨质钙化不良,皮下脂肪减少。

②缺乏蛋氨酸,引起发育不良,肌肉萎缩,羽毛无光泽,肝肾机能不全,使胆碱或维生素 B_{12} 缺乏症更严重。

③缺乏色氨酸,生长受阻,常引起滑腱。

④缺乏精氨酸,公鸭精子受抑制,失去配种能力,生长受阻,体重很快下降,翅羽向上卷曲。

⑤缺乏甘氨酸,羽毛生长发育不良,出现肢体麻痹,行动迟缓。

⑥缺乏缬氨酸,生长发育停滞,运动功能失调。

⑦缺乏苯丙氨酸,甲状腺和肾上腺机能受损,腺体分泌受阻,出现相应疾病。

(3)防治　注意平时观察，对有关临床症状要深入调查研究，注意与类似病症的鉴别，及时采取补充蛋白质饲料或添加某种必需氨基酸的措施，以达到防治的目的。

2. 维生素A缺乏症

(1)病因　日粮中缺乏维生素A，或者对维生素A消化吸收不良引起。

(2)症状　当产蛋母鸭与其雏鸭的日粮缺乏维生素A时，雏鸭患维生素A缺乏症。引起软骨细胞生长迟缓和抑制。病鸭生长发育停滞，体质逐渐消瘦，羽毛松乱无光泽，运动无力，两脚颤抖、瘫痪。眼、消化道及呼吸道流黏液，严重时可导致失明。

成年鸭长期缺乏维生素A，食欲降低，采食量减少，体态消瘦，肢体无力，走路不稳，生产能力下降，产蛋率降低，种蛋受精率降低，眼结膜发炎，有黏性渗出物，上下眼睑肿胀，角膜浑浊软化或有穿孔，双目失明。抗病力降低，容易继发感染其它一些疾病，从而造成严重损失。

(3)病变　在肿胀的结膜囊内，蓄积有大量干酪样渗出物，眼球萎缩凹陷。口腔、咽、食道黏膜发炎，常有散在的白色小坏死灶。肾小管出现尿酸盐沉积，输尿管内也可能充满尿酸盐。呼吸道黏膜上皮角质化，呈鱼鳞状，腺体萎缩变性。生殖道上皮增生，角质化。

(4)诊断　根据症状及剖检病变诊断。

(5)防治　日粮中要有足量的β-胡萝卜素，雏鸭和种鸭可补充适量的鱼肝油；注意不用失效的放置时间过长的维生素添加剂，舍饲期注意添加优良的复合维生素添加剂。一旦鸭群中发现本病，要及时在日粮中加入2～4倍的维生素A制剂，一般在2周后可康复。若在日粮中加入鱼肝油，每千克饲料加入2～4 mL，疗效会更好。

3. 佝偻病

(1)病因　佝偻病是由于钙、磷和维生素 D 缺乏，或因饲料中钙、磷配比不合理而逐渐形成的一种疾病。也有人认为佝偻病是指磷和维生素缺乏，而钙的缺乏症称为骨质松软症。另外，如阴雨天气，舍饲缺乏运动或日晒，地面潮湿，肠炎下痢等，也都是发生佝偻病的重要因素。

(2)症状

①雏鸭和中鸭病初表现生长缓慢，步态不稳，关节僵硬，常常蹲卧。长骨头端增粗，骨质疏松，尤以跗关节最严重。鸭喙变软，易扭曲变形，啄食困难。

②填鸭本病一般发生于中鸭转入填鸭阶段，病初无明显临床症状，逐渐两腿变软，无力，走动困难，常伏卧，最后瘫痪不能站立。发病率一般较低，也有时高达 50%以上，但很少死亡。

③产蛋鸭患病后骨骼脱钙，骨质疏松软化，容易骨折。产蛋量减少，蛋壳变薄易碎，常有软壳蛋和无壳蛋。

(3)病变

①雏鸭和中鸭　喙色泽变浅，质地变软，类似橡皮。长骨钙化不良，严重脱钙。骨髓腔变大，骨骼变薄变软，长骨头和跗关节增粗，有的长骨弯曲，成为“O”型腿。肋骨与胸骨或肋软骨接合部结节状肿大，但较少见。

②填鸭　喙和胸骨变软，长骨和股骨骨质疏松，质地变脆。

③产蛋鸭　骨质疏松，胸骨变软，肋骨端可能有结节状肿大。

(4)诊断　通过临床症状和病理变化，即可确诊。

(5)防治　日粮中添加足量的钙、磷和维生素 D，要重视钙、磷比例的平衡；舍饲常通风，注意保温防潮，保持良好光照；阴雨季和产蛋高峰期，注意补加钙、磷和维生素 A 制剂。一旦发病，病初及时调整钙、磷含量，大量补加维生素 A 制剂，也可加鱼肝油，每天补加 1 或 2 次，可连续补加 5～7 天。

4. 雏鸭白肌病

(1)病因　在雏鸭日粮中，因长期缺乏维生素 E 或硒而引起该病的发生。一般饲料中正常的含硒量为 0.14 mg/kg，低于这个水平就容易导致本病的发生。维生素 E 的正常含量为每千克饲料 11 IU，不能低于这一指标，否则易患白肌病。

(2)症状　缺乏硒或维生素 E 常引起肌肉组织变性，肌肉色泽发白，故又名“白肌病”。病初患鸭精神委靡，食欲降低，体质消瘦，喙和腿部颜色发白，羽毛逆立，流鼻涕，甩食，拉稀，头颈部肿大，不爱走动，随着病情发展，出现两腿麻痹，软弱无力，走路打晃，头颈左右摇摆，有时向后翻滚，喜卧不能站立，最后倒卧一侧，抽搐而死。本病在一些缺硒地区经常发生，发病率较高，死亡率可达 10％以上。

(3)病变　主要病变包括：

①脑软化症　小脑发生软化和肿胀，脑回不明显，有出血、水肿、坏死性病变。坏死区不透明，呈黄绿色，部分神经变性，脱出髓鞘。

②渗出性素质　主要病理变化为机体微血管通透性增高，在头颈、胸前和腹部皮下有渗出性黄色胶冻样病变，肌纤维间水肿，心包液，腿部肌肉常有出血斑。

③肌肉营养不良　胸肌、腿部肌肉和肌胃的平滑肌发生组织变性和坏死，呈现“白肌病”。运动失调，站立不稳，全身衰竭，大量死亡。

(4)诊断　根据本病病因调查，结合临床症状和病变即可做出诊断。

(5)防治　预防要注意饲喂维生素 E 含量较多的饲料，如新鲜青饲料。缺硒地区或饲喂缺硒的日粮时，应加入含硒的微量元素添加剂，每千克饲料应含硒 0.14～0.15 mg。饲料保管时，不要受热，防止酸败，应置放在通风、干燥、凉爽的地方，保存时间不宜过长，需长期保存时，应加入适量抗氧化剂。

发现该病后，由缺硒引起的，可及时采用0.005％亚硒酸钠液皮下或肌肉注射，每只鸭1 mL，几小时后可见症状减轻，随后按每千克料加入亚硒酸钠0.5 mg，1～2天后即可康复。如由于缺乏维生素E引起的，每只鸭经口喂给300 IU，每天1次，连用2～3天；每只雏鸭给予维生素E 50～100 mg，连喂15天。严重病例难以康复。

5. 骨短粗病

(1)病因　本病又名脱腱症、滑腰症，因发生原因较复杂，目前已证实的有以下2种因素：

①营养因素　这是一种最重要而又非常广泛的因素。如饲料中缺乏锰、胆碱、烟酸、叶酸、生物素或吡哆醇等；日粮中蛋白含量高而吡哆醇含量低，则更易引发本病，加重症状；赖氨酸含量过高或甘氨酸含量过低，会使本病加剧；日粮中缺硒、早期增重率过高或饲料配方不平衡，也可导致本病发生；日粮中缺钙或钙、磷比例降低，可使雏鸭发病率升高，症状加重。

②环境管理因素　这一方面研究不深，据报道，网上饲养，环境湿度过大，某些病毒性感染以及遗传因素等，都可能是本病发生的因素。

(2)症状　发生于1～3周龄的雏鸭。临床症状表现为两腿弯曲，呈O形或X形，胫跗和胫蹠关节增粗，腓肠肌腱向关节一端滑动或脱出，生长发育迟缓或成残鸭，甚至死亡。

(3)病变　病鸭跗跖骨近端弯曲，有不同程度的增粗，从外形上变短粗，故名"鸭骨短粗病"。关节皮下结缔组织灰白增厚，腓肠腱移位，从胫跖骨远端两踝间脱出，移向关节内侧，该处皮肤增厚粗糙。局部因摩擦损伤感染后，则关节炎性肿胀，关节面粗糙，关节囊内有炎性渗出物。

(4)诊断　根据发病病因、临床症状和病理变化，进行综合分析做出诊断。

(5)防治　加强饲养管理,调整饲养密度,加强通风,谨防潮湿,清洁消毒,实行全进全出制。从网上饲养改为地面饲养,严重病例立即予以淘汰。调整日粮营养水平,保证每千克饲料中至少含锰 40～50 mg,胆碱 200 mg,烟酸 55 mg,生物素 88 mg,B 族维生素 12.6 mg,硒 0.16 mg。钙与磷的含量为饲料量的 0.6%。

6. 番鸭锰缺乏症

(1)病因　日粮中缺乏锰,或者对锰的吸收不良引起。特别是番鸭易患此病,番鸭受自身新陈代谢或其它因素的影响,对锰元素的需要量比普通家鸭要多一些,具有对锰元素需要的特殊性。目前国内尚少见番鸭专用饲料,养殖番鸭普遍使用肉鸭系列饲料,故在番鸭的育雏后期至育成前期最容易患锰缺乏症。

(2)症状　病鸭发生脱腱,发病主要集中在 1 月龄前后,公番鸭的发病明显多于母番鸭,在相同的饲养管理条件下,一般要高出 2～3 倍。病鸭鸭蹼向内弯曲,双腿内转较多,呈"内八字"半蹲伏姿态,不能站立,只能用胫趾关节支撑站立或行走。两腿同时患病的番鸭常伏卧在地,当受到惊吓时则以跗关节着地展翅前行。

(3)病变　剖检病鸭见胫、趾关节肿大,多见胫骨与跗骨向内侧弯曲,腓肠肌腱从其髁部脱出,关节腔、关节面及内脏器官均无明显眼观病变。

(4)诊断　根据发病病因、临床症状和病理变化,进行综合分析做出诊断。

(5)防治　预防措施主要是采用阶段性补锰的办法。预防是在番鸭 3～4 周龄,病后治疗常在 4～6 周龄,应将日粮中的锰元素含量提高到 90 mg/kg,且同时在饮水中添加 0.01%浓度的高锰酸钾进行补锰,可以获得理想的防治效果。

(六)中毒病

鸭与毒物接触后引起的疾病叫中毒。中毒的一般特征为:饲喂不久后突然死亡;同群鸭的症状与病变相同;体温正常;个体大的鸭先发病;多有神经机能紊乱症状,如拒食,沉郁,腿软无力,不愿运动或步履不稳,蹒跚,痉挛。中毒的途径一般有经口摄入、呼吸道吸入、皮肤接触和注射器注入等。

目前报道的、出现明显症状的鸭中毒病有以下几种:

1. 食盐中毒

(1)病因　饲料中含盐量达3%,或鸭每千克体重食入3.5～4.5 g食盐时,即可引起中毒,重者死亡。雏鸭比成鸭更容易中毒。

(2)症状与病变　雏鸭发生食盐中毒后,不断地鸣叫,无目的地冲撞,头向后仰,以脚蹬地,胸腹朝天,头颈不断旋转。

剖检时,可见嗉囊充满黏性液体,黏膜脱落,腺胃黏膜充血,有时形成假膜,小肠发生急性卡他性肠炎或出血性肠炎。有时可见皮下组织水肿。多数病例在输尿管内有盐类结晶沉淀。

(3)防治　预防食盐中毒,要严格控制饲料中食盐含量,对雏禽尤应注意。饲喂咸鱼时,要特别注意食盐中毒问题,平时要经常供给充足的饮水。发现有发病症状,立即停止喂食盐或含盐多的饲料,供给充足的清洁饮水或糖水。

2. 马铃薯中毒

(1)病因　发芽的马铃薯,在芽孔部和胚芽部含有毒素。该毒素能溶解细胞,对黏膜有强烈刺激性,对运动呼吸中枢有麻痹作用。

由于饲喂发芽而未经处理(如加热等)或处理不彻底的马铃薯,往往发生中毒。

(2)症状　患鸭精神不振,眼半闭,羽毛逆立,步履不稳,不愿行走。重症病鸭口腔黏膜、冠、髯发紫，昏迷，抽搐，全身痉挛，最后因呼吸麻痹窒息而死。

(3)病变　剖检病鸭，血呈暗红色。肝脾肿大瘀血，胃肠卡他性炎症。腺胃黏膜脱落或有出血点。心包积液，心内外膜出血。

(4)要确诊必须进行马铃薯毒素定性检测　将剩余马铃薯发芽部分切开，于芽附近加硝酸，立即呈玫瑰红色，证明喂鸭的马铃薯含有毒素。

(5)防治　预防要做到不喂发芽马铃薯，或经晒干或青贮发酵处理后再用。治疗可内服10%葡萄糖液10 mL，或内服0.02%高锰酸钾或0.5%鞣酸溶液10 mL，或肌肉注射20%安钠咖注射液1 mL。

3. 一氧化碳中毒

(1)病因　一氧化碳中毒多发生在育雏期的雏鸭。由于育雏室内通风不良，或煤炉装置不合适，或煤烟道不畅等造成空气中的一氧化碳浓度增高所致。鸭对一氧化碳非常敏感，我国北方冬季用烧煤取暖的鸭舍发生较多。

(2)症状与病变　急性中毒表现为精神不安、昏迷、嗜睡、呆立、呼吸困难，随后病雏不能站立，倒于一侧或伏卧，头向后伸，临死前发生痉挛或惊厥。亚急性病例，病雏羽毛松乱，精神沉郁，食量减少，生长缓慢。

剖检时，急性中毒主要变化是肺和血液呈樱桃红色，亚急性中毒不见明显病变，不易诊断。

(3)防治　育雏室要求通风良好，煤炉要安全，烟道要畅通，加煤或封火时一定要加盖。遇有中毒病例，只需将病禽放在空气新鲜场所，呼吸清新空气，不需治疗即可逐渐好转。

4. 有机磷农药中毒

(1)病因　肉鸭误食喷洒过农药的作物、种子，或用过量的农药驱虫，常常引起中毒。这在散养的鸭群中相当普遍。引起家禽中毒的常用有机磷农药有1605(对硫磷)、1059(内吸磷)、3911(甲拌磷)、敌百虫、乐果、甲胺磷、久效磷、喹硫磷、甲基异柳磷、甲基硫环磷、治螟磷、倍硫磷等多种。

有机磷农药是一种神经性毒剂,可经消化道、呼吸道、皮肤和黏膜吸收,进入体内后,通过血流迅速分布到全身器官组织,透过血脑屏障,对中枢神经系统产生毒害作用。

(2)症状　最急性中毒不显症状而突然死亡。病程稍缓的病例表现厌食,不喜走动,流涎,鼻腔流出浆液性鼻液,瞳孔缩小,可视黏膜苍白,两翅下垂,两腿无力,下痢,呼吸困难,运动失调,随着病情发展,伸颈抬头,最后昏迷倒地死亡。

(3)病变　血液凝固不良,鼻腔黏膜充血、出血,内有浆液性黏液。肺充血、肿胀,支气管内充有白色泡沫。肾肿大,质脆,肾膜充血,切片暗红。小肠黏膜充血与出血。

(4)诊断　根据发病原因调查、临床症状及剖检血液凝固不良、支气管内有泡沫,做出诊断。

(5)防治　平时注意防止饲料和饮水被农药污染,使用敌百虫驱虫时,要严格控制剂量。

治疗时,先灌服盐类泻剂,使鸭尽快排除消化道内未吸收的农药。尚未出现症状的病鸭,每只口服0.1 mg阿托品;中毒较轻的,肌肉注射硫酸阿托品0.5 mg和10%葡萄糖生理盐水2 mL;中毒较重者,每只大腿内侧肌肉注射硫酸阿托品1.5 mg,双复磷10 mg及10%葡萄糖生理盐水5 mL。

5. 喹乙醇中毒

(1)病因　喹乙醇使用不当(用量过大、使用过久、拌料不匀等)造成的中毒。喹乙醇又名快育灵,既能促进鸭子的生长发育,又能抗菌和杀菌,价廉物美,常用做鸭饲料的添加剂。

(2)症状　采食减少甚至停止,精神不振,缩颈,动作迟钝,翅下垂,行走摇摆,腿麻痹,脚软,严重时出现瘫痪。病鸭上喙出现水泡，后破裂，脱皮干涸龟裂。喙上短下长，眼单侧或双侧失明。

(3)病变　急性病例无明显病变。慢性病例渐瘦，发育不良，上喙出现水泡、皱缩，甚至畸形，喙与软骨较软，肝脏微肿，肠道轻度肿胀。

(4)诊断　通过调查发病原因、临床症状及病理变化进行综合诊断。

(5)防治　严格按说明书控制喹乙醇用量，自己拌料必须均匀。发现中毒症状，立即停药。对症治疗，可在饮水中交替投放0.1%～0.15%碳酸氢钠、6%～8%的白糖或3%～4%的葡萄糖，也可同时投喂5～10倍营养需要量的复合维生素或0.1%的维生素C。切忌投用抗生素药物。

6. 呋喃类药物中毒

(1)病因　呋喃类药物用量过大，或使用时间过长，或在饲料和饮水中搅拌不匀，造成的鸭群中毒。

(2)症状　病鸭表现兴奋不安，口渴而抢水喝，不食，站立不稳，乱跑，鸣叫，扭颈，头不能直立，向左右旋转，严重时出现痉挛、抽搐，倒地而死。有的鸭还会出现呕吐黄液，眼结膜发绀等症状。

(3)病变　剖检可见病鸭尸僵不全，全身水肿和瘀血，尤其肺内、口腔、嗉囊、腺胃、肌胃内容物和黏膜都被染成黄色，小肠及大肠多半肠段充血、出血，整个肠管浆膜呈黄褐色。胆囊肿大，胆汁充盈。

(4)诊断　根据用药量、临床症状及剖检变化即可确诊。也可用剩余调料喂几只健康鸭子，看是否出现症状来判明。

(5)防治　严格控制用药量，投喂要拌匀。中毒后，无特效药。中毒轻者，或试用蔗糖水解毒或口服硫酸镁促使排出；中毒重者，可肌肉注射维生素C和维生素B_1混合液(维生素C 500 mg/5 mL和维生素B_1 10 mg/2 mL)，每只雏鸭0.5 mL，每天1次。可同时口服10%葡萄糖溶液。

7. 亚硝酸盐中毒

(1)病因　主要是由于采食了经堆放发热而变质，或加工不当的包菜和白菜而中毒。因菜中含有硝酸盐，在堆放过程中，条件适合转化为亚硝酸盐，喂鸭后陆续出现中毒死亡。

(2)症状　采食菜后约 1 h，患鸭出现不安、流涎、口吐白沫、行走无力、摇摆并呈瘫痪状。眼结膜发绀，呼吸困难。

(3)病变　剖检可见，血液凝固不良，呈酱油色。食道和嗉囊内充满菜料，并有浓烈酸败味。小肠黏膜充血，大肠鼓气。心肌无弹力，心外膜有出血点。肝质软肿胀，呈黄白色。

(4)诊断　确诊必须经实验室诊断。

(5)治疗　静脉或肌肉注射 1%美蓝溶液。美蓝溶液配方：1～2 g 美蓝溶于 10 mL 纯酒精中，加 90 mL 生理盐水混合，每千克体重注射 0.1 mL，必要时重复一次。

8. 恩诺沙星中毒

(1)病因　恩诺沙星每千克体重 120 mg 肌肉注射 5 日龄番鸭，或用 2%恩诺沙星注射液，每只肌肉注射 0.5 mL，即可引起中毒死亡。

(2)症状　中毒 3 min 后即出现神经症状，全身震颤，不久出现死亡。

(3)病变　肝脏肿大，暗红色，条索状或呈斑点状出血；胆囊胀大，充满胆汁；肠道出血，部分肠段黏膜脱落；脑膜有散在出血点；脑水肿、充血、出血。

(4)诊断　根据病理变化和实验室诊断即可确诊。

(5)防治　番鸭对恩诺沙星较敏感，特别是雏番鸭要禁用恩诺沙星。

(七)鸭的其它杂症

1. 北京鸭光过敏症

(1)病因　据报道分析是因为北京鸭饲料中含有光过敏物质，

在阳光照射下而发生的一种疾病，现有关报道都证实采食的大软骨草草籽内含光过敏的混合物，再加上阳光照射，是本病引起的病因。

(2)症状　本病临床特点在于上喙、背侧和蹼背侧的水泡以及上喙水泡破溃后遗留下的瘢痕和变形。一般症状表现为精神不振，食欲减退，初期体温正常，后期稍高，眼有分泌物，甚至粘连。上喙失去原有黄色，局部先发红，形成红斑，1～2 天内发展成水泡，淡黄透明。同时，鸭蹼上也出现水泡。后期，水泡破裂结痂、脱落，变为棕黄色或暗红色。鸭嘴变形，缩短，舌尖部外露，发生坏死。

(3)病变　主要见于上喙和蹼上的弥漫性炎症、水泡以及水泡破溃后结痂、变色或变形。皮下血管断端血液呈紫红色，凝固不良如酱油样。膝关节部肌膜有紫红色条纹状出血斑及胶样浸润。消化系统见舌尖部坏死，十二指肠卡他性炎症。有的病例肝脏见大小不等的坏死点。

(4)诊断　主要依据病因调查和喙上、蹼上出现水泡等特征性症状，做出诊断。

(5)防治　不喂混有大软骨草草籽的饲料。发病后没有效治疗方法，可对症治疗。有结膜炎者，用抗菌素药物冲洗；有水泡者，用龙胆紫和碘甘油涂抹等。

2. 鸭恶癖

(1)病因　由于饲养管理不当引起的一只或多只鸭的不良行为，如啄肛、啄羽。这些不当行为包括饲养密度过大，运动不足，通风不良，光线过强，饲料单一，营养不全，饲喂习惯不好等。啄肛癖多发生于产蛋母鸭，尤以产蛋后期的母鸭为多，啄羽癖多发生在中鸭或后备鸭转成鸭开始生长羽毛或小毛时。这些行为都会造成鸭生长发育不良，甚至造成死亡。

(2)防治　要根据发生的病因，采取相应的措施。供给丰富的蛋白质、无机盐和维生素。疏散饲养密度，避免过分拥挤，改善通风与光线强度。啄羽癖可添加硫化钙(天然石膏粉末)。也可用电烙铁将喙尖烧烙。有啄肛癖的鸭,要进行隔离或淘汰或治疗。治疗可用0.1%高锰酸钾水洗患部。

3. 鸭阴茎脱落

(1)病因　鸭阴茎脱落,俗称"掉鞭",是鸭群常见疾病。本病多发生在冬季。鸭群中公、母鸭在陆地或鸭舍交配,此时偶有其它公鸭靠近并啄正在交配中的公鸭阴茎,致使阴茎受伤疼痛出血而不能缩回,发炎、水肿乃至溃疡。另外,也可能在游泳的水塘、河沟交配时,由于阴茎露出后而被蚂蟥、鱼类等咬伤,或因交配时阴茎受损伤而被细菌侵入感染发炎。

(2)症状　如因外伤引起,可见阴茎有伤痕。新伤则有血痕。如若发炎则见阴茎肿胀、瘀血。如果病程较长则常发生溃疡和坏死,呈紫红色或发黑。因有炎性分泌物,时见垂落的阴茎粘附泥土,结成硬结。

(3)防治　在冬季交配时,需注意种鸭群内公、母鸭要有合理的比例,一般公、母比例以1∶(6～8)为宜。公鸭过多不仅浪费饲料,而且会发生啄咬阴茎的恶癖,尤其是康贝尔鸭更易发生。当阴茎受伤不能回缩时,应及时将鸭隔离用0.1%高锰酸钾水冲洗干净,涂以磺胺软膏,协助将其受伤的阴茎收纳回去。如果业已发炎肿胀、溃疡或坏死,则不易治愈。

4. 皮下气肿

(1)病因　本病又称气嗉或气脖子。此病多发生于雏鸭和中鸭时期,偶尔亦可见于填鸭。这种病态是由于管理不当,粗暴捉拿,使颈部气囊或锁骨下气囊破裂,或因其它尖锐异物刺破气囊而使气体溢于皮下,形成皮下气肿。此外,也可能因肋骨、乌喙骨和胸骨等有气腔的骨骼发生骨折时,使气体窜入皮下而形成鼓气。

(2)症状　颈部气囊破裂,可见颈部羽毛逆立,轻者气肿局限于颈的基部,重的可延伸到颈的上部。并且在口腔的舌系带下部出现鼓气泡。若腹部气囊破裂或由颈部蔓延至胸腹皮下,则胸腹围增大,确诊时胸腹壁紧张,叩诊呈鼓者。若不及时治疗,气肿继续增大。病鸭表现精神沉郁,呆立,呼吸困难。

(3)防治 饲喂时注意避免鸭群拥挤摔伤,捉拿时防止粗暴摔碰,避免损伤气囊。发生皮下水肿后,可用注射针头刺破膨胀皮肤,使气体放出,但不久又会膨胀,故必须多次放气方可奏效。最好用烧红的铁条,在膨胀部烙个破口,将空气放出。因烧烙的伤口暂时不易愈合,所以溢出的气体可随时排出,缓解症状,逐渐痊愈。

5. 龙骨黏液囊炎

(1)病因 龙骨黏液囊炎最常发生于生长快、体重大的肉鸭。在粗糙的铁丝网上饲养的鸭最易发病。因龙骨部承受着全身体重的压力,受铁丝网的摩擦,弄伤皮肤并发生感染,引起炎症,继而形成胼胝或发生黏液囊感染。感染引起乳酪状渗出物积聚。

(2)防治 不要在网上饲养体重大的肉鸭。必要时可加盖塑料网,以防擦伤皮肤。治疗可采用局部外科处理,局部消毒,涂擦鱼石脂或磺胺软膏。

6. 鸭心脏破裂症

(1)病因 本病是小鸭的一种不明病因的杂症。本病在国内外偶有出现,发生在 5～9 月份,气温较高,且鸭舍潮湿,在饲养密度大的条件下,饲料中蛋白质含量较高,生长发育速度较快的鸭群多发,发病年龄为 2～4 周龄。

(2)症状与病变 本病无明显先兆,突然倒地或站立不安,头摆动,头颈后仰,两脚乱踏,倒卧后两腿游动,张口喘气,很快死亡。中间过程不超过 5 min。

死亡患鸭均为健壮体重,体下脂肪多的小鸭。喙苍白、腿色浅,多数口和鼻腔内流血,气管内也有血液。心囊破裂,心包积血。主动脉并未有胆固醇蓄积或动脉粥样变。因失血缘故,肝脏、肠系膜和肾脏色泽变浅,呈贫血症状。

(3)诊断　据临床表现为急剧死亡,口、鼻流血,剖检见心包积血、全身贫血,加上发病年龄和季节的特性做出诊断。

(4)防治　因病因不详,难以防治。美国有专家认为可能与遗传和先天性疾病有关。

7. 鸭淀粉样病变

(1)病因　鸭淀粉样病变又名"鸭大肝病"或鸭"水裆病",是一种不明病因的慢性疾病。淀粉样物质在肝和其它器官的沉积终将导致病鸭的死亡。这种病主要发生于成鸭,是各地成鸭最常见的疾病。

(2)症状　主要见于成鸭,以产蛋母鸭为主,罕见于公鸭。初期病鸭沉郁喜卧,不愿活动,行动迟缓,食欲减少或正常。有的鸭腿脚肿胀,严重者跛行。病鸭不愿下水,行走打晃,腹部因腹水而膨大、下坠,故名"水裆"。触诊腹腔中有多量液体,有时可摸到大而硬的肝脏。有的病鸭呈企鹅状站立,病鸭死前无挣扎症状。

(3)病变　大部分病例发育正常。部分病例有多少不等的腹水,最多时达 700 mL,呈淡黄色,透明,也有的为血性腹水。有些病例腹膜及内脏器官浆膜表面粗糙,有纤维素渗出,时有卵泡脱落或破裂后所形成的大小不一的卵黄凝结物或凝块,呈卵黄性腹膜炎。个别严重者,腹腔内各器官发生粘连。肝脏明显均匀肿大,比正常鸭大 1～3 倍,故名"大肝病"。肝大以右叶更为显著,边缘钝圆,颜色一般为灰黄、棕黄或黄绿色,质地较韧,橡皮样。肝包膜一般光滑,有肝周炎者则表面粗糙,有纤维素物覆盖,个别病例肝包膜增厚,呈灰白色。

病理组织学观察见淀粉样物质在内脏器官中广泛沉着,其中以肝脏和小肠黏膜沉着频度最大,其次为肾上腺、脾、肺、肾、胰脏。

(4)诊断　以临床症状、病理解剖为依据,初步诊断。如确诊必须送实验室做病理组织学检查。

(5)防治　病因不详,预防、治疗都较困难。

8. 肉鸭腹水症

(1)病因　肉鸭腹水症是多种因素引起的一种综合症。据目前资料,可将致病因素分为以下几类:

①营养因素　高能量日粮,使发育中的肉鸭生长过速,对氧需求量增加,而鸭舍内却因饲养密度过大、通风不良,二氧化碳或一氧化碳浓度过高而缺氧,造成腹水。或者,饮水或日粮中的钠盐增加,维生素 E、硒缺乏等,也可引起腹水。

②霉菌毒素　日粮中谷物发霉,肉骨粉或鱼粉霉败,均产生大量毒素,肉鸭摄取后易患腹水病。

③化学毒物因素　日粮中痢特灵含量过高或质量差,或日粮中添加了其它有害物质,造成腹水。

④高海拔地区饲养　高海拔地区缺氧引起组织胺增加,机体组织血管扩张,使肺动脉压增加,右心扩张衰竭,导致腹水症。

总之,病因是多方面的,目前初步认定腹水症主要是右心衰竭导致循环障碍造成的。

(2)症状　发病日龄为 2～7 周龄发育良好、生长速度较快的肉鸭,多发生在寒冷季节。公鸭多发。初期病鸭喜卧,不愿走动,精神不振,羽毛蓬乱,腹部膨大,触之松动有波动感,腹部皮肤变薄发亮,羽毛脱落,捕捉时易抽搐死亡。

(3)病变　可见喙缘、脚蹼及骨骼肌发绀。剖开腹腔可见大量清亮、茶色或啤酒样积液,或积液中有纤维素絮状凝块。心脏体积增大,质地变软,右心室极度扩张,心壁变薄,右心房内充满血凝块,心包积液。肝脏肿胀,颜色深红,肝包膜增厚,色灰白。肝边缘钝圆,切面流出暗红色液体。肺充血水肿,肾充血肿胀。

(4)诊断　据发病日龄、临床症状和病理变化特征,综合做出诊断。

(5)防治　首先调查清楚可能的发病因素,采取相应对策。如改善鸭群环境条件，通风换气或降低饲养密度，变换饲料或适当降低日粮的能量或减少采食量，控制生长速度。在日粮中添加维生素 C（添加量为每吨饲料 500 g）等。

第九章　鸭的主要产品加工

一、鸭肉的加工

鸭肉营养价值较高，但也易腐败变质。其最主要的原因是由于微生物作用、发酵作用和氧化作用，从而引起鸭肉中的蛋白质分解和脂肪酸败。所以，要提高鸭肉经济效益必须进行妥善保存和加工。

(一)鸭肉的保存

微生物必须在温度、水分、空气等外界环境条件适宜时才能活动。经研究证明，微生物在 10℃不通风的条件下，24 h 就可以使禽肉变质。保存鸭肉的方法很多，我国农村有熏、腊、风、腌等技术。从经济效果看，采用低温保存是比较合适的，既方便又适宜大批量保存、生产和运输。保存温度越低，其保存时间就越长。我国出口家禽冻结温度要求不高于－6℃，贮存肉不得高于－12℃。国际上要求达到－18℃。鸭肉的冷冻、冷藏工序为：预冷──→装盘──→速冻──→包装──→冷藏。

(二)鸭肉的加工

我国养鸭历史悠久，吃鸭肉是由来已久的习惯，无论北方还是南方，人们都爱吃鸭，烹调方法也多种多样。这里介绍几款我国著名的鸭子菜和几款家庭菜肴。

1. 北京烤鸭　北京烤鸭是我国名产，驰名中外。烤鸭色泽鲜亮，香味浓郁，皮脆肉嫩，肥而不腻，具有特殊风味。

原料：人工填肥的北京鸭，以 55～65 天活重 2.5 kg 以上的最适宜。

调料：少许糖稀或蜂蜜，汤水。

制作：

(1)原料整理　将鸭倒挂，放血致死，褪毛干净，用气针插入皮下打气，使鸭子的皮下充满气体。打气时，不要用手捏住躯体，以免形成凹坑，而影响烤鸭的质量和外形的美观。打气后，在右翅下切一开口，取出全部内脏，用清水冲洗 2 或 3 次，去净残留的脏器和血污。用一勺开水先烫刀口处侧面，使刀口的表面及四周皮肤收紧，严防从刀口处跑气，之后用沸水淋浇其它部位。待鸭皮层的毛孔收缩，表皮绷紧，说明表皮已烫好。毛孔收紧，烤制时可减少从毛孔中流出溶化的皮下脂肪；皮层紧缩变厚，烤制后的鸭皮具有酥脆的特点；同时，也使充在皮层下的气体尽量膨胀，表皮显出光亮，烤制时着色均匀，淋沸水后在鸭的 5～6 颈椎处用钩挂住，晾干，在皮上均匀涂一层糖稀或蜂蜜。阴雨天鸭皮潮湿，不易吸收糖稀，应多涂一些。为了增强着色力，可在糖稀晾干后再涂一次，但不能过多。过多容易烤焦。

(2)烤制　表皮的糖稀晾干后，即可烤制。烤制前，用一截带节的高粱秆塞住鸭肛门，然后往腹腔灌入 100℃ 的汤水 70～100 mL。灌水的目的是为了在烤制时形成外烤内煮的环境，使腹内熟得快，并具有外脆内嫩的风味。灌水量以不致从右翅下切口流出为宜。烤制时，背部向火，悬挂在 150～290℃ 的烤炉内，经常变动方向，约经 1 h，待鸭体全身呈枣红色，从皮里面向外渗透油滴时，说明烤鸭已熟。另外，还可以观察膛水。在摘钩前，拔去肛门部的堵塞，如果从肛门流出汤水呈乳白色，并带有黑色血块，说明烤鸭已熟透；如果流出的膛水呈粉红色而带没有凝固的血块，说明烤鸭没有熟透，还要回炉处理。

烤鸭在冬季室温10℃时，不用特殊设备可保存一周。如有冷冻设备可长期保存。吃前，要短时间烤制，然后切成薄片，要片片有肉、片片有皮，加大葱和甜酱卷荷叶饼吃，也可制成冷盘，配上佐料食用。鸭骨架可用来熬汤。

2. 南京板鸭　板鸭是我国著名特产，生产历史悠久，以南京板鸭最为有名。

南京板鸭加工季节一般以大雪至立春前腌制为宜，这个阶段加工的板鸭贮存时间可达4个月以上。小雪至大雪和立春至清明期间腌制的板鸭因气温较高，只能贮存1～2个月。

原料：2 kg左右鸭屠体若干，右翅下开膛。

调料：盐、生姜、八角茴香、葱。

制作：鸭屠体斩去翅膀上两节及双脚，撕去鸭舌，用冷水洗净体内的残血和破碎的内脏，再用冷水浸泡4～5 h，沥干水分进行整形。整形时，将鸭体放在砧板上，背朝下腹朝上，头里尾外，左右双掌叠起，放在胸骨部使劲下压，将三叉骨压扁，使鸭体呈扁形，即成鸭坯。鸭坯的腌制要经过抹盐、扣卤、复卤、叠坯、排坯、晾挂6道工序。

(1)抹盐　每50 kg盐加100 g八角茴香。盐和八角茴香炒干、磨细、混合均匀。按鸭的体重逐只配料，用量为净鸭重的1/16。先以3/4的盐从右翅下开口处放入体内，摇动鸭体，使其在胸腹腔内散布均匀，其余1/4均匀擦在皮肤上和大腿、胸肌上，刀口和口腔内尤其要擦透。

(2)扣卤　将擦好盐的鸭胚，依次叠放入缸内。经12 h的腌制，其肛门部已收缩，取出鸭体压挤，使肌肉中一部分水分和血卤排出，再将鸭坯叠放入缸中，经8 h后第二次排卤，清除鸭体剩余血水。

(3)复卤　用鸭体渗出的血水作原料，每100 g血水加50 kg盐，煮沸后撇去表面上的血沫和污秽，冷却后，加入打扁的生姜

25 g、八角茴香 12.5 g、葱 100 g，煮沸，倒入缸内冷却，使卤水清澈微香，即制成老卤。在右翅刀口处灌入老卤。每缸可卤板鸭 30 只左右，可连续卤 5 或 6 次，当卤色变成淡红后，则应烧卤后再继续使用。若盐分不足时，可适当加盐，老卤越陈越好。

(4)叠坯　复卤后将鸭放在砧板上，再次用手掌压成扁形，然后叠入缸内，头朝缸中心叠放，以免刀口渗水的血卤污染鸭体。

(5)排坯　叠坯 2～4 天后，进行排坯。取出鸭用清水将鸭体冲洗干净，挂在木档钉上，拉开鸭颈，拍平胸部，修整腹肌(即将两腿之间和肛门周围整成球形)，使外形美观。然后用清水冲去体表杂质，挂在通风处晾干，待水净皮干后再收回复排。

(6)晾挂　复排后，鸭坯要转入仓库晾挂。仓库应四周通风良好，不受日晒雨淋。挂鸭的架子中间安装木档，木档间距 50 cm，木档两边钉钉，两钉距离 15 cm，每只钉可挂两只鸭胚。两坯间用一根秫秸从腰部隔开。2～3 周后即可上市。

南京板鸭具有“干、板、酥、烂、香”的特点。烹调前，需用清水浸 4 h 左右，漂淡盐味。待鸭体变软后洗尽灰尘，捞出沥干，再下锅煮熟。煮时要将水加热至 80℃左右放入板鸭，停火焖 50 min，再加火烧 15 min，使水温回升至 80℃左右，往锅内略加凉水，提起鸭腿让水从右翅下开口处流尽，再放入锅内，盖好锅盖小心焖 40 min 即熟。煮时可加些葱、姜、八角茴香之类。煮熟的板鸭要凉切，当天煮当天切。

3. 白市驿板鸭　白市驿板鸭是重庆市著名特产，距今已有 100 余年的历史，以其色、香、味、型俱佳而闻名于世。

原料：肌肉丰满、有皮下组织、重 2 kg 左右的当年鸭屠体。

调料：按腌 100 只光鸭计算，需用食盐 1.5～2.5 kg，白酒 0.25～0.5 kg，白糖 0.5～1 kg，桂皮 100 g，花椒 50 g，干姜 20 g，八角茴香、小茴香各 5 g，玉果、丁香、广香各 7.5 g，并备亚硝酸盐 5～10 g。

制法:将白酒喷洒在鸭体上,其它调料粉碎后和食盐混合(食盐可先炒一下),均匀抹在鸭坯的胸腹腔内以及外表,然后放在腌缸内,腌渍时间视气温高低而定。冬天一般需 40～60 h,夏季需 18～20 h,中间翻动 1 或 2 次。腌好的鸭起缸后,用毛巾逐只抹去污物,然后用两块竹片交叉将鸭绷直。

将绷直的鸭坯挂于通风处或烘房内风干,把风干后的鸭坯放在谷壳上面反复翻动熏烤 40～50 min,在其表面涂一层芝麻油,使之表面金黄,腹腔干燥即成半熟成品。吃时,用沸水煮 20～25 min 即熟,然后加入少许香油、白糖、花椒面,切块装盒即可。尤以热吃最佳。

制成的白市驿板鸭光泽呈均匀金黄色或棕色,肉质带玫瑰红或淡红色,外观呈扇形,有四川腊味及香料混合的清香味道。白市驿板鸭属半熟成品,应挂在通风凉爽处保存。为了防止蚊蝇叮爬,可在体表和腹腔内涂刷一层油,也可洒上少量的白酒。

4. 酱鸭

原料:光嫩鸭 1 只。

调料:红米、盐、冰糖、黄酒、八角、桂皮、葱、姜。

制法:

①光鸭剖腹,挖去内脏洗净,斩去嘴巴、脚爪、翼梢,割去鸭臆,再放入沸水锅中氽一下捞出,鸭腹内壁用盐擦匀。

②锅内置清水 1 kg,将红米、葱、姜、八角、桂皮用布包好放入锅中,用旺火烧到汤汁呈红色时,即捞出香料包。

③鸭子下锅,加冰糖、盐、黄酒,用小火煨 2 h 左右,待鸭子酥烂,汤汁剩约 200 g 时,用旺火收汁。一面用勺子舀汁,不断往鸭子身上浇汁,一面兜锅使鸭子在锅中不停转动,至汤汁剩约 100 g 时,将鸭子捞出放在盛器内。鸭身上浇上余汁,待冷却后切块装盘。

5. 香酥全鸭

原料:净嫩光肥鸭 1 只。

调料:姜(拍松)10 g,桂皮 2.5 g,黄酒 50 g,葱结 15 g,八角 2.5 g,花椒盐 0.75 g,椒盐一碟,甜面酱一碟,生油 1 kg(实耗 100 g)。

制法:

①光鸭洗净,剖腹去内脏,里外抹上花椒盐。鸭胸骨用力拗断,以防蒸后皮肉被骨头顶破。

②把光鸭放在瓷盘内,葱、姜、桂皮、八角放在鸭子上面,淋上酒,上笼蒸至酥烂,取出晾干,拣去花椒、姜、葱、桂皮、八角。

③锅内放生油。待油烧至八成热时,把鸭子放入锅内炸至呈金黄色、皮脆肉酥时取出,沥去油,斩块装盘。上桌时随带椒盐、甜面酱。

注:花椒盐制法:细盐 50 g、花椒 15 g,入锅一起炒熟,研碎即成。

6. 五香卤鸭

原料:净嫩光肥鸭 1 只。

调料:酱油 100 g,白糖 100 g,黄酒 25 g,葱结 25 g,姜片 25 g,盐 25 g,麻油 25 g,味精 2.5 g,桂皮 10 g,大茴香 10 g,丁香 5 g。

制法:

①光鸭拔去细毛,从腋下开膛,挖去内脏,洗净血水。然后放入沸水锅中煮一下,去掉血沫后捞出,放入水中洗净。

②锅中放光鸭,加酱油、白糖、黄酒、葱、姜、盐、桂皮、大茴香、丁香、清水(1 kg),用旺火烧开去沫后,改用小火焖烧 1 h,再放味精和麻油,待卤汁稠浓后,冷却,斩块装盘。

7. 混饨鸭

原料:光嫩鸭 1 只(约 2 kg)、猪夹心肉 100 g,白混饨皮子 24 张。

调料:黄酒 50 g,酱油 10 g,盐 12.5 g,白糖 5 g,葱结 2 根,姜片 4 片,味精 25 g,麻油 15 g。

制法：

①夹心肉洗净去皮，斩成茸，放在碗中，加酱油、味精、糖、麻油拌和成混饨馅，包入皮中。

②光鸭剖开脊骨，取出内脏，洗净后放在沸水中烫一下，再放在清水中漂洗干净。

③大砂锅底部放一竹垫，将光鸭胸脯朝下放在竹垫上，加葱、姜、酒、清水（水要淹没鸭子）。用旺火烧开，撇去浮沫后盖上锅盖，改用小火焖烧 3 h 左右。待鸭子酥烂后，揭开锅盖，拣去葱、姜，取出竹垫。鸭子翻个身，胸脯朝上，加盐烧滚。锅中放清水，将混饨放入，用旺火煮熟后，捞出放入鸭子砂锅中即成。

8. 京葱排鸭

原料：光嫩鸭 1 只（约 1.5 kg），京葱 100 g，笋片 25 g。

调料：黄酒 15 g，酱油 50 g，白糖 12 g，味精 1.5 g，生油 1.5 kg（实耗 250 g），麻油 10 g，猪油 50 g。水淀粉 15 g，葱结 1 只，姜 1 片，鲜汤适量。

制法：

①光嫩鸭洗净，用刀在鸭脊背上从头至尾纵长剖开，吹干水分后，用酱油涂满鸭皮（上色）。京葱去皮洗净，切成 5 cm 长的斜片。

②锅烧热，放油 1.5 kg。待油烧至六成热时、将鸭入锅炸至金黄色，捞出沥油。锅内留油 15 g，放葱结、姜片下去略煸后，把鸭子放入（胸部朝下）。加黄酒、酱油、白糖、鲜汤（汤要淹没鸭子）。

③待汤烧开后，用小火焖至酥烂捞出，放在盆中，轻轻将鸭骨头抽出。拆骨时，不能将鸭肉拆碎，以保持鸭子外形的完整。拆骨后，鸭胸部朝下，倒入卤汁。

④锅内放油 10 g，待油烧热后，投京葱、笋片下去略煸，再将鸭子和卤汁慢慢倒入锅中（不要破坏外形），加味精，改用小火收浓卤汁，再用水淀粉慢慢淋入着腻。加些猪油、麻油，翻个身，出锅装盘。

9. 烩三样

原料：鸭掌12只，鲜蘑菇150 g，鸭心10只，青豆50 g，鲜汤400 g，热火腿片25 g。

调料：猪油60 g，盐3 g，味精1.5 g，黄酒10 g，水淀粉15 g，葱10 g，姜片10 g。

制法：

①鸭脚和鸭心洗净，在沸水中氽一下后，放入锅中，加葱、姜，煮约1 h后捞出，再放到冷水里拆去鸭掌骨，鸭心切成片待用。

②锅内放鲜汤和鸭掌、鸭心片、鲜蘑菇、热火腿片、青豆、猪油(50 g)，烧开后，下黄酒、味精，淋上水淀粉，浇上猪油(10 g)，装盘。

10. 一鸭三吃

原料：嫩光鸭1只(约1.5 kg)，腿肉片150 g，菜埂块5.0 g，水发木耳25 g，冬笋片50 g，开洋25 g。去皮熟莲心25 g，熟腿肉丁50 g，水发香菇丁50 g，鲜蘑菇50 g，糯米饭300 g。

调料：葱末75 g，姜末50 g，葱段、青蒜段共15 g，黄酱15 g，黄酒50 g，盐15 g，味精15 g，醋2.5 g，淀粉15 g，白糖25 g，酱油50 g，生油500 g(实耗100 g)，肉汤少许。

一鸭三吃分别为烧鸭、爆炒什件和鸭包饭。

(1)烧鸭　将光鸭开膛，挖去内脏，割下双腿，拔去细毛，洗净，挂起晾干水分。取一汤碗，加入葱、姜末100 g，酱油25 g，黄酒25 g，糖10 g，生油25 g，调成汁水。然后将晾干的鸭子放入碗中，用手抹擦鸭身，使腌渍入味。然后在锅中加生油50 g，烧热，将鸭子下锅，待两面煎成金红色，即将碗内汁水倒入，加清水和黄酱，至沸滚后，转用小火焖20 min，再转大火将汤汁熬至浓调(约两勺羹)。将鸭子取出，斩成块，装盆，浇上原汁即成。

(2)爆炒什件　将鸭子的各种内脏处理一下：鸭肫要剪开，刮去内金，洗净；鸭肝要剪去苦胆；鸭肠要剪开，用盐拌合后捏去黏液，洗净。然后，将鸭肠切成小段，肫、肝、心劈成薄片待用。

锅内放清水，烧至滚沸，将菜梗块、冬笋片、木耳放入烫熟，取出。再加腿肉片、肫片、肝片、肠段、心片，烫至六成熟，取出，倒去水。取一碗，放入葱、青蒜段、酱油、黄酒、醋、肉汤(50 g)、淀粉、味精、盐(5 g)，调成芡汁。锅中放入生油少许，烧热，将什件投入，爆炒 30 s 即倒出，滤去油。将菜梗、冬笋、木耳投入原锅煸炒，再加什件、芡汁，翻炒到芡汁稠浓后即成。

(3)鸭包饭　鸭腿用酱油抹上色后，放入锅内，用油煎黄煎熟后取出。拆去腿骨，鸭肉劈成斜刀片，整齐排列在碗内四周。原锅内放葱花煸香后，把腿肉丁、莲心、开洋、鲜蘑菇丁、香菇丁倒入，加盐、味精、肉汤、酱油，倾入糯米饭，拌炒均匀后即倒入鸭碗内，上蒸笼。蒸约 1 h 后，即覆入盆内成鸭包饭。

二、鸭蛋的加工

(一)鸭蛋的保存

为了确保鲜蛋的优良品质，并能保证市场平衡供应，往往要将鲜蛋贮存。否则，蛋在一定温、湿度和介质的 3 个条件下，进行自身的新陈代谢，使蛋内的氢离子浓度下降，蛋白变稀、品质下降。蛋壳外的壳胶膜经摩擦、洗涤等被溶解损落，致使壳上的气孔畅通，造成微生物大量侵入蛋内，使蛋腐败变质。

鲜蛋的贮藏方法常用的有巴氏杀菌法贮藏、冷藏法、热水浸蛋法、石灰水贮藏法、水玻璃贮藏法等。

巴氏杀菌法就是将蛋浸在一定温度的(一般为 58～60℃)热石灰水溶液中，经过一段时间(一般为 10～15 min)，可将附在蛋壳表面的大部分腐败微生物杀死。同时能使蛋壳内层的蛋白形成凝固薄层，并与壳内膜结合起来，这样可以防止外界微生物侵入，从而增加蛋的贮藏时间。操作方法为：用 30～35 份生石灰，加水 60～75 份，溶解后倒入巴氏杀菌槽或桶内，然后加热至 58～60℃或 95～100℃。选择蛋壳完整的新鲜蛋，用水洗净蛋壳，放在铁丝筐中，浸入 58～60℃热石灰水溶液中 10～15 min 或浸入 95～100℃热石灰水溶液中 5～7 s，并在溶液中小心摆动铁丝筐，使蛋受热均匀，然后把筐取出，放在阴凉地方晾干、包装。

大量贮藏鲜蛋或贮藏时间较长时，最好采用冷藏法。鲜蛋入库前，先进行挑选，剔除破损蛋，然后将蛋装入带缝隙的木箱或方竹筐内，放在 3～4℃的预冷间预冷 2～3 天，而后转入 0℃左右、相对湿度为 85%的冷藏间。每周检查 1 次，根据蛋的品质，确定出库时间。

热水浸蛋法就是将蛋洗干净，浸在 55℃热水中 15 min，或在沸水中浸泡 5 s，使靠近蛋壳内的蛋白质因热产生一层很薄的凝固层，可防止外界微生物侵入蛋内，从而达到保鲜目的。此法简单易行，保存期长。

石灰水贮藏法则是利用生石灰溶于水中产生氢氧化钙，氢氧化钙与蛋内放出的二氧化碳作用产生碳酸钙沉淀，从而阻塞蛋壳表面气孔，可防止蛋内水分和二氧化碳继续散出、外界微生物侵入，从而达到贮藏鲜蛋的目的。具体操作方法为：将 1 kg 生石灰溶入 50 kg 水中，充分搅拌后静置使其澄清。由于生石灰遇水发生放热反应，可待其温度下降后再取其上层澄清液放入缸内，然后将挑选的鲜蛋放入缸中，使石灰液浸没蛋 20～25 cm。每批贮量不宜过多，以便检查和取用。在贮藏期间，温度夏天不要高于 21℃，冬天不要结冰。此法用料方便、便宜，操作简单，一般可贮藏 8～10 个月，但蛋味稍差，蛋壳失去原有光泽，用此法贮藏的蛋，在煮蛋时应在大端刺一小孔，否则会因蛋壳上有碳酸钙沉淀，蛋清受热膨胀而挤破蛋壳。

水玻璃贮藏法就是硅酸钠贮藏法，取 1 000 g 水玻璃加沸水

9 000 mL，冷却后倒入缸中，放入鲜蛋 200 枚，使液面高于蛋面 5 cm，然后用塑料布将缸封严，放在凉爽处。此法保存期一般为 4～6 个月。应用此法保存的蛋稍有异味。煮时应在大头刺一小孔。

(二)鸭蛋的加工

新鲜的鸭蛋除了煎、炸、烹、调制作各种菜肴外，还可通过各种方法制作一些传统的家庭小吃或进行深加工，以增加其附加值。

1. 咸鸭蛋的加工　咸鸭蛋的腌制方法可分为 2 种：水腌法和裹泥法。

(1)水腌法　选择新鲜的鸭蛋 50 个，洗净晾干后放入坛内。再用盐 0.5 kg，放一些花椒、茴香(不加也可)，加清水后煮开。一般水盐比例为 5∶1。凉后倒入坛内，水量以刚刚没过鸭蛋为宜，蛋上覆盖一层竹箅，以免鸭蛋漂浮。一般经 20～40 天(夏季 20 天，冬季 30～40 天)，即可出缸食用。为使蛋黄多出油，可在盐水中加 50～100 g 烧酒。

(2)裹泥法　选择新鲜的鸭蛋 50 个，洗净后晾干。再用 0.85 kg 盐和 25 g 红茶，加 0.25 kg 生水，在旺火上煮成浓汁(约 200 mL)。将这种咸茶汁和黄酒 75 g 倒入黄土拌匀，然后均匀裹满鸭蛋，再装入罐(或坛)中密封，1 个月后即可食用。

2. 皮蛋的加工　加工皮蛋的方法有用料液浸制和用料灰涂包 2 种。不管用哪种方法，用来制皮蛋的蛋，必须没有裂缝蛋、变质蛋、石壳蛋等。另外，过去制皮蛋，其配方中的主料都为黄丹粉(一氧化铅)。黄丹粉属有毒物质，所以近 10 年来旧有配方已逐渐被硫酸锌所替代，而称为无铅松花蛋，更受消费者欢迎。

(1)料液浸制法　首先要把料液配好。配方是(每 100 枚鸭蛋用量)：烧碱 300 g(端午节至中秋节时天气热，须增加 25 g)，红茶末 75 g，石灰 1.15 kg(天热时增加 100～150 g)，食盐 300 g，硫酸锌或氧化锌 30 g，桑柴灰 350 g，开水 5.5 kg。配料准备好后，先将红茶末放入大缸中，灌入开水泡开，再把石灰和开水分批倒进去。石灰不能一次倒入太多，以免沸水翻滚，溅出伤人。纯碱先在小缸内用开水溶化，再倒入大缸。最后，把盐、桑柴灰、氧化锌或硫酸锌先后放入大缸中，再用木柄铁铲搅拌均匀，即成料液。

另一方面，把挑好的鲜蛋平稳地放入小长缸内，不要搭空，以防震碎。蛋放好后，用勺子把冷却后的料液舀入小铁桶，再徐徐倒入装有蛋的小长缸内。这时，要不停地搅动大缸内的料液，使其浓度均匀。料液灌满后，用竹盖撑在小长缸面，使蛋全部浸在料液中。灌料后，要检查有无漏缸。鲜蛋浸料后数天(冬天 6～7 天，夏天 3～4 天)，蛋清变稀薄(称做清时期)，再过 2～3 天，蛋清逐渐凝固。在此期间，应注意不要随便搬动，以免影响凝固。蛋清凝固后，室内温度须保持在 21～27℃。如果温度不够，应生火炉。火炉要时常移动，使蛋受热均匀。北京皮蛋的成熟期，天热时 20～30 天，天冷时 25～30 天，也可能到 40 天。

在浸料过程中，为了了解蛋的凝固情况，可拿蛋对着灯光观看，如蛋黄贴在壳的一边，不会转动，蛋白呈阴暗状，即已凝固。在成熟出缸的前几天，还要剥开检验，如发现烂头，且有很浓的辣气，则是料液性能太强，必须提前出缸；若发现蛋发软，不坚实，则是料液性能较差，宜稍推迟出缸时间。已成熟的好蛋，颠动时微微震动(叫“发警”)，蛋白凝固很光洁，不粘壳，呈黑色，蛋黄呈绿褐色，中心呈淡黄色。由于皮蛋在料液中浸渍较久，蛋壳变得比较薄，也比较脆，所以要涂泥湖糠，以防破碎变质。涂泥糊糠前，先要把捞起的皮蛋用冷水(天热时用冷开水)冲洗掉料液，然后晾干(晾半天或一天)，再涂泥糊糠。泥要用干燥的黄泥，并用用过的料液调成浆状。涂泥时，两手戴上纱套，左手抓一把砻糠，右手用泥刀撬约 100 g 泥土放在砻糠上，摊开，再把皮蛋放在泥上，合拢，两手搓动几下，皮蛋就包好了。每百枚蛋约用黄泥 4.8 kg，砻糠 0.4～

0.5 kg。

(2)料灰涂色法　用这种方法，因皮蛋的成熟期较长，在夏天加工，皮蛋易变质，成熟后易"烂头"，冬天成熟期需 100 天，又须防冻，所以应在春、秋两季进行。此法所用材料和料液浸制法相同，但配料不同：春季是开水 2.1 kg，纯碱 100.5 g，红茶末 41 g，食盐 103 g，石灰 400 g，桑柴灰 103 g；秋季是开水 2.1 kg，纯碱 110 g，红茶末 42 g，食盐 160 g，石灰 400 g，桑柴灰 103 g。调料灰的过程是：先把纯碱、食盐和茶叶(用竹箩盛，不让茶渣掺到灰内)放入缸中，加开水搅匀，再把石灰陆续化入缸中，最后把桑柴灰倒入缸中；调匀后，隔日即可使用。但在包蛋时，因料灰隔天变硬，要把它搅成糨糊状才能使用。料灰的性能是否够，可把蛋清滴在料灰上试验，如滴下经过 10 min，蛋清凝固，即是正常。包蛋可二人合作。一个双手戴手套，在手套上撒一些柴灰(稻草灰也可)，以防料浆粘住手套。左手拿 1 只蛋，右手用竹刀刮上 100 g 料灰涂在蛋上，双手一搓，使蛋周身涂遍料灰。然后放在砻糠上。这时，另一个人用竹钳将涂好的蛋在砻糠上滚动，使蛋身涂满砻糠，再把蛋钳出，放入空缸中，即可逐渐变成皮蛋。

3. 糟蛋的加工　糟蛋是我国特有的加工方法，在我国南方一些地方比较普及。

加工糟蛋的配料是，每加工 100 枚糟蛋需酒糟 100 kg，食盐 3 kg，醋 120 mL。在糟蛋前将酒糟、食盐放入坛中，然后加入醋，彻底混拌均匀。将蛋煮熟，剥去外壳，一层一层放入坛内糟中，然后把坛口封严，大约 40 天即可成熟。

4. 五香茶蛋的加工　五香茶蛋的加工制作极其简单，不受时间与地点限制，街头巷尾都有小商设锅加工，随时为人们提供芳香零食和佐餐佳肴。其加工方法如下：

每加工 100 枚鸭蛋需食盐 100 g，茶叶 100 g，酱油 400 mL，八角茴香 25 g，加水 5 000 mL。将配料放入锅中，添加烧煮。然后将蛋分批放入锅中加热煮 5 min，用铁丝勺捞出放在另外盆中，冷却。将冷却后的蛋壳轻轻磕碎，但不能脱落，然后重新放回锅中煮沸 1 h 左右，待盐分和香料浸入蛋中，就可捞出食用。

三、鸭内脏的加工

鸭的内脏中比较高档的产品有鸭胗肝和肥肝。

(一)鸭胗肝

鸭胗肿，亦称鸭肫，即鸭的肌胃。加工方法如下：

将鸭胗从右面的中间用刀斜形剖开半边，除去胗内容物，刮净鸭内金(即胗内的那层黄色角质内皮)，用水洗净后，加少许盐用手轻轻揉擦，以除去酸臭味，再洗净。

洗净后的鸭胗，按每 100 个加盐 0.75 kg 拌匀进行腌制，经 12～24 h，取出用清水洗去附在胗上的污物，用细麻绳在胗边穿起来，每 10 个一串，吊起在日光下晒 3～4 天，约至七成干时取下整形。方法是：把胗放在桌上，用右手掌后部，用力压扁揉搓两块较高的鸭胗，使其成为扁平状，既呈现外观美，又便于储存和运输。

制好后的鸭胗，可晾挂在通风凉爽的室内保存，晾挂时间最长的半年。也可保存于缸内，以减少水分蒸发及降低氧化速度。腌制成的鸭胗经日晒晾挂后，重量减轻，通常干制品为新鲜鸭胗重量的 50%。

鸭胗的吃法也很多，这里介绍一款江浙一带的特色菜——笋烩菊红。

原料：净鸭肫 200 g，冬笋片 100 g，熟火腿片 25 g，熟青豆 25 g。

调料：熟猪油 250 g(实耗 50 g)，盐 2 g，黄酒 10 g，味精 1.5 g，水淀粉 25 g，鲜汤 300 g，胡椒粉 0.5 g，麻油 10 g，葱段 10 g。

制作方法：

①鸭肫用刀劈去三层老皮，再劈成片待用；

②锅烧热后放猪油，待油烧至五成热时，放肫片下去，并划散至熟，再倒出沥油；

③锅内留余油 30 g，下葱、鲜汤、笋、青豆，再放细盐、黄酒、味精，烧沸后下肫片，随即用水淀粉着腻，淋上麻油 10 g 装盒，撒上胡椒粉即成。

(二)鸭肥肝

目前，鸭的肥肝是禽产品中的高档商品，价值高，经济效益显著。

据研究，禽类肝脏合成脂肪的能力远强于哺乳动物。水禽在肝脏中合成脂肪的量占合成脂肪总量的 90%～95%，这是水禽肝脏能迅速肥大的主要原因。一般正常肝重 50～70 g，肥肝可达 500 g 以上。

屠宰前停食 8 h。宰后用手拔去羽毛，屠体移至温度为 4～10℃的冷藏装置冷凝 10～12 h。然后开膛取肝，注意把胆囊及肥肝上的结缔组织剔去。

保存肥肝可采用速冻后冷藏的方法，来延长贮存期。将刚摘下的肥肝，逐只装入塑料袋，放入－28℃的速冻库中速冻 24 h，然后取出加以整形。整形时先剔除肥肝上的结缔组织和摘除胆囊后残留在肥肝上的绿色痕迹，再用小刀刮除肥肝上的血斑，最后分等级装入箱中，存放在－18～－20℃的冷库中，可保存 2～3 个月。

正常的肥肝，肝叶均匀，轮廓分明，表面光滑，富有弹性，色泽一致(淡黄色或粉红色)。破裂的肥肝、被胆汁污染和病变的肥肝要剔除。分级标准一般根据重量来定，同时要加以感官判断。

特级肝：重 600 g 以上。

一级肝：重 350～599 g，要求肝叶完整，软硬适中，无血斑和胆汁印迹。

二级肝：重 250～349 g，要求瘀血直径在 5 mm 以内，肝裂纹不超过 2 cm，质地柔软，无病肝。

三级肝：重 150～249 g。

等外级肝：重 150 g 以下。

四、鸭羽的加工

家禽的羽毛有多种用途。羽绒是我国传统的出口产品，其中以鹅的羽绒最为珍贵，鸭的羽绒也很好。我国有传统的活拔绒技术，简单易行，又可增产羽绒和改善羽绒的质量。1 只鸭一次可以拔绒 20 g，多的有 30 g，按市场价，每只每次可增加收入几元。拔后只要管理好，草料充足，35～40 天后，又可以拔第二次、第三次……。经过研究证明，第二次、第三次拔绒，不仅毛孔变粗，比第一次好拔，还增加了绒毛产量，增加了体重。户养几百只鸭，拔毛一次可以增加近千元收入，是一项农民增产增收的好方法。

拔绒前，先要检查鸭。把鸭翻过来，轻轻拨开胸腹部的羽毛，如果绒子很多、很厚，羽毛的毛根干枯，血管毛（新长出的羽毛是一根管状，里面带血和很多黏液，轻轻一拔就会淌血，叫血管毛）还没有长出，或很少，就可以拔了。如果绒子稀少，血管毛很多，说明已经开始掉羽、换羽，就不要拔了。拔毛前一天傍晚，最好不喂料、不下水。因为肚饱拔绒，容易使鸭体受伤，更容易使鸭在挣扎时多排粪便、沾污羽绒；也不要对刚离水上岸的鸭实行活体取绒，这样会影响羽绒质量。

拔绒最好在室内，如在室外也要向阳避风，绒子很轻，风一吹就会飞掉。拔前要准备好两个盛具，绒子和羽毛最好分开放，还要准备好装羽绒用的塑料袋。拔绒者要穿上工作服，以免沾污。

拔绒可以两人合作操作，也可以一人操作。2 个合作比较方便，一人抓鸭固定，配合操作，一人拔毛；一人操作，人坐在凳上，将鸭的胸腹部朝上，用两腿轻轻夹住头颈和2只翅膀，使鸭平躺在人腿上，这时两手都可以操作，不易疲劳，当鸭群较大时，最好由专业人员来拔绒，这样既省时，又不致因手忙脚毛而沾污鸭绒。

拔绒时，轻轻用手抓起几根羽绒，数量不能多，抓的部位要尽量低一些，贴近皮肤，使巧劲，顺方向，轻轻一扯，羽绒就下来了。如果抓得太多，用力不当，有时会把皮肤扯破，淌出血来，这时要用些红药水涂擦，所以事先要准备好一瓶红药水备用。拔时要先拔羽毛，后拔绒子，羽和绒要分开放。因为值钱的是绒子。毛上黑点的，叫黑头，也会影响价值，如果有，也要分开。总之，抓毛要少，捏位要低，顺向使劲，动作要快，先羽后绒，羽绒分开。拔的顺序是先颈部下端，逐步向下，到两翅腋下，腿侧，直到尾尖，整个胸腹部。如见有血管毛，应避而不拔，如已拔破淌血，也要涂擦红药水。

拔过绒的鸭子，要轻轻放在地上，任其自行休息，不能下水，室内躺的场所要换一些柔软干燥的水草。头两天，拔过绒的鸭子精神不太好，走路摇晃，不太好动，翅膀下垂，一般两三天可以好转。这时，应多放多喂点好的草料，不要让它们在烈日下暴晒，7天内不要让它们下水。待长出新毛后，再恢复正常放牧和饲养管理。另外，公、母要分开饲养，以防交配。

拔下的绒子很轻，要及时收好，避免被风吹掉，或被沾污。为获得质优量多的羽绒，收集羽绒要按质量和颜色分类，并经过除杂、洗涤、干燥处理，最好按类分级包装。没有条件的，可用麻袋或塑料袋装好，放在阴凉通风处保存，并经常翻动检查，防虫蛀和霉烂。有条件的地方，最好尽快出售给羽绒加工厂，进行清洗、脱脂、消毒处理。不适宜作羽绒制品的羽毛，可以加工制成羽毛料。据测定，羽毛粉的干物质为93%，其中粗蛋白88.3%，灰分3.8%（钙0.42%，磷0.51%），无氮浸出物0.5%。氨基酸中以胱氨酸的含量为最高。因此，可以作为畜禽的蛋白质饲料来源之一。

值得说明的是，活拔绒技术并不是在所有地区、所有鸭种都适用。我国有的地区专门饲养仔鸭提供食用，这时羽绒还没有老化，绒子很少，不适用活拔绒；由于羽绒也是蛋白质转化来的，所以在产蛋、配种季节也不适用，否则会影响产蛋和繁殖。有的鸭主要靠喂饲料，以料换绒，也不合算。所以对鸭施行活体取绒，主要是针对休产期的老鸭，或结合人工强制换羽来进行，或因为市场原因，如鸭准备节日上市，计算好时日，进行活拔绒，以增加效益等。另外，正在流行疫病或寄生虫病严重的地区，也不宜采用活拔绒技术，要先治病，后拔绒。

附录

附表1 种鸭常规免疫程序

接种年龄	病 名	疫苗名称
1日龄	鸭副伤寒	福尔马林菌苗
1日龄	鸭肝炎	弱毒苗
3周龄	鸭瘟	鸭瘟鸡胚化弱毒苗
4周龄	鸭瘟、肝炎	鸭瘟鸭病毒性肝炎二联疫苗
5周龄	鸭大肠杆菌病	种鸭大肠杆菌疫苗
6周龄	鸭霍乱	鸭霍乱弱毒疫苗
7周龄	鸭巴氏杆菌病	鸭巴氏杆菌A苗
22周龄	种鸭大肠杆菌病	种鸭大肠杆菌疫苗
23周龄	鸭巴氏杆菌病	鸭巴氏杆菌A苗
24周龄	鸭巴氏杆菌病	鸭巴氏杆菌A苗
25周龄	鸭瘟、肝炎	鸭瘟鸭病毒性肝炎二联疫苗
45周龄	鸭瘟、肝炎	鸭瘟鸭病毒性肝炎二联疫苗
46周龄	鸭巴氏杆菌病	鸭巴氏杆菌A苗
47周龄	鸭巴氏杆菌病	鸭巴氏杆菌A苗
48周龄	种鸭大肠杆菌病	种鸭大肠杆菌疫苗

附表 2　食品动物禁用的兽药及其它化合物清单(农业部公告 193 号)

序号	兽药及其它化合物名称	禁止用途	禁用动物
1	β-兴奋剂类:克仑特罗 Clenbuterol,沙丁胺醇 Salbutamol,西马特罗 Cimaterol 及其盐、酯及制剂	所有用途	所有食品动物
2	性激素类:己烯雌酚 Diethylstilbestrol 及其盐、酯及制剂	所有用途	所有食品动物
3	具有雌激素样作用的物质:玉米赤霉醇 Zeranol,去甲雄三烯醇酮 Trenbolone,醋酸甲孕酮 Mengestrol Acetate 及制剂	所有用途	所有食品动物
4	氯霉素 Chloramphenicol 及其盐、酯(包括:琥珀氯霉素 Chloramphenicol Succinate)及制剂	所有用途	所有食品动物
5	氨苯砜 Dapsone 及制剂	所有用途	所有食品动物
6	硝基呋喃类:呋喃唑酮 Furazolidone,呋喃它酮 Furaltadone,呋喃苯烯酸钠 Nifurstyrenate sodium 及制剂	所有用途	所有食品动物
7	硝基化合物:硝基酚钠 Sodium nitrophenolate,硝呋烯腙 Nitrovin 及制剂	所有用途	所有食品动物
8	催眠、镇静类:安眠酮 Methaqualone 及制剂	所有用途	所有食品动物
9	林丹(丙体六六六)Lindane	杀虫剂	水生食品动物
10	毒杀芬(氯化烯)Camahechlor	杀虫剂、清塘剂	水生食品动物
11	呋喃丹(克百威)Carbofuran	杀虫剂	水生食品动物
12	杀虫脒(克死螨)Chlordimeform	杀虫剂	水生食品动物
13	双甲脒 Amitraz	杀虫剂	水生食品动物
14	酒石酸锑钾 Antimony potassium tartrate	杀虫剂	水生食品动物
15	锥虫胂胺 Tryparsamide	杀虫剂	水生食品动物

续附表 2

序号	兽药及其它化合物名称	禁止用途	禁用动物
16	孔雀石绿 Malachite green	抗菌、杀虫剂	水生食品动物
17	五氯酚酸钠 Pentachlorophenol sodium	杀螺剂	水生食品动物
18	各种汞制剂 包括:氯化亚汞(甘汞)Calomel,硝酸亚汞 Mercurous nitrate,醋酸汞 Mercurous acetate,吡啶基醋酸汞 Pvridvl mercurous acetate	杀虫剂	所有食品动物
19	性激素类:甲基睾丸酮 Methyltestosterone,丙酸睾酮 TestosteronePropionate 苯丙酸诺龙 Nandrone Phenylpropionate,苯甲酸雌二醇 Fstradiol Benzoate 及其盐、酯及制剂	促生长	所有食品动物
20	催眠、镇静类:氯丙嗪 Chlorpromazine,地西泮(安定)Diazepam 及其盐、酯及制剂	促生长	所有食品动物
21	硝基咪唑类:甲硝唑 Metronidazole,地美硝唑 Dimetronidazole 及其盐、酯及制剂	促生长	所有食品动物

参考文献

1. 岳永生．肉鸭养殖技术．北京:中国农业大学出版社,2003
2. 王春林．中国实用养禽手册．上海:上海科学技术文献出版社,2000
3. 黄世仪．鸡鸭鹅饲养新技术．北京:金盾出版社,2000
4. 郭予强等．肉鸡、肉鸭、肉鹅高效益饲养技术．北京:金盾出版社,2000
5. 周中华等．肉鸭高效益饲养技术．北京:金盾出版社,2000
6. 王春林等．禽病诊断与防治手册．上海:上海科学技术文献出版社,1997
7. 孙书静．网上快速饲养速肥新技术．养禽与禽病防治,2002(4)
8. 骆国胜．提高樱桃鸭场父母代种鸭育成均匀度的技术措施．养禽与禽病防治,1999(3)
9. 王奠权．集约化鸭场的卫生防疫措施．畜禽业,2002(5)
10. 王健等．骡鸭生产性能初报．当代畜牧,2002(6)
11. 程安春．鸭疫里墨氏杆菌病及在我国的流行动态和防治对策．中国家禽,2003(11)
12. 李伟力．肉鸭养殖育肥技术．中国家禽,2003(5)
13. 四川绵樱鸭业有限公司．鸭的营养需要与日量配合．中国家禽,2003(11)
14. 沈晓昆．无公害优质稻米和鸭肉生产新技术——“稻鸭共作”．中国家禽,2003(12)

图书在版编目(CIP)数据

养鸭手册/岳永生主编．—2版．—北京:中国农业大学出版社，2005.6

ISBN 978-7-81066-871-2

Ⅰ．养…　Ⅱ．岳…　Ⅲ．鸭-饲养管理-手册　Ⅳ．S834.4-62

中国版本图书馆 CIP 数据核字(2005)第 03522 号

书　　名　养鸭手册(第 2 版)

作　　者　岳永生　主编

策划编辑	赵　中	**责任编辑**	覃肖良
封面设计	郑　川	**责任校对**	王晓凤
出版发行	中国农业大学出版社		
社　　址	北京市海淀区圆明园西路 2 号	**邮政编码**	100193
电　　话	发行部 010-62731190,2620	**读者服务部**	010-62732336
	编辑部 010-62732617,2618	**出　版　部**	010-62733440
网　　址	http://www.cau.edu.cn/caup	**E-mail**	caup@public.bta.net.cn
经　　销	新华书店		
印　　刷	北京鑫丰华彩印有限公司		
版　　次	2005 年 6 月第 2 版　　2012 年 2 月第 7 次印刷		
规　　格	850×1 168　32 开本　11.75 印张　292 千字		
印　　数	17 001～20 000		
定　　价	19.00 元		

图书如有质量问题本社发行部负责调换